"十四五"职业教育国家规划教材

矿图

Shisiwu Zhiye Jiaoyu Guojia Guihua Jiaocai

Kuangtu

第二版

主　编　冯新顶　郅荣伟

副主编　尚秀全　姬　婧　郑军领

中国矿业大学出版社

·徐州·

内 容 提 要

本书是"十四五"职业教育国家规划教材。

本书主要介绍了矿图基本知识，矿图投影基本知识，以及井田区域地形图、煤矿地质图、采掘工程设计图、采掘工程平面图、井上下对照图、保护煤柱图、煤矿生产系统图的识读、使用和绘制方法。

本书是煤炭高等职业技术学院、高等专科院校煤矿开采技术专业、矿井通风与安全专业和其他采矿工程类相关专业的通用教材，也可作为中等专业学校、成人教育学院和技工学校采矿工程类各相关专业的教材，同时可供煤炭企业管理人员和专业技术人员学习使用。

图书在版编目(CIP)数据

矿图 / 冯新顶，郅荣伟主编. —2 版.—徐州：中国矿业大学出版社，2023.5

ISBN 978-7-5646-5836-6

Ⅰ. ①矿… Ⅱ. ①冯… ②郅… Ⅲ. ①矿产分布图—高等职业教育—教材 Ⅳ. ①P617

中国国家版本馆 CIP 数据核字(2023)第 087458 号

书　　名　矿图
主　　编　冯新顶　郅荣伟
责任编辑　王美柱　杨　洋　满建康　何晓明　赵　雪　耿东锋
出版发行　中国矿业大学出版社有限责任公司
　　　　　（江苏省徐州市解放南路　邮编 221008）
营销热线　(0516)83885370　83884103
出版服务　(0516)83995789　83884920
网　　址　http://www.cumtp.com　**E-mail**：cumtpvip@cumtp.com
印　　刷　苏州市古得堡数码印刷有限公司
开　　本　787 mm×1092 mm　1/16　**印张** 12　**字数** 304 千字
版次印次　2023 年 5 月第 2 版　2023 年 5 月第 1 次印刷
定　　价　36.00 元

前 言

本书是“十四五”职业教育国家规划教材，按照高等职业院校采矿工程专业人才培养方案及矿图课程教学大纲编写而成。

本教材内容是以煤炭高等职业教育定位及人才培养目标为依据，根据国家有关煤炭行业法规、标准等对矿图课程的要求和煤矿开采类专业学生应具备的矿图知识及技能要求组织的。教材努力贯彻素质教育精神，着力培育学生的理论知识和实际应用能力；尽力联系煤炭行业的矿图使用现状，把教材的基本内容与生产实践相结合，增强实用性；力求采用、吸收新的科学技术成果，大力培养学生的科学态度和创新意识。教材中选用了大量的煤矿实际使用的矿图，具有较强的实用性。

本书由冯新顶、郅荣伟任主编，尚秀全、姬婧、郑军领任副主编。教材具体编写分工如下：绪论、项目一及附录由河南工业和信息化职业学院冯新顶编写；项目三由神木职业技术学院沿秀全编写；项目四由河南工业和信息化职业学院郑军领编写；项目五、项目六由平顶山工业职业技术学院姬婧编写；项目二、项目七由山西工程职业学院郅荣伟编写。冯新顶负责全书的统编和定稿。

在本书编写过程中，得到了河南工业和信息化职业学院、平顶山工业职业技术学院、山西工程职业学院和神木职业技术学院的大力支持，在此表示衷心的感谢。

由于编写人员水平有限，加之时间仓促，书中疏漏和不妥之处在所难免，恳请广大读者批评指正，以便本书在今后修订中更加完善。

编 者

2023 年 5 月

目　录

绪 论

一、概述

能源是社会和经济发展的重要物质基础。近年来，随着我国国民经济的发展和综合国力的提高，在我国能源消费结构中，虽然石油、天然气、水能和核能在不断增加，煤炭在不断下降，但是煤炭在我国能源消费结构中所占比例仍然最高，预计到2050年，煤炭所占比例不会低于50%，煤炭作为我国的基础能源，其重要地位不可动摇。

煤炭工业是我国重要的基础产业，在煤炭资源开发过程中，必须经过地质勘查、设计、建设和试生产等阶段，然后实现煤炭的正常生产。在各阶段实施过程中都要绘制和使用各种图件，例如在地质勘查阶段地质部门编制的反映煤田、矿区和井田各种地质特征的地质图件；设计阶段煤矿设计部门编制的工程设计图纸；建设阶段对工程设计图纸的使用及变更；生产阶段工程技术人员根据矿井开拓、掘进、工作面回采，以及实际揭露的煤层产状、地质构造、煤质和开采技术条件等情况而绘制的地质测量图。另外，为方便矿井管理还要绘制生产管理图，如采掘计划图，各类安全、生产系统图等。因此，在煤炭的勘查、设计、建设和生产的各个阶段都离不开图纸，它是煤炭开发建设、生产管理的重要技术资料。

人们把为煤炭开发、生产服务的地质测量图、设计工程图、生产管理图统称为矿图。一套完整的矿图可以反映一个煤炭企业可持续发展的能力及潜力，也是展示一个煤炭企业形象的窗口，更是评价一个煤炭企业综合实力的重要资料。

在煤炭企业建设生产过程中，全面地了解地质状况及井下采掘情况都离不开矿图。作为未来成为煤炭企业工程技术人员的学生，必须学习矿图的有关基本知识，并经过严格训练，具备阅读、使用和绘制矿图的能力。

二、矿图课程的主要内容、目的和任务

1. 矿图课程的主要内容

矿图课程是为煤炭行业培养高技能应用型人才而开设的一门技术基础课。课程的主要内容如下：

(1) 矿图基本知识。主要介绍点的坐标、直线的方位角和矿图制图的基本知识。

(2) 投影基本知识。主要介绍标高投影和轴测投影。

(3) 井田区域地形图。主要介绍地物、地貌的表示方法，井田区域地形图的识读和使用。

(4) 煤矿地质图。主要介绍井田地形地质构造特征，煤层赋存状况和地质构造形态，煤层底板等高线图、钻孔柱状图、综合柱状图、煤岩层对比图等矿图的特征、识读和使用方法。

(5) 采掘工程设计图和采掘工程生产管理图。主要介绍井田开拓方式图、采区巷道布置图、采掘工程平面图等矿图的特征、识读、使用和绘制方法。

(6) 矿井其他矿图。主要介绍矿井通风系统图、井上下对照图、保护煤柱图、井下运输

系统图等矿图的识读、使用和绘制方法。

2. 矿图课程开设的目的和任务

矿图课程开设的目的：使学生具备识读、绘制矿图的能力及利用矿图解决实际问题的能力。

主要任务：使学生了解矿图的基本知识和绘图的基本原理，熟悉矿图的基本内容，掌握识读和绘制各种常用矿图的基本技能，学会利用矿图管理煤炭企业和指导煤矿生产的基本方法。

三、矿图课程与其他课程的关系

矿图课程与煤矿地质、矿山测量、煤矿开采方法、井巷工程、矿井通风、煤矿安全等课程有着密切的联系。煤层产状、地质构造及水文地质知识也要在煤矿地质课程里介绍；点位、直线方位的测量与计算也要在矿山测量课程里介绍；井田开拓方式、巷道布置等相关知识也要在煤矿开采方法、井巷工程课程里介绍；通风线路的布设、避灾线路的选择等通风安全知识也要在矿井通风、煤矿安全课程里介绍。因此，学好矿图课程，对学习其他相关课程有很大的帮助。

项目一　矿图基本知识

任务一　矿 图 概 述

【知识要点】 矿图的概念;矿图的分类;矿图的用途。

【技能目标】 能够区分矿图的种类;能够简单讲述矿图的用途。

【思政目标】 能够富有服务人民、奉献社会的理念进行矿图基本知识的学习;树立坚韧不拔、自强不息、锐意进取的创新精神。

任务导入

矿图是煤矿企业重要的技术资料,在矿井生产管理过程中,无论是进行矿井设计、科学管理和指挥生产、合理安排生产计划,还是制订灾害预防措施和处理方案等工作,都需要利用不同种类的矿图。作为煤矿未来的工程技术人员或管理人员,要从了解矿图的概念、分类及用途开始学习矿图。

任务分析

在矿井设计、施工和生产管理过程中需要绘制一系列图纸,不同的图纸反映不同的内容,有着不同的用途。比如地质测量图主要反映矿井地面的地物、地貌,井下巷道和硐室的空间位置,矿层产状、地质构造、地形地质、水文地质、矿产质量分布,井下采掘以及井上下相互位置关系等情况。了解这些图纸,有助于合理地进行井巷设计、指挥生产及灾害预防、灾害处置等工作。

相关知识

一、矿图的概念

在矿井设计、施工和生产管理等工作中所绘制的一系列图纸,统称为矿图。矿图是煤矿企业非常重要的技术资料,是设计、施工和生产的主要技术依据。

二、矿图的分类

生产矿井必须具备的图纸可分为三大类:地质测量图、设计工程图和生产管理图。

(一) 地质测量图

地质测量图分为矿井测量图和矿井地质图。

1. 矿井测量图

矿井测量图是根据地面和井下实际测量资料绘制而成的图纸,主要反映矿井地面的地物、地貌，井下巷道和硐室的空间位置，矿层产状和地质构造，井下采掘以及井上下相互位置关系等情况。

由于矿井采掘情况不断变化，因而矿井测量图是随着矿井的开拓、掘进和回采等工作的开展，逐步进行测量并填绘的。

一般煤矿必备的八大矿井测量图为：井田区域地形图、工业广场平面图、采掘工程平面图、水平主要巷道平面图、井底车场平面图、井筒断面图、井上下对照图、主要保护煤柱图。另外，在急倾斜煤层煤矿，为了更清晰地反映井下巷道和硐室的空间位置关系，可绘制采掘工程立面图；在开采煤层较多的煤矿，可绘制采掘工程层面图。

2. 矿井地质图

矿井地质图是反映矿井矿层产状、地质构造、地形地质、水文地质、矿产质量分布等情况的图纸。

矿井地质图一般是在矿井测量图的基础上，根据地质勘查资料和井下地质编录资料，经过分析、推断绘制而成的图纸。在建井前，依据地质勘查资料，绘制矿层产状、大的地质构造和矿产质量等情况的多种地质图。在矿井建设和生产过程中，对矿层产状、地质构造和矿产质量等情况又会有新的发现，此时应对先前绘制的地质图进行补充和修改，使矿井地质图的精度不断提高，为矿井设计、施工和生产提供可靠的依据。

煤矿常用的矿井地质图有：煤层底板等高线图、井田地形地质图、地质剖面图、柱状图、水文地质图等。

矿井测量图和矿井地质图有着密切的联系，两种图纸上的部分内容相互交融，但侧重点不同。没有矿井测量图，矿井地质图就难于绘制；反之，矿井测量图如果不填绘可靠的地质资料，也就说明不了矿层埋藏的真实状况，将大大降低矿井测量图的实用性。

（二）设计工程图

设计工程图是设计部门为矿井建设而设计、绘制的一系列图纸。

煤矿设计包括矿井新井建设设计、矿井改扩建设计、矿井水平延深设计、采区设计和单项工程设计。每种类型的设计都必须按其不同阶段的要求绘制一系列图纸以说明设计方案和设计内容。

（三）生产管理图

生产管理图是在矿井生产管理过程中，绘制的用于指导日常生产工作的主要图纸。如采掘工程平面图，采掘计划图，以及各类安全、生产系统图。

生产管理图与地质测量图也有着密切的联系，其中也有相互交叉的图纸，如采掘工程平面图既是矿井测量图，也是生产管理图。许多生产管理图是在矿井测量图的基础上绘制的，如各类安全、生产系统图一般是以采掘工程平面图为基础绘制而成的。

三、矿图的用途

矿图是煤矿企业重要的技术资料，在矿井生产管理过程中，正确地进行矿井设计、科学地管理和指挥生产、合理地安排生产计划、及时地制定灾害预防措施和应急预案等工作，都需要借助矿图。矿图是矿井建设和生产的主要技术依据，是工程技术人员、管理人员相互交流的工程技术工具。

任务实施

本任务可以借助煤矿实际矿图，让学生说出矿图的种类、矿图反映的主要内容及作用。

思考与练习

1. 什么叫矿图？矿图种类有哪些？

2. 简述矿图的作用。

任务二　点的坐标与高程

【知识要点】 点的地理坐标；高斯投影；点的高斯平面直角坐标；点的高程。

【技能目标】 能够用地理坐标、高斯平面直角坐标解释点位的含义；能够说明点高低位置的表示方法。

【思政目标】 能够树立爱岗敬业、诚实守信、团队合作、精益求精的工作责任感。

任务导入

在井田区域范围内，地面上各种地物分布和地貌形态，井下各种地质构造特征，煤层产状以及井下各种巷道、硐室的空间位置，在矿图上是以它们特征点的连线来表示的。确定特征点的空间位置是绘图前的主要工作，也是测量的基本工作。特征点的空间位置，指的是特征点的平面位置和高低位置，点的平面位置一般用坐标系统里的平面坐标来表示，点的高低位置一般用高程来表示。

任务分析

矿图上的内容都是用反映对象特征的点或点的连线来表示的，而点的空间位置是由点的平面坐标和高程来表示的，所以必须了解点的平面位置和高低位置的表示方法：坐标和高程。

相关知识

坐标系统有地理坐标系、平面直角坐标系和假定平面直角坐标系。

一、地理坐标系

地理坐标系属于球面坐标系，根据基准面不同，又分为天文地理坐标系和大地地理坐标系。以大地水准面为基准面，以铅垂线为基准线，可以建立一套表示地面点水平位置和高程的坐标系，叫作天文地理坐标系，简称天文坐标系。以参考椭球面为基准面，以法线为基准线，可以建立一套表示地面点水平位置和高程的坐标系，叫作大地地理坐标系，简称大地坐标系。在地理坐标系中，地面点在球面上的位置用经度和纬度表示，称为地理坐标。这里只介绍一下大地坐标系。

在图 1-1 中，NS 为椭球的旋转轴，N 表示北极，S 表示南极，O 表示球心。通过椭球旋转轴的平面称为子午面，而其中通过英国格林尼治天文台的子午面称为起始子午面。子午面与椭球面的交线称为子午线。通过椭球中心且与椭球旋转轴正交的平面称为赤道面，赤道面与椭球面的交线称为赤道。与赤道面平行的平面和椭球表面的交线称为纬线。起始子午面和赤道面是确定地面某一点地理坐标的基准面。

图 1-1 中，F 点的经度是该点的子午面与首子午面所构成的二面角，用 L 表示。经度由首子午面向东 0°～180°称为东经，由首子午面向西 0°～180°称为西经。

F 点的纬度是通过该点的法线与赤道面之间的夹角，用 B 表示。纬度以赤道平面为基准，向北 0°～90°称为北纬，向南 0°～90°称为南纬。例如，北京的地理坐标为东经 116°20′、北纬 39°56′。

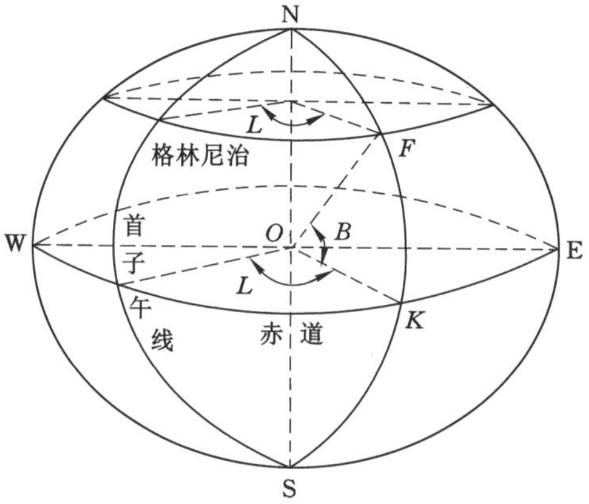

图 1-1 大地坐标

二、平面直角坐标系

（一）平面直角坐标系的建立

在小区域地球表面进行测量时，可以把地球表面视为平面，在平面上建立平面直角坐标系，用平面坐标表示点位。如果测区范围较大，就不能把地球表面当作平面看待了，需要按照地图投影的方法，将球面上的点移到平面上，再建立平面直角坐标系。我国采用高斯投影法。

1. 高斯投影方法

为了研究方便把地球作为一个圆球看待。设想将一个平面卷成圆柱形，把它套在地球外面，使地球南北两极在圆柱内表面上，与圆柱内表面相切的子午线称中央子午线或轴子午线，如图 1-2(a)所示。将球面上中央子午线附近的各点、线投影到圆柱表面上，然后过两极 N、S 沿圆柱母线将圆柱面剪开，并展成平面（高斯投影平面），就得到球面上投影到平面上的各点、线。图 1-2(b)所示就是中央子午线附近的经线和纬线在平面上的投影。

2. 投影带的划分

椭球面是一个不可展曲面，除中央子午线外，其他子午线的投影均为曲线，并且长度方向发生变形，离中央子午线越远，变形越大，这对图的精度产生较大的影响。为了控制这一长度方向变形，高斯投影采取了分区分带的投影方法，使带内最大的变形控制在测量允许的范围内，如图 1-3 所示。

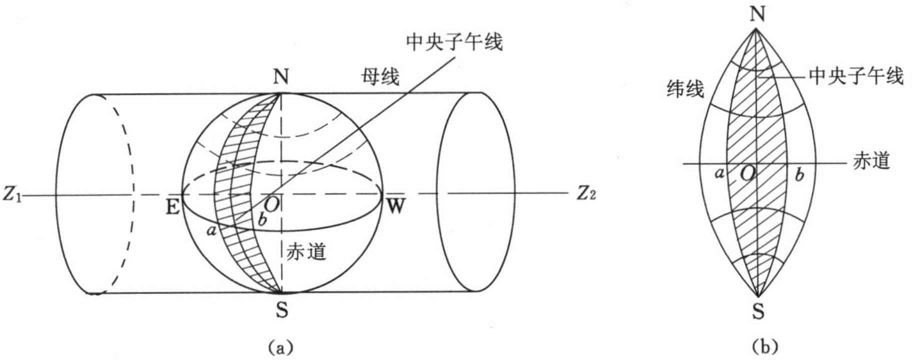

图 1-2 高斯投影

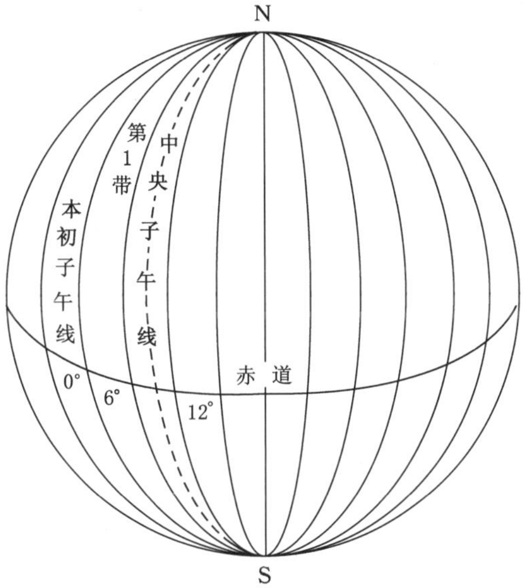

图 1-3 投影带划分

我国的分带投影是按照经度将地球划分为 60 个 6°带，从 0°子午线开始每隔经度差 6°划分为一带，即 0°～6°，6°～12°，12°～18°……分带带号 N 自西向东依次为 1～60，如图 1-4 所示。位于各带边上的子午线称为分带子午线，位于各带中央的子午线称为中央子午线，各带中央子午线的经度可按下式计算：

$$L_6 = 6^\circ N - 3^\circ \tag{1-1}$$

投影时每带独立进行，将投影平面与中央子午线相切，投影后，展开投影面，即为高斯投影面。在高斯平面上，中央子午线与赤道的投影构成两条相互垂直的直线。为了进一步控制变形，满足大比例尺测图和精密测量的需要，也可采用 3°带。由图 1-4 可知，3°带是在 6°带的基础上划分的，3°带从东经 1.5°开始，自西向东每隔 3°为一带，带号 n 依次为 1～120。各带中央子午线的经度可按下式计算：

$$L_3 = 3^\circ n \tag{1-2}$$

例如，我国首都北京所在6°带和3°带的中央子午线经度为$L_6=L_3=117°$，则由式(1-1)和式(1-2)得：

$$N=(L_6+3°)\div 6°=(117°+3°)\div 6°=20$$

$$n=L_3\div 3°=117°\div 3°=39$$

可见北京的6°带号为20，3°带号为39。

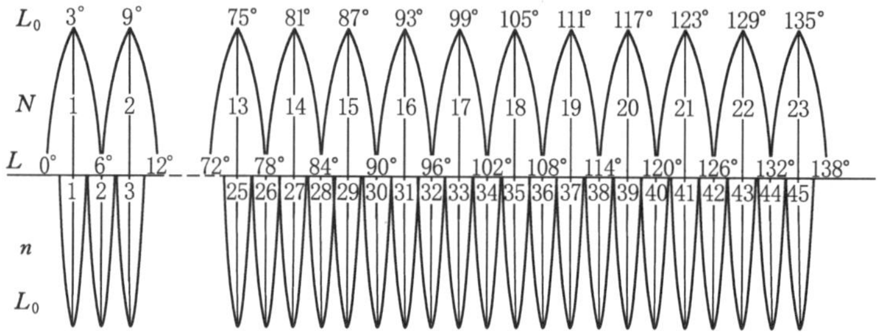

图1-4　投影带

3. 平面直角坐标系

采用分带投影后，取各带的中央子午线为x轴，赤道为y轴，其交点为原点，从而建立起每个投影带独立的高斯-克吕格坐标系。这样就可把地面上的点位按高斯-克吕格投影公式将球面坐标转换为平面坐标。

我国位于北半球，x坐标值为正；横坐标值y则有正有负，中央子午线以东为正，以西为负。这种以中央子午线为纵轴、赤道投影为横轴的坐标值，称为自然坐标值，如图1-5(a)所示。为了使横坐标值不出现负值，规定每带坐标纵轴向西平移500 km计算坐标，如图1-5(b)所示，这样，无论横坐标自然值是正值还是负值，加上500 km均为正值。为了判明点位所在的投影带，还规定在横坐标值之前加注投影带带号，这种由带号、500 km和自然值三部分组成的坐标系，称为国家统一坐标系。横坐标值y称为横坐标的统一值或通用值。

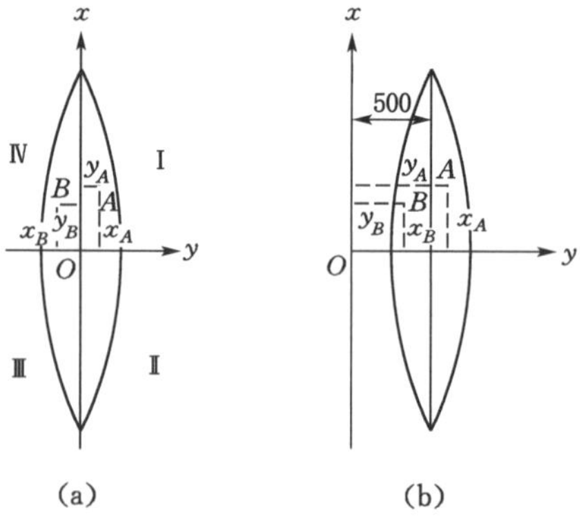

图1-5　高斯平面直角坐标

例如，设A点位于19带，其自然坐标值为：$x=4687$ km，$y=178$ km。换算为国家通用坐标值为：$X=4687$ km，$Y=19678$ km。设B点也位于19带，自然坐标值为：$x=4128$ km，

$y=-183$ km。换算为国家通用坐标值为：$X=4128$ km，$Y=19317$ km。

由上例可以看出，由自然坐标值换算为国家通用坐标值时，x 坐标值不变，y 坐标值加上 500 km 后，再在前面加注带号。显然，当 y 坐标的通用值大于 500 km 时，该点位于投影带中央子午线的东侧；当 y 坐标的通用值小于 500 km 时，该点位于投影带中央子午线的西侧。

由于我国境内 6°带带号在 13～23 之间，而 3°带带号则在 24～45 之间，没有重复带号，故根据某点的通用值，便可知道投影带是 6°带还是 3°带。

（二）平面直角坐标表示点位的方法

某点在平面上的位置常用平面直角坐标来表示，其数值大小可通过测量工作获得。如果知道了某点的坐标，可以将该点绘到矿图上。矿图中所绘的图形就是由若干点连线得到的。

高斯平面直角坐标系由平面上两条相互垂直的直线（中央子午线与赤道的投影）所组成。南北方向的直线称为坐标纵轴 x，向北为正；东西方向的直线称为坐标横轴 y，向东为正；两坐标轴的交点称为坐标原点 O。坐标轴将平面分为四个部分，称为象限，按顺时针方向排列分别为Ⅰ、Ⅱ、Ⅲ、Ⅳ象限，如图 1-6 所示。某点的平面位置（坐标）用该点到两坐标轴的垂直距离来表示。在图 1-6 中，Aa_1 称为 A 点的纵坐标，亦称 x 坐标，以 x_A 表示；Aa_2 称为 A 点的横坐标，亦称 y 坐标，以 y_A 表示。

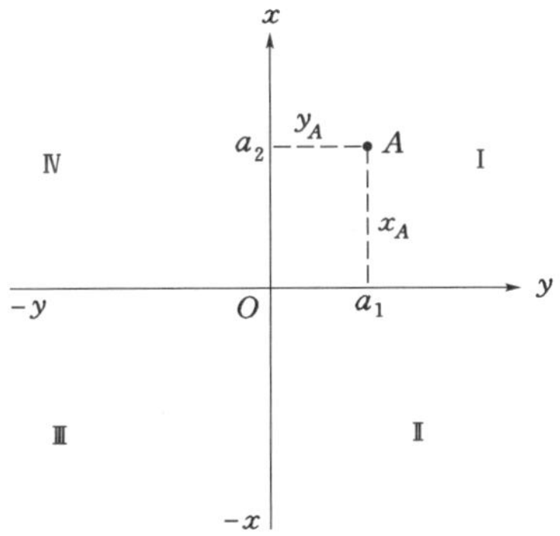

图 1-6　平面直角坐标系

在矿图上，通常画有由平行于纵、横坐标轴的直线所构成的方格网，称为坐标方格网，如图 1-7 所示。每小方格一般为 100 mm×100 mm，在每一条纵、横线上注明其坐标值，此数值表示该直线到坐标轴的垂直距离。图纸比例不同，小方格的长度所代表的实际距离也不同，一般为该图每格所代表实际距离的倍数。在图 1-7 中，箭头 N 为指北方向，图的下部数字为横坐标，左侧数字为纵坐标。图中任一点的坐标，可以根据该点所在小方格左下角的纵、横坐标数值求出。图 1-7 中，若 $Aa_1=60$ m，$Aa_2=50$ m，则 A 点坐标为：

$$x_A=1\ 700+Aa_1=1\ 700+60=1\ 760\ (\mathrm{m})$$

$$y_A=2\ 300+Aa_2=2\ 300+50=2\ 350\ (\mathrm{m})$$

三、假定平面直角坐标系

矿区比较偏僻或范围很小且附近没有国家控制点时，可以用假定平面直角坐标系进行矿区测绘。为避免坐标值出现负值，将坐标原点设置在测区的西南角，以该区的磁子午线（磁针所指的方向）为坐标纵轴，向北为正；自坐标原点垂直于纵轴作直线，即为坐标横轴，向

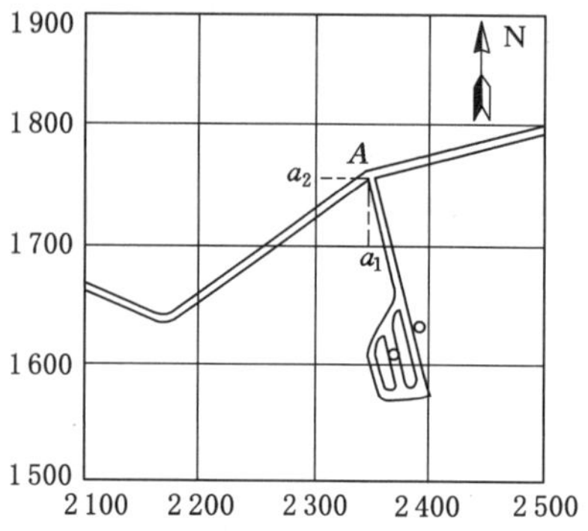

图 1-7　坐标方格网

东为正，这样就构成了该矿区的假定平面直角坐标系，矿区内任一点的平面位置，就可以用假定坐标来表示了。

四、点的高程

为了确定点的空间位置，除了确定点的平面位置外，还应确定点的高低位置。点的高低位置指该点到投影面的铅垂距离，用高程或标高来表示。

地球的自然表面极其复杂，是一个不规则的曲面，有高山、丘陵、平原、江河、湖泊与海洋等。其中海洋面积约占地球表面积的71%，陆地面积约占地球表面积的29%。最高的山峰珠穆朗玛峰高出平均海平面 8 848.86 m(2020 年测量)，与最低的马里亚纳海沟相差接近 20 km，相对于地球半径 6 371 km 来说微不足道。所以，认为地球是被海水包围的球体。

地球上的海水面是不可能静止的，假想静止的海水面向大陆内部无限延伸，形成一个闭合的曲面，把这个闭合的曲面称为水准面。海水有潮汐，海水面时高时低，水准面有无数多个，其中经过平均海水面的水准面称为大地水准面。大地水准面是高程的基准面，点在大地水准面上，点的高程为零；点在大地水准面之上，点的高程为正值，反之为负值。

地面点到大地水准面的铅垂距离，称为该点的绝对高程(又称为海拔、标高)，简称为高程，用 H 表示。如图 1-8 所示，A、B 点的绝对高程分别为 H_A、H_B。

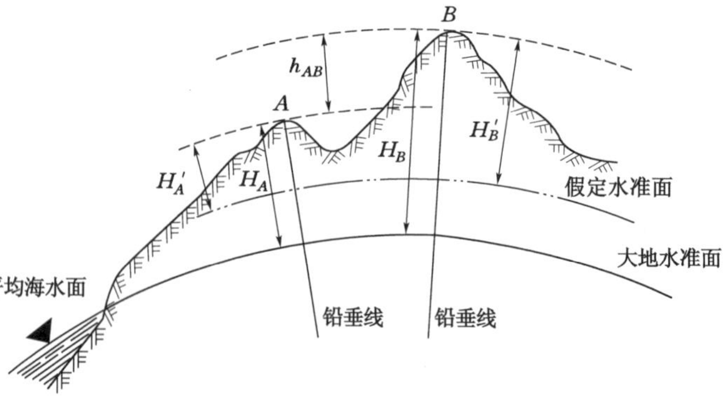

图 1-8　高程与高差

对于没有国家高程控制点的地区，或因工作需要，可以选定一个适当的水准面作为高程的起算面，这个水准面称为假定水准面。地面上某点到假定水准面的铅垂距离，称为该点的假定高程或相对高程。如图 1-8 所示，H'_A、H'_B 分别为 A、B 两点的相对高程。

我国目前采用青岛验潮站 1952 年至 1979 年之间观察的验潮资料推算出的黄海平均海水面作为全国的高程起算面，称为"1985 国家高程基准"，并在验潮站附近建立水准原点，其高程为 72.260 m。1985 国家高程基准从 1987 年 5 月 16 日开始启用。原先的 1956 年黄海高程系水准原点高程为 72.260 4 m。

地面任意两点的高程之差称为高差，用 h 表示。如图 1-8 所示，A、B 两点的高差为：

$$h_{AB} = H_B - H_A = H'_B - H'_A$$

上式说明任意两点的高差与起算面无关。高差有正负之分，上坡高差为正值，反之为负值。

任务实施

在对平面坐标和高程了解后，在采掘工程平面图或者煤层底板等高线图上确定某点的平面坐标和高程，也可以根据某点的平面坐标和高程在图上把该点确定下来。

思考与练习

1. 什么叫绝对高程、相对高程、高差？
2. 某点的地理坐标为东经 $112°33'$、北纬 $32°26'$，试确定该点在 3°带、6°带第几带内。
3. 某点的国家通用坐标值为：$X=3128$ km，$Y=21317$ km。把它换算成自然坐标，并解释该国家通用坐标值的含义。

任务三　直线定向

【知识要点】 直线的方位角；直线的象限角。

【技能目标】 能够正确理解方位角、象限角的概念；能够正确理解方位角和象限角的关系。

【思政目标】 把信仰马克思主义、中国特色社会主义共同理想、共产主义远大理想作为自己人生的理想。

任务导入

在矿图测绘中，不仅要确定点的空间位置，还要确定点与点之间的相互位置关系；不仅应知道两点间的水平距离，还应知道两点连线的方向。直线的方向可以用方位角或象限角表示，煤矿工作中，直线的方向一般用方位角表示。

任务分析

井下巷道的形状都可以用直线来表示，每条直线都有自己的方向，确定某直线方向时都要有标准方向，确定一条直线与标准方向的夹角关系称为直线定向。方位角和象限角都是以标准方向为基准来表示直线方向的，所以必须理解掌握方位角和象限角的基本概念。

相关知识

一、标准方向的种类

实际工作中,通常把真子午线方向、坐标纵线方向和磁子午线方向统称为三北方向。

1. 真子午线方向

通过地球表面上一点,指向地球北极的方向称为该点的真子午线方向,或称真北方向,它是用天文测量方法确定的。地球表面上各点的真子午线方向彼此不平行,它们相交于地球南北两极。各投影带内的真子午线投影到高斯平面内,彼此也不平行,也相交于地球的南北两极,如图 1-9(a)所示。

2. 坐标纵线方向

平面直角坐标系中,以各投影带中的中央子午线作为坐标纵轴,其向北方向称为坐标纵线方向(坐北),或称 x 轴方向。坐标系中与 x 轴方向平行的方向都是坐标纵线方向,即平面直角坐标系内坐标纵线方向彼此平行,如图 1-9(b)所示。

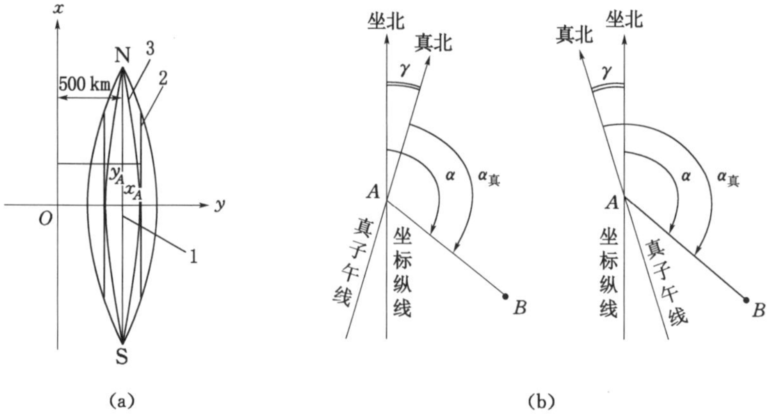

1—中央子午线;2—坐标纵线;3—真子午线。

图 1-9 坐标纵线方向和真子午线方向

3. 磁子午线方向

通过地球表面上一点,指向地球磁北极的方向称为该点的磁子午线方向,或称磁北方向,它是用罗盘测定的。与真子午线一样,在高斯平面内磁子午线彼此也不平行,相交于地球的南北磁极。

二、直线的方位角

从标准方向的北端起,顺时针量至某一直线的角度,称为该直线的方位角,角值范围为 0°～360°。标准方向有三种,相应的方位角也有三种,即真方位角、坐标方位角和磁方位角。

1. 真方位角

从真子午线的北端起,顺时针量至某一直线的角度,称为该直线的真方位角,常用 $\alpha_真$ 来表示。

2. 坐标方位角

从坐标纵线的北端起，顺时针量至某一直线的角度，称为该直线的坐标方位角，简称方位角，常用 α 表示，如图 1-10 所示。

直线定义为有方向的，它有起点和终点，直线前进方向的坐标方位角称为正坐标方位角或正方位角，其相反方向的坐标方位角称为反坐标方位角或反方位角。如图 1-11 所示，对于直线 AB，若 AB 方向为正方向，则 AB 方向的方位角为正方位角，用 α_{AB} 来表示，那么 BA 方向的方位角为反方位角，用 α_{BA} 来表示。在同一坐标系中，同一直线的正、反方位角相差 180°，即：

$$\alpha_{正} = \alpha_{反} \pm 180° \tag{1-3}$$

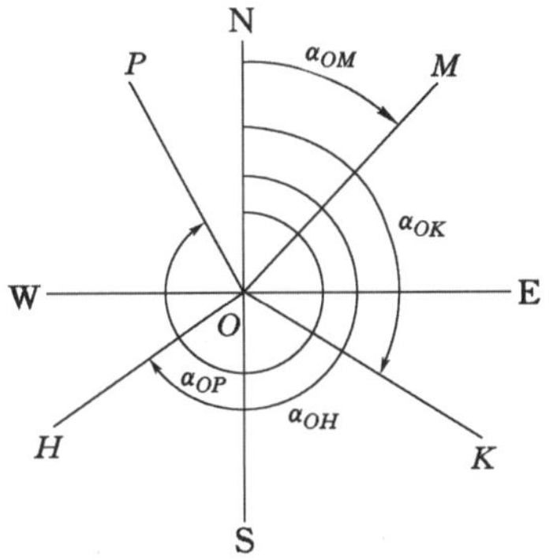

图 1-10　直线的方位角

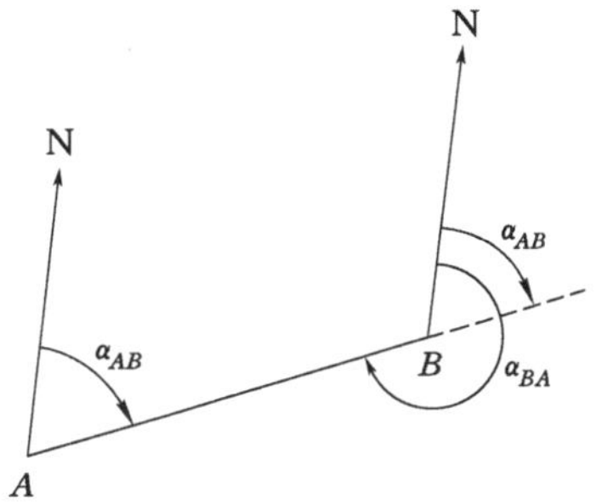

图 1-11　正、反坐标方位角

3. 磁方位角

从磁子午线的北端起，顺时针量至某一直线的角度，称为该直线的磁方位角，常用 $\alpha_{磁}$ 来表示。

4. 几种方位角的关系

在每一个投影带内，不在坐标纵轴（中央子午线）上的各点，其坐标纵线和真子午线的方向是不一致的，它们之间的夹角称为子午线收敛角，用 γ 来表示，如图 1-9(b)所示。坐标纵线偏在真子午线以东，称为东偏，γ 取正值；坐标纵线偏在真子午线以西，称为西偏，γ 取负值。由图 1-9(b)可知，真方位角与坐标方位角的关系为：

$$\alpha_{真} = \alpha + \gamma \tag{1-4}$$

由于地球磁场的南北极与地球自转轴的南北极不重合，所以地球上任一点的磁北方向与该点的真北方向一般是不重合的。磁北方向偏离真北方向的角度称为磁偏角，用 δ 来表示，如图 1-12 所示。磁北方向偏在真北方向以东，称为东偏，δ 取正值；磁北方向偏在真北方向以西，称为西偏，δ 取负值。

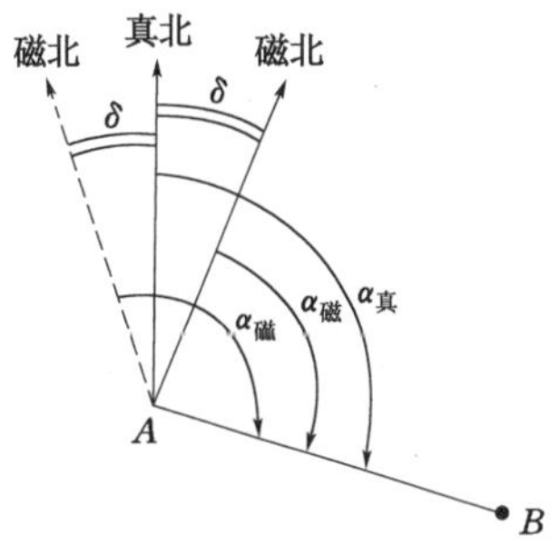

图 1-12　磁偏角

由图 1-12 可知，真方位角与磁方位角的关系为：

$$\alpha_{真} = \alpha_{磁} + \delta \tag{1-5}$$

由式(1-4)、式(1-5)知坐标方位角与磁方位角的关系为：

$$\alpha = \alpha_{磁} + \delta - \gamma \tag{1-6}$$

在实际工作中，把 $\Delta=\delta-\gamma$ 称为坐标磁偏角，即某点的磁子午线方向与坐标纵线方向之间的夹角称为该点的坐标磁偏角，简称磁偏角，常用 Δ 表示，如图 1-13 所示。磁子午线偏向坐标纵线以东称为东偏，角值 Δ 为正；偏向坐标纵线以西称为西偏，角值 Δ 为负。我国各地磁偏角的范围在 $-10°\sim+6°$ 之间，则式(1-6)可写为：

$$\alpha=\alpha_{磁}+\Delta \tag{1-7}$$

三、直线的象限角

从坐标纵线的北端或南端起，顺时针或逆时针量至某一直线的锐角，称为该直线的象限角，角值均在 0°～90°之间，常用 R 表示，如图 1-14 所示。当用象限角表示直线方向时，不仅应说明其角值大小，还应说明直线所在象限的名称。在图 1-14 中，直线 OA 的象限角表示为北东 45°21′，或 NE45°21′，也可以表示为 N45°21′E。

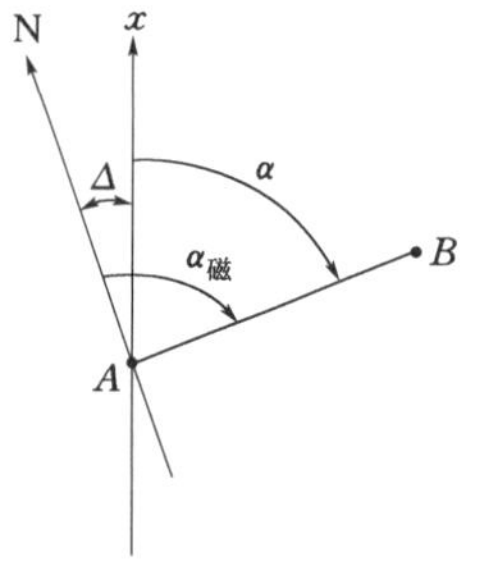

图 1-13　坐标磁偏角

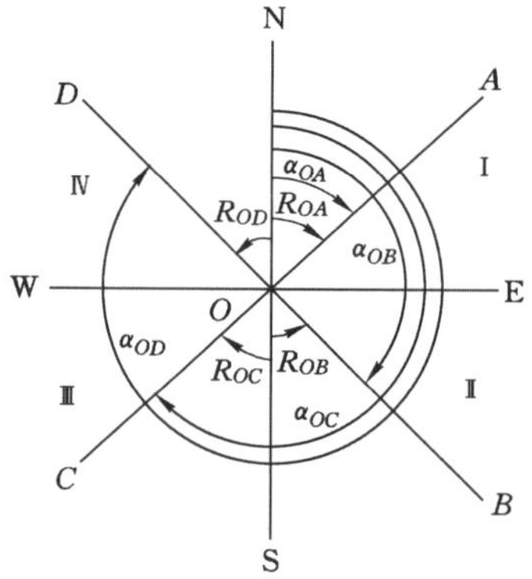

图 1-14　象限角与方位角的关系

四、象限角与方位角的关系

象限角与方位角的关系见表 1-1 及图 1-14。

表 1-1　象限角与方位角的关系

象限名称	角度区间 / (°)	由方位角求象限角	由象限角求方位角
象限Ⅰ(北东)	0～90	$R=\alpha$	$\alpha=R$
象限Ⅱ(南东)	90～180	$R=180°-\alpha$	$\alpha=180°-R$
象限Ⅲ(南西)	180～270	$R=\alpha-180°$	$\alpha=180°+R$
象限Ⅳ(北西)	270～360	$R=360°-\alpha$	$\alpha=360°-R$

任务实施

在采掘工程平面图上确定某段巷道的方位角，也可以根据巷道的方位角在图上以某点为起点把巷道绘制下来。

思考与练习

1. 什么叫坐标方位角？什么叫象限角？

2. 正、反方位角有何关系？象限角与坐标方位角有何关系？举例说明。

任务四　矿图制图基本知识

【知识要点】 图廓；图纸的幅面及编号；比例尺；字符及字母；图线及画法；标注。

【技能目标】 能将矿图进行分幅和编号；能利用比例尺将图上长度与实际长度进行互换；能够用规定的符号、线条、注记进行绘图。

【思政目标】 培养学生学习的耐心、信心和恒心，使他们用细心负责的态度对待学习、工作和生活。

任务导入

绘制矿图必须了解矿图制图的基本知识，比如矿图图廓的绘制，图纸的分幅与编号，比例尺的概念及应用，以及矿图字符、字母、图线、标注的具体规定等。

任务分析

绘制矿图时，应了解绘制矿图区域的范围、矿图的比例，根据矿图的范围和比例确定图廓的大小，然后用矿图符号，地物地貌符号，以及规定的字符、字母、图线、注记等进行矿图的绘制。

相关知识

一、图廓

图廓是图纸限定绘图区域的轮廓，是绘制内容的最外边界。图廓分为内图廓和外图廓，内图廓以内绘有坐标格网和图纸的有关内容，内图廓和外图廓之间注记坐标格网线的坐标值。内图廓为细实线，外图廓一般为粗实线。

二、图纸的幅面及编号

为了便于矿图的绘制、使用和保存，需要将矿图进行分幅，并将分幅的图纸进行系统编号。图纸幅面是指图纸图廓长度与宽度组成的图面。图幅分为标准图幅和自由图幅。

（一）标准图幅与编号

大型矿区的井田区域地形图以及在矿井建设期间的矿井设计施工图一般为标准图幅。

1. 图纸幅面尺寸

大型矿区的井田区域地形图，一般采用标准图幅中的正方形分幅及编号。

正方形分幅以纵、横坐标的整千米或整百米数值作为图幅的分界线，图廓呈正方形。

标准图幅的编号一般采用该图廓西南角纵、横坐标千米数值表示，如某幅比例尺为1∶2 000的地形图的西南角坐标为 $x=45\ 000$ m，$y=28\ 000$ m，则图幅的编号为45＋28。

各种比例尺的图幅的大小及图廓西南角点的坐标见表1-2。

表 1-2　正方形分幅的图廓规格

比例尺	图廓大小/cm×cm	实地面积/km^2	一幅 1∶5 000 图中所包含的图幅数	图廓西南角点的坐标/m
1∶5 000	40×40	4	1	500 的整倍数
1∶2 000	50×50	1	4	200 的整倍数
1∶1 000	50×50	0.25	16	100 的整倍数
1∶500	50×50	0.062 5	64	50 的整倍数

矿井建设期间的矿井设计施工图采用《技术制图 图纸幅面和格式》(GB/T 14689—2008)的规定。其规定如下：

(1) 绘制技术图样时，应优先采用表 1-3 所规定的基本幅面。

(2) 必要时，也允许选用表 1-4 和表 1-5 所规定的加长幅面。这些幅面的尺寸是由基本幅面的短边乘以整数倍后得出的，如图 1-15 所示。

表 1-3　图纸基本幅面尺寸(第一选择)

单位：mm

幅面代号	尺寸($B\times L$)
A0	841×1 189
A1	594×841
A2	420×594
A3	297×420
A4	210×297

表 1-4　图纸加长幅面尺寸(第二选择)

单位：mm

幅面代号	尺寸($B\times L$)
A3×3	420×891
A3×4	420×1 189
A4×3	297×630
A4×4	297×841
A4×6	297×1 051

图 1-15 中粗实线所示为基本幅面(第一选择)；细实线所示为表 1-4 所规定的加长幅面(第二选择)；虚线所示为表 1-5 所规定的加长幅面(第三选择)。

表 1-5　图纸加长幅面尺寸(第三选择)

单位：mm

幅面代号	尺寸($B\times L$)	幅面代号	尺寸($B\times L$)
A0×2	1 189×1 682	A3×5	420×1 486
A0×3	1 189×2 523	A3×6	420×1 783
A1×3	841×1 783	A3×7	420×2 080
A1×4	841×2 378	A4×6	297×1 261
A2×3	594×1 261	A4×7	297×1 471
A2×4	594×1 682	A4×8	297×1 682
A2×5	594×2 102	A4×9	297×1 892

2. 图框格式

图框格式应按照《技术制图 图纸幅面和格式》(GB/T 14689—2008)、《煤炭矿井制图标准》(GB/T 50593—2010)的规定选用。其规定如下：

(1) 在图纸上必须用粗实线画出图框，其格式分为不留装订边和留有装订边两种，但同一种产品的图样只能采用一种格式。

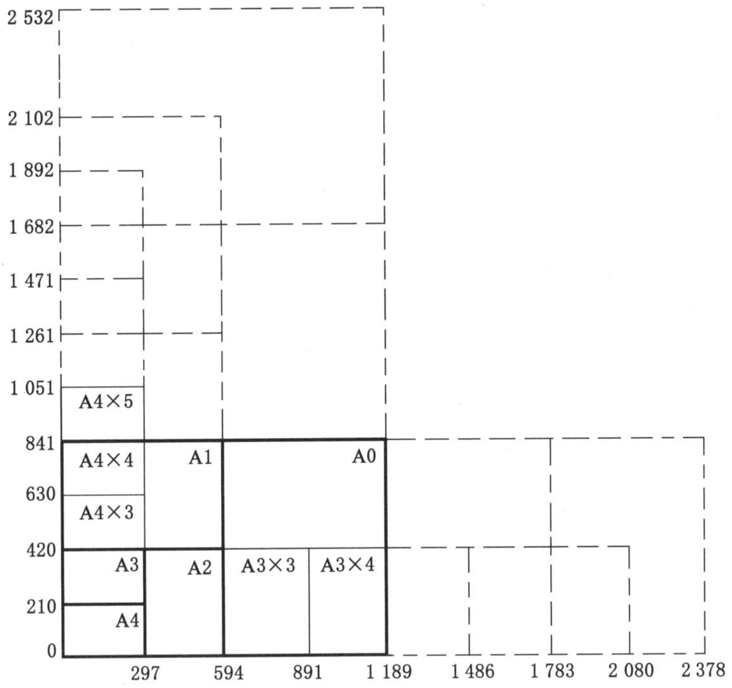

图 1-15　图纸幅面

(2) 不留装订边的图纸，其图框格式如图 1-16 和图 1-17 所示，尺寸按表 1-6 的规定选取。

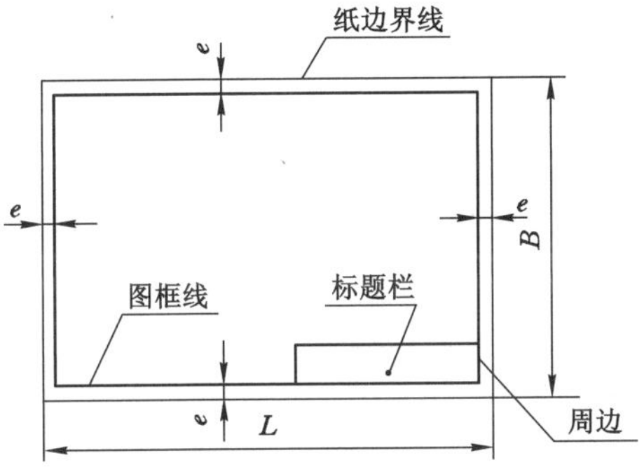

图 1-16　不留装订边图纸(X 形)的图框格式

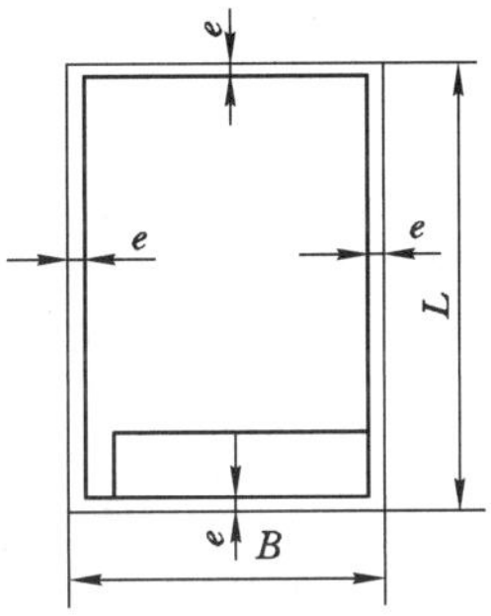

图 1-17　不留装订边图纸(Y 形)的图框格式

表 1-6　图 框 尺 寸　　单位:mm

幅面代号	A0	A1	A2	A3	A4
$B \times L$	841×1 189	594×841	420×594	297×420	210×297
e	20		10		
c	10			5	
a	25				

(3) 留有装订边的图纸，其图框格式如图 1-18 和图 1-19 所示，尺寸按表 1-6 的规定选取。

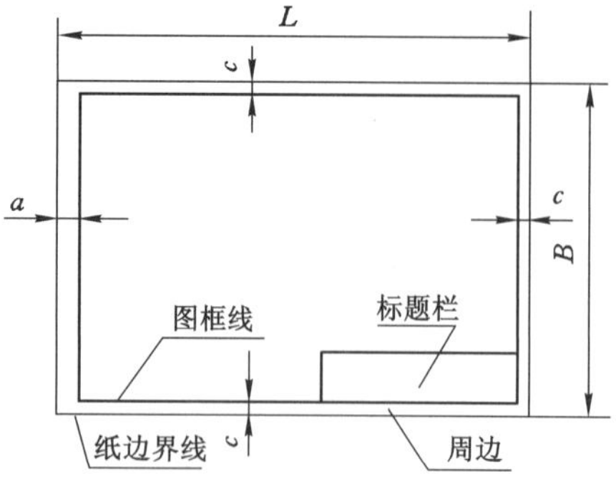

图 1-18　留装订边图纸的图框格式(一)

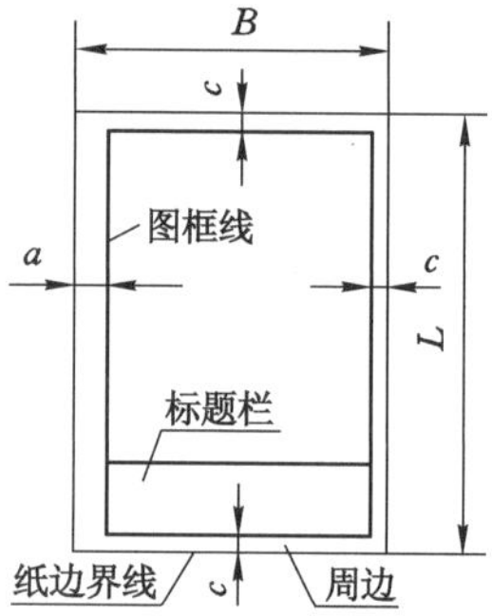

图 1-19　留装订边图纸的图框格式(二)

(4) 加长幅面的图框尺寸，按此所选用的基本幅面大一号的图框尺寸确定。例如，A2×3 的图框尺寸，按 A1 的图框尺寸确定，即 e 为 20 mm(或 c 为 10 mm)，而 A3×4 的图框尺寸，按 A2 的图框尺寸确定，即 e 为 10 mm(或 c 为 10 mm)。

3. 标题栏

每张矿井设计施工图的右下角都必须画出标题栏(图签)，如图 1-16～图 1-19 所示。标题栏的外框用粗实线画出，分栏线用细实线画出。标题栏的方向和看图的方向一致。标题栏的格式如图 1-20 所示。

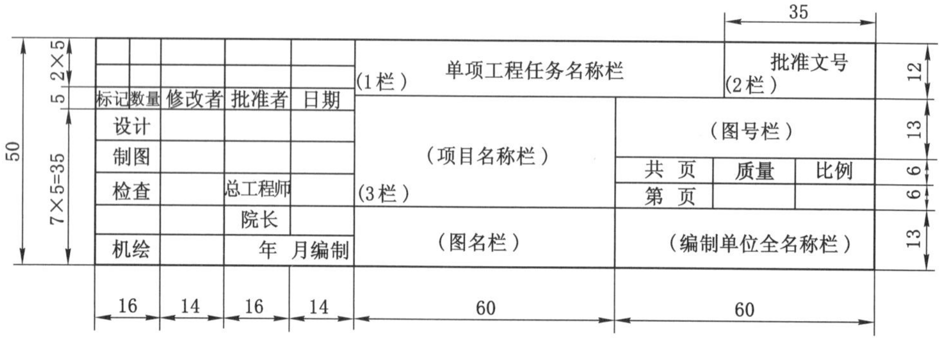

图 1-20　标题栏的格式

说明如下：

(1) 编制年、月，系指该项设计完成的日期，此栏由设计人员填写。

(2) 项目名称栏，如系总图则填写编制项目的全名称，如系零部件图则填写零部件的名称。

(3) 图名栏，按习惯填写总图、首图、平面图、布置图、剖面图、部件图、分部件图等。

(4) 批准文号栏，在接到批准文号后及时填写。此栏只在总图图签上填写，其他图可以不填写。

(5) 工程设计时，1 栏和 2 栏合并改为设计任务项目名称，3 栏改为单位工程或设备名称。

4. 会签栏

有装订边的图纸，会签栏的位置如图 1-21 所示；图纸没有装订边时，会签栏一般置于标题栏附近。会签栏的格式如图 1-22 所示。

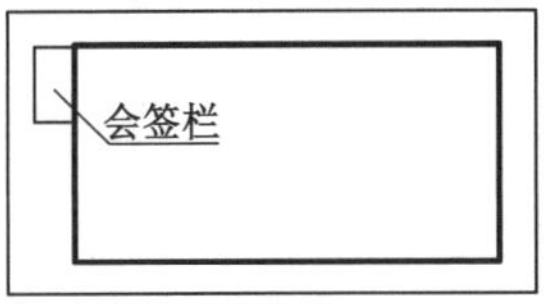

图 1-21　会签栏位置

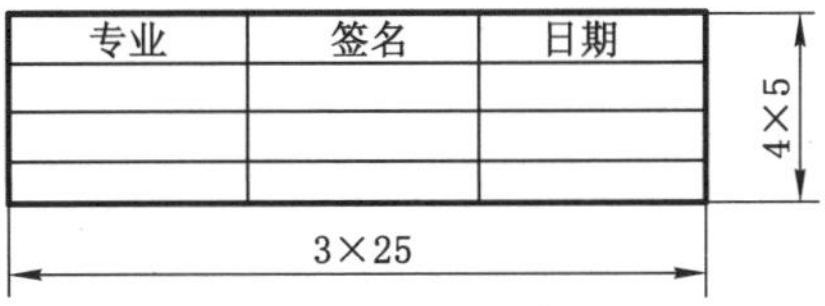

图 1-22　会签栏格式

（二）自由幅面与编号

在采矿技术图中，多数采用自由分幅的方法来划分图幅。在确定自由分幅的幅面大小和格网方向时，应遵循以下原则：

（1）便于矿图的绘制、使用和保存。

（2）幅面大小视井田范围而定。井田范围不大的矿井，以全矿井或井田的一翼为一幅；井田范围较大的矿井，可按采区分幅。

（3）坐标格网线可以平行于图廓，也可以与图廓斜交。格网线与图廓线斜交时，其交角视煤层走向而定，应使煤层走向大致平行于上、下图廓，煤层倾向指向下图廓，指北方向指向图纸的斜上方。

（4）在同一矿井中，矿图的图幅大小应尽量一致。

自由分幅的矿图，一般不统一编号，而是在规定的图签中写出图名，以便查找和使用。图签的格式如图 1-23 所示。

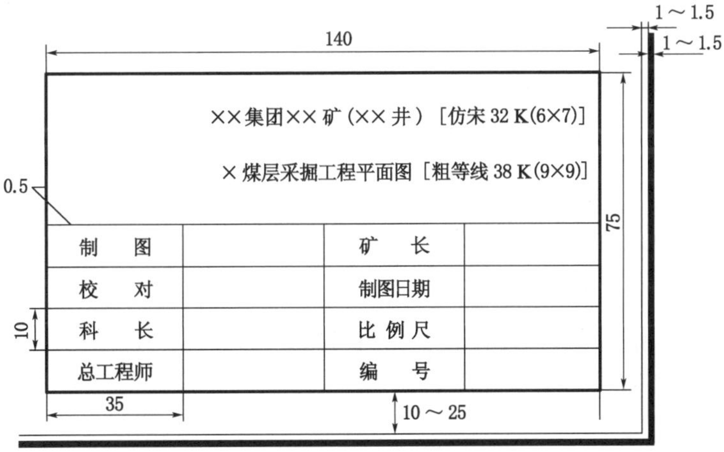

图 1-23　图签的格式

三、比例尺

1. 比例尺的概念

矿图在绘制过程中，是将地物和地貌及井下巷道、硐室和采煤工作面按比例缩绘在图纸上。图纸上某线段长度与实际相应线段水平长度之比，称为比例尺。设图上线段长度为 l，实际相应线段水平长度为 L，比例分母为 M，则图纸的比例尺为：

$$比例尺=\frac{l}{L}=\frac{1}{M} \tag{1-8}$$

式(1-8)中分子、分母单位一致；通常分子为1，分母 M 为10的整倍数。

例如，某水平巷道长度为500 m，图纸上绘制的长度为0.5 m，则图纸的比例尺为0.5 m/500 m＝1∶1 000，或写为1/1 000、$\frac{1}{1\ 000}$。

2. 比例尺的种类

在采矿技术中，图纸常用的比例尺有1∶200、1∶500、1∶1 000、1∶2 000和1∶5 000，这些属于大比例尺；不太常用的1∶10 000～1∶100 000为中比例尺；小于1∶100 000的比例尺为小比例尺。

比例尺的分母越小，比例尺越大；反之，比例尺的分母越大，比例尺越小。

比例尺一般分为数字比例尺和图示比例尺。

(1) 数字比例尺

用分数或比例数字的形式表示的比例尺，称为数字比例尺。如1∶1 000或$\frac{1}{1\ 000}$。在工程技术中常用数字比例尺。

(2) 图示比例尺

用图示形式表示的比例尺称为图示比例尺。图示比例尺又分为直线比例尺和斜线比例尺，在此只简单介绍一下直线比例尺，如图1-24所示。在日常生活地图上经常用直线比例尺。

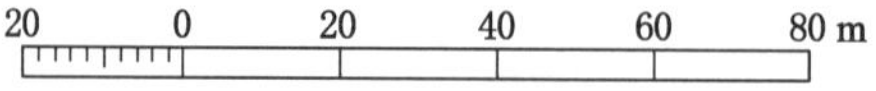

图1-24　直线比例尺

直线比例尺是用2 cm或1 cm的基本单位把图线分成若干个线段，将最左端的基本单位再分成20个或10个等份，然后在该基本单位的右分点上注记0，如图1-24所示。若基本单位为1 cm，该比例尺为1∶2 000。

使用直线比例尺时，先用分规在图上量出某两点的距离，然后将分规移至直线比例尺上，使其一脚尖对准0点右边的某个整基本单位一个分划线上，从另一脚尖读取左边的小分划数，并估读小于基本单位的长度。

应用直线比例尺，可省略使用数字比例尺的计算，并可避免由于图纸的伸缩而引起的误差。但在工程图纸使用中很不方便。

3. 比例尺的用途

只要知道了图纸的比例尺，就可以根据图纸上的长度求出实际的水平长度，也可以将实际的水平长度换算为图纸上应绘制的长度。

【例1-1】 在比例尺为1∶2 000的图纸上，某直线的长度为15.6 mm，求该直线的实际水平长度。

解　由式(1-8)可知：

$$L=Ml=2\ 000\times15.6=31.2\ (\text{m})$$

【例 1-2】 实际测得某段水平巷道的长度为 65.2 m，求在比例尺为 1∶1 000 的图纸上该段巷道应绘制的长度。

解 由式(1-8)可知：

$$l=\frac{L}{M}=\frac{65.2}{1\ 000}=65.2\ (\text{mm})$$

4. 比例尺的精度

一般认为人的肉眼能分辨的图纸上的最小长度是 0.1 mm，也就是说，小于 0.1 mm 的线段无法在图上绘制出来。把图上 0.1 mm 所代表的实际长度，称为比例精度。不同比例尺的比例精度见表 1-7。

表 1-7　比 例 精 度

比例	1∶500	1∶1 000	1∶2 000	1∶5 000
比例精度/m	0.05	0.1	0.2	0.5

从表 1-7 中可知，当图纸比例确定后，根据比例的精度，就可推算出测定实际距离时应准确到什么程度，或者为使某种尺寸的物体能在图上表示出来，按要求确定图纸应选用多大的比例尺。例如，测绘 1∶2 000 比例尺的矿图时，实际测量的精度只要求达到 0.2 m 即可，因为测量再准确，在图上也表示不出来。又如，若要求图纸上能表示出 0.1 m 的实际长度的精确程度，其选用的比例尺应不小于 1∶1 000。

四、字符及字母

矿图中使用的字符及字母应符合以下规定：

(1) 图样中的汉字、数字及字母等应做到字体工整、笔画清楚、排列整齐、间隔均匀。

(2) 汉字应写成长仿宋体，字体的宽度约为字体高度的 2/3，并应采用国家正式公布推行的简化字。

(3) 字体的号数即为字体的高度(单位为 mm)。字体号数共分为八种：20、14、10、7、5、3.5、2.5、1.8，其中汉字高度不应小于 3.5 mm。如需要书写更大的字，其字体高度应按$\sqrt{2}$的比率递增。

(4) 字母和数字分 A 型和 B 型。A 型字体的笔画宽度(d)为字高(h)的 1/14，B 型字体的笔画宽度(d)为字高(h)的 1/10。

(5) 字母和数字可写成斜体或直体。斜体字字头向右倾斜，与水平线约成 75°角。

(6) 用作指数、分数、注脚等的数字及字母，一般采用小一号的字体。

(7) 在图纸中，常用数量的字母表示，使用下列字母代号：

长　度	L、l	角　度	α、β、γ、δ、θ
宽　度	b	质　量	G、g
高　度	h	经　距	Y
厚　度	M	纬　距	X
直　径	D、d	高　程	Z
半　径	R、r	年产量	A
体　积	V	视密度	γ

面　积　F

井筒、巷道掘进断面积　S_j

井筒、巷道净周长　p

巷道支护厚度　T

充填厚度　δ

巷道摩擦阻力系数　α

井筒、巷道净断面积　S

曲线长　K_P

切线长　T

风　量　Q

风　速　v

五、图线及画法

各种图线的名称、线型、代号、宽度以及在图上的应用见表 1-8。

表 1-8　图　线

序号	线型	图线宽度	图线名称	图线使用举例
1		$2b$	粗实线	(1) 主要可见轮廓线； (2) 主要可见过渡线
2		b	中实线	(1) 次要可见轮廓线； (2) 次要可见过渡线
3		$0.45b$ 或 $0.6b$	细实线	(1) 尺寸线； (2) 尺寸界线； (3) 剖面或断面线； (4) 引出线； (5) 范围线
4		$0.45b$ 或 $0.6b$	波浪线	(1) 断裂处的边界线； (2) 视图和剖视的分界线
5		b	折断线	井巷断裂处的分界线
6		$0.45b$ 或 $0.6b$	虚线	(1) 不可见轮廓线； (2) 不可见过渡线
7		$2b$	剖切线	剖面或断面的剖切线
8		$0.45b$ 或 $0.6b$	细单点画线	(1) 轴线； (2) 中心线； (3) 轨迹线
9		$0.45b$ 或 $0.6b$	细双点画线	(1) 剖面图中假想投影轮廓线； (2) 运动件位置轮廓线； (3) 不属于本专业位置的轮廓线； (4) 中断线
10		$2b$	粗点画线	有特殊要求的线或表面的表示线

说明：图线的宽度 b 宜采用 0.3 mm 或 0.4 mm。

绘制图线应遵循以下原则：

(1) 同一幅图纸中，各图样比例相同时，同类图线的宽度应保持一致。虚线、点画线及双点画线的线段长度和间隔应各自大致相等。

(2) 波浪线一般可用徒手绘制，如图 1-25 所示。其他各种线条一律用仪器绘制。

(3) 点画线与点画线或者虚线与虚线应交于线段中间，两端应以短线收尾，并应超出物体轮廓界线 4～5 mm，如图 1-26(a)、(b)所示。

(4) 直径小于 12 mm 的图，其中心线可画成实线，如图 1-26(c)所示。

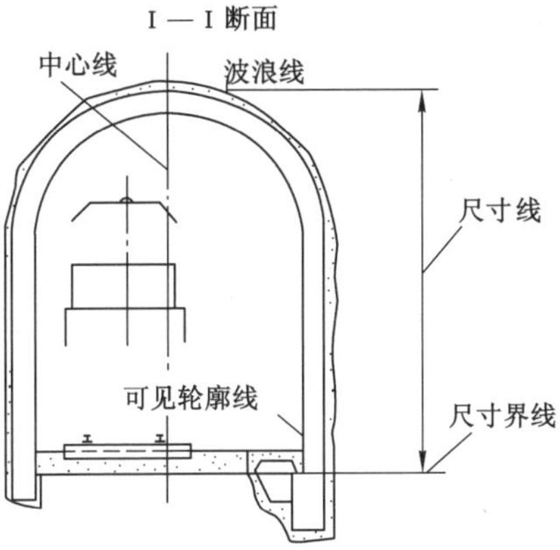

图 1-25　波浪线绘制

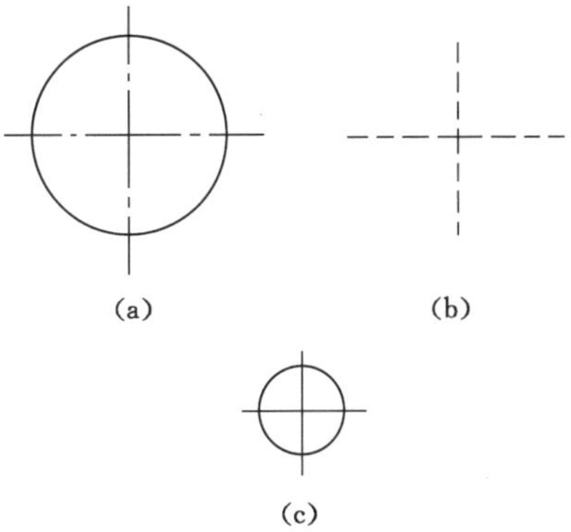

图 1-26　相交线绘制

(5) 虚线成为实线的连接线时，应留出一段空隙，但两者成某一角度相交时，接合处不应留出空隙，如图 1-27 所示。

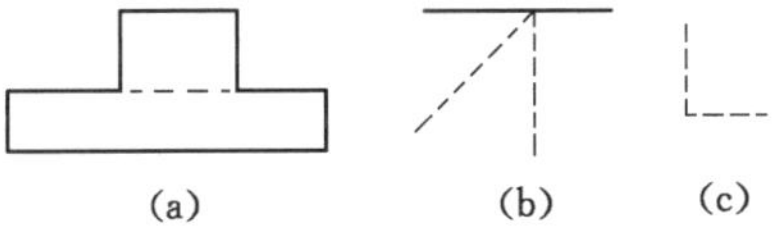

图 1-27　虚线与实线连接

(6) 在剖面图中，应采用规定的剖面符号。沿与井筒、巷道、硐室中心线重合剖切的图形，习惯称剖面。沿与井筒、巷道、硐室中心线垂直剖切的图形习惯称断面。剖切面剖切到的物体和能直接看到的物体用实线绘制；剖切面前方不能直接看到的物体需表示时，用虚线绘制；剖切面后方的物体需表示时，用双点画线表示。剖切面的起讫处和转折处的剖切线用 5～10 mm 长的粗实线表示，并不得与图样的轮廓线相交，一般用罗马数字Ⅰ、Ⅱ、Ⅲ等编号，用短线段(2～4 mm)表示剖视方向。

六、标注

(一) 尺寸标注

1. 基本规则

(1) 图中所注尺寸数据是确定工程数量的唯一依据，必须与图纸比例相符。

(2) 图纸上的尺寸数字，规定以 mm 或 m 为单位(在 1∶50～1∶500 比例的图纸上采用 mm 为单位，在 1∶1 000～1∶10 000 比例的图纸上采用 m 为单位，无须写明单位)。不按照上述规定时，则必须在各尺寸数字右边加注所采用的计量单位，同时在图纸附注中注明单位。

(3) 每个尺寸一般在图纸上标注一次，仅在特殊情况下或实际需要时方可重复标注。

2. 尺寸线、尺寸数字和尺寸界线

(1) 尺寸线

① 尺寸线用细实线绘制，其终端采用箭头，在空间不够的情况下，允许用圆点代替箭头(图 1-28)。

② 标注线性尺寸时，尺寸线必须与所标注的线段平行。

③ 圆的直径和圆弧半径的尺寸线的终端应画成箭头(图 1-29)。若圆弧的半径过大或在图纸范围内无法标出其圆心位置，可按图 1-30(a)所示的形式标注；若不需要标出其圆心位置，可按图 1-30(b)所示的形式标注。在没有足够的位置画箭头或注写数字时，可按图 1-31 所示的形式标注。

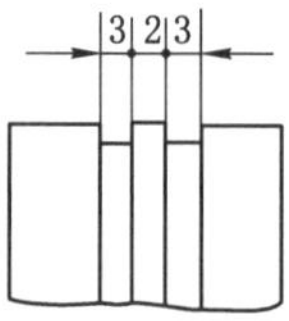

图 1-28　尺寸线标注(一)

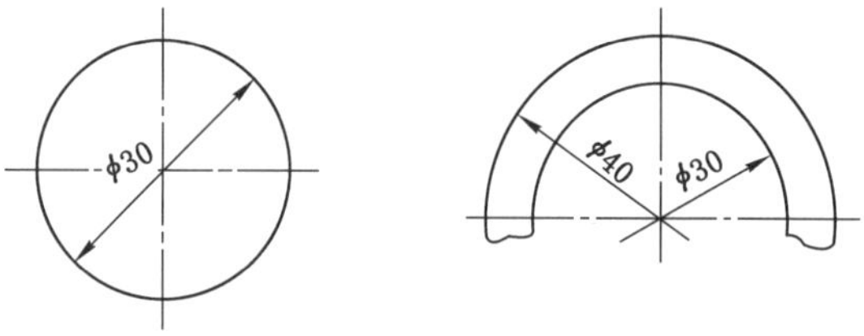

图 1-29　尺寸线标注(二)

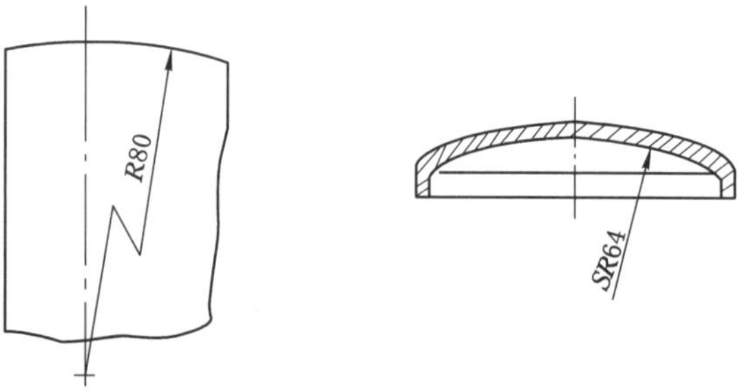

(a)　　(b)

图 1-30　尺寸线标注(三)

(2) 尺寸数字

① 线性尺寸的数字一般应标注在尺寸线的上面，也允许标注在尺寸线的中断处(图 1-32)。

② 线性尺寸数字的方向，应按图 1-33 所示方法标注，并尽可能避免在图示 30°范围内标注尺寸；角度的数字一律写成水平方向，标注在尺寸线的中断处，必要时也可标注在尺寸线外侧或将角度引出标注(图 1-34)。

③ 标注标高时一律以 m 为单位，零点标高±0.000，正数标高如＋20.000，负数标高如－20.000。标高符号应标注在图形右侧，标高符号采用倒三角形，右半边涂黑，将名称和数字依次写在横线上(图 1-35)。

(3) 尺寸界线

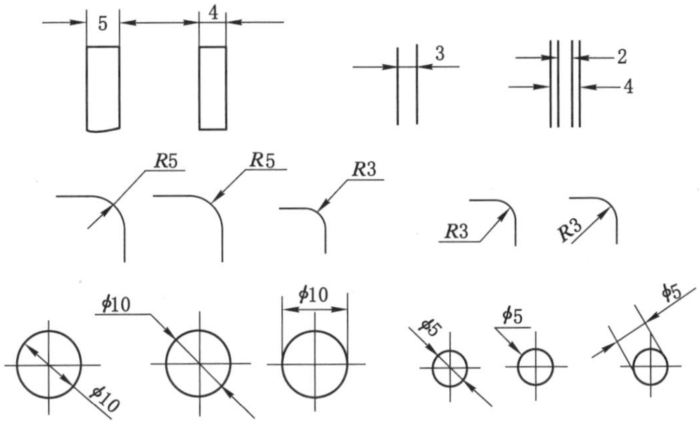

图 1-31 尺寸线标注(四)

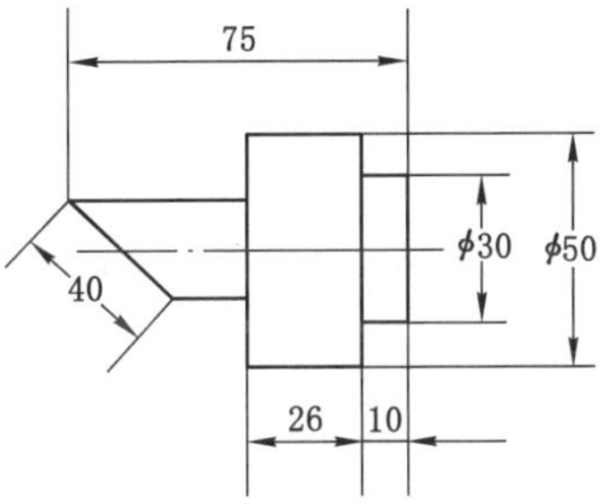

图 1-32 尺寸数字标注(一)

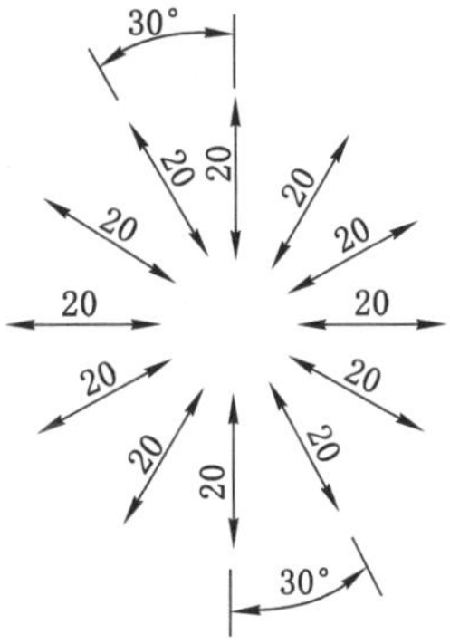

图 1-33 尺寸数字标注(二)

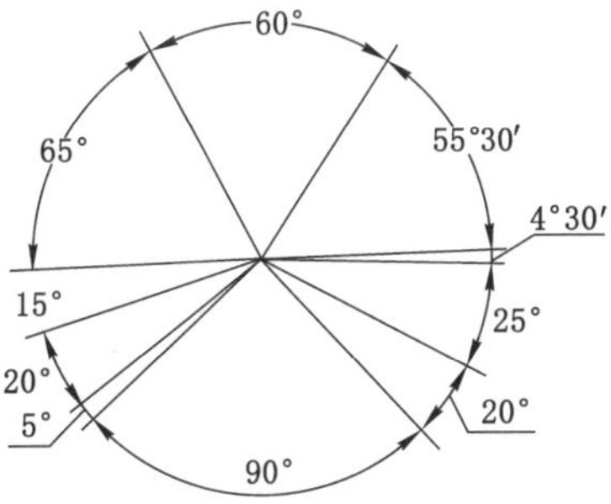

图 1-34 尺寸数字标注(三)

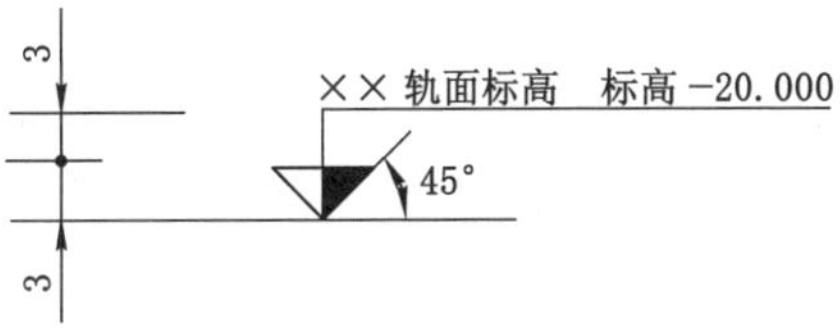

图 1-35 尺寸数字标注(四)

① 尺寸界线用细实线绘制,并应由图形的轮廓线、轴线或对称中心线处引出,也可以利用轮廓线、轴线或对称中心线作尺寸界线(图 1-36)。

② 标注角度的尺寸界线应沿径向引出(图 1-37)。

③ 标注弦长或弧长的尺寸界线应平行于该弦的垂直平分线(图 1-38、图 1-39);当弧长较大时,可沿径向引出(图 1-40)。

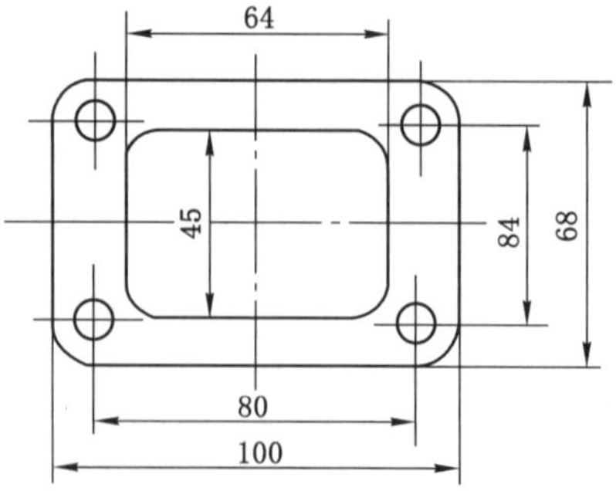

图 1-36　尺寸界线标注(一)

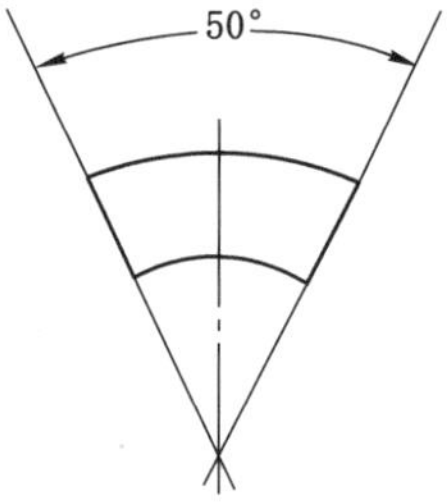

图 1-37　尺寸界线标注(二)

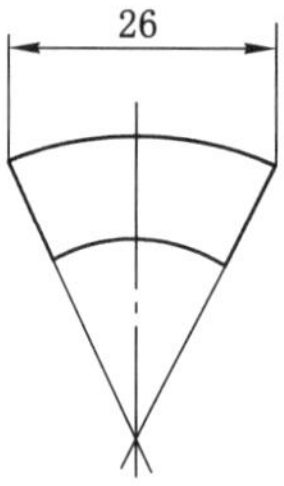

图 1-38　尺寸界线标注(三)

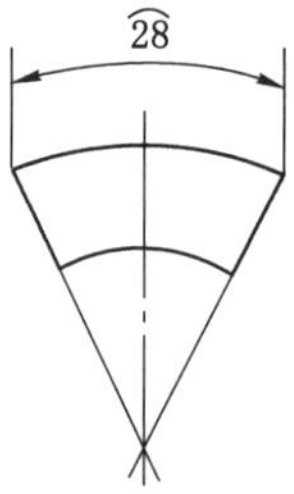

图 1-39　尺寸界线标注(四)

④ 曲线巷道的参数按图 1-41 所示标注。

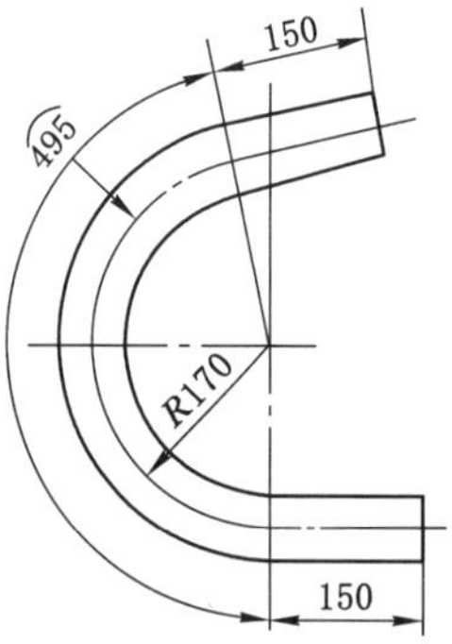

图 1-40　尺寸界线标注(五)

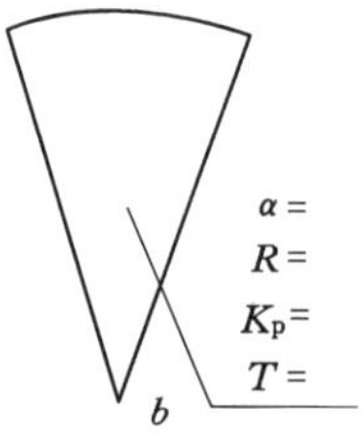

图 1-41　曲线巷道参数

3. 标注尺寸的符号

(1) 标注直径时,应在尺寸数字前加注符号“ϕ”或“D”;标注半径时,应在尺寸数字前加注符号“R”或“r”;标注球面的直径或半径时,应在符号“ϕ”或“R”前再加注“S”,如图 1-42 所示。

(2) 标注弧长时,应在尺寸数字上方加注符号“⌒”(图 1-39、图 1-40)。

(3) 标注板状零部件的厚度时,可在尺寸数字前加注“δ”(图 1-43)。

(4) 在平面图上标注倾斜巷道斜长尺寸时,应将尺寸数字加上括号(图 1-44)。

(5) 标注斜度时,可按图 1-45 所示的形式标注,符号的方向应与斜度的方向一致。

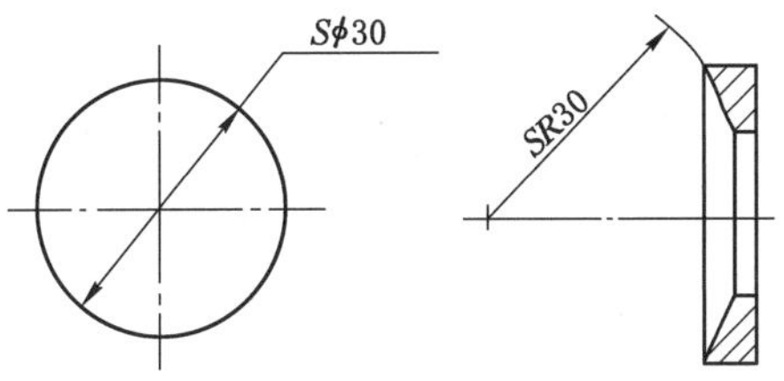

图 1-42　球面直径或半径标注

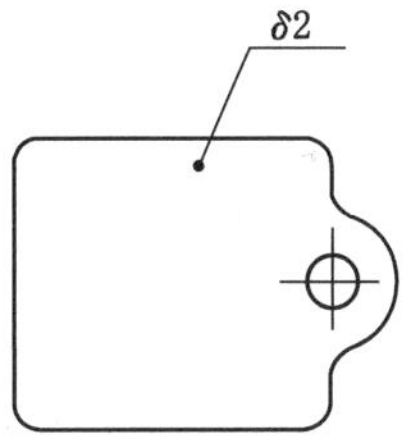

图 1-43　板状零部件厚度标注

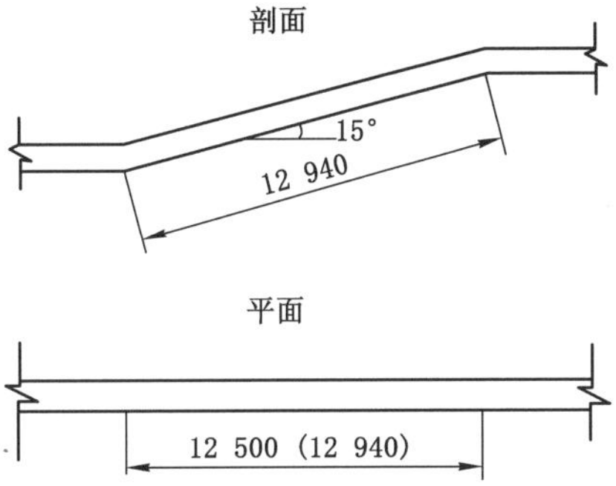

图 1-44　倾斜巷道斜长标注

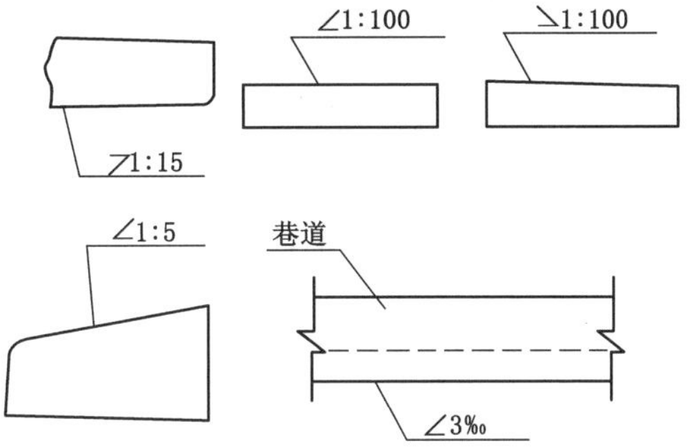

图 1-45　斜度标注

（二）井筒方位角标注

井筒方位角是指从坐标纵线北端起，按顺时针方向，量至井口出车方向线或出口方向线的夹角。下面对立井、斜井、平硐方位角的标注做一简单介绍。

1. 立井方位角

(1) 有提升设备立井的方位角，是从坐标纵线北端起，量至井口罐笼出车(或箕斗卸载)方向线的夹角，如图 1-46 所示。

装备两套箕斗的立井，若其井口卸载方向一致，则只标注一个坐标方位角；不一致，则应标注各自的方位角，如图 1-47 所示。

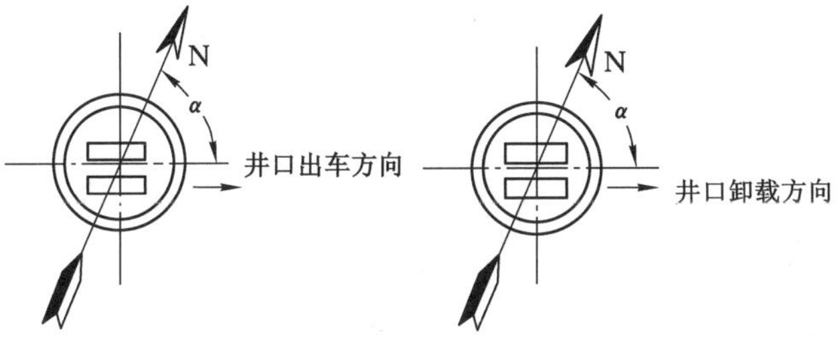

(a) 罐笼立井　(b) 箕斗立井

图 1-46　立井方位角标注(一)

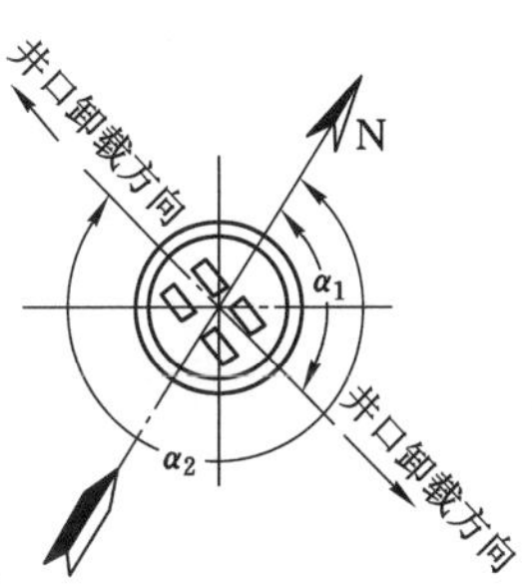

图 1-47　立井方位角标注(二)

装备一套箕斗和一套罐笼的立井，若其井口卸载方向和出车方向线一致，则标注一个方位角；不一致时，应标注各自的方位角，如图 1-48 所示。

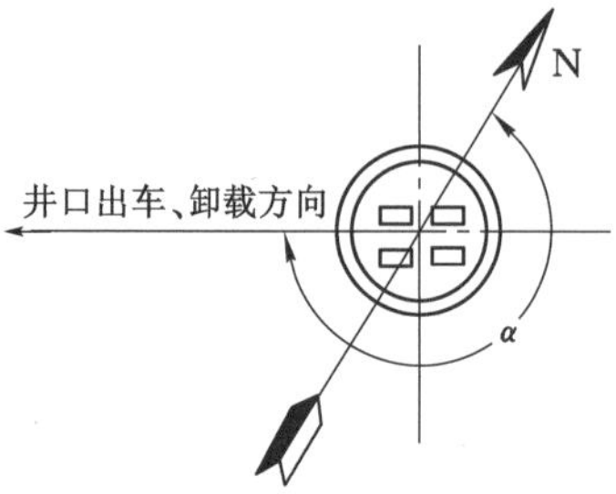

(a) 井口卸载方向和出车方向线一致

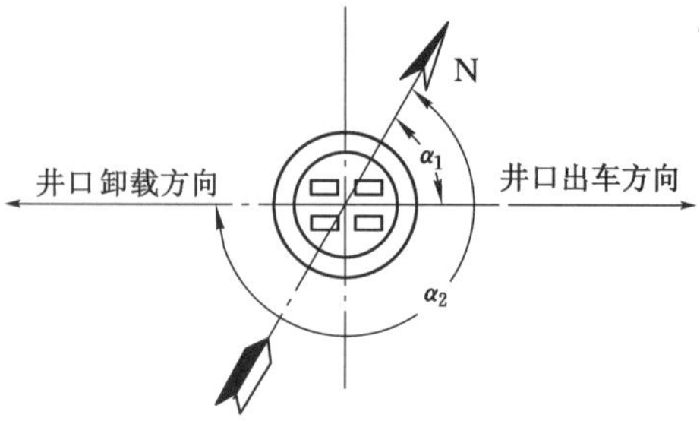

(b) 井口卸载方向和出车方向线不一致

图 1-48　立井方位角标注(三)

(2) 无提升设备立井的方位角，是从坐标纵线北端起，按顺时针方向，量至风硐(无风硐时为梯子间)出口方向线的夹角，如图 1-49 所示。

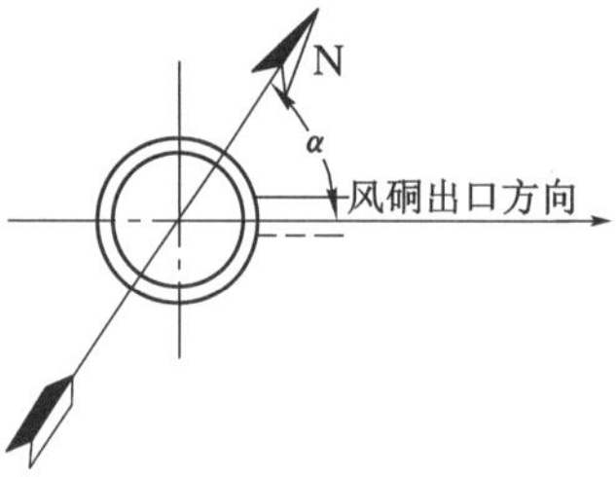

(a) 风硐

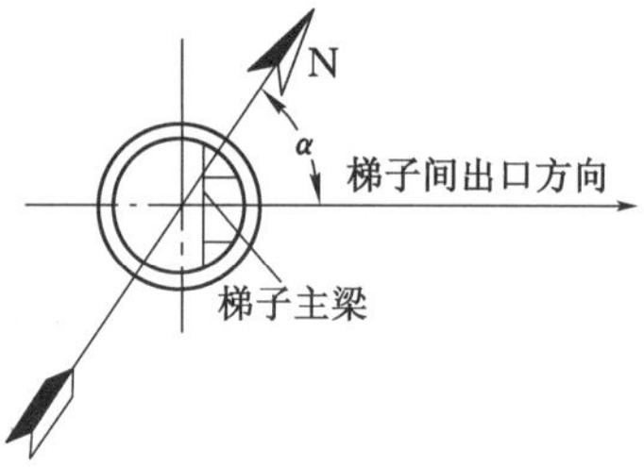

(b) 梯子间

图 1-49　立井方位角标注(四)

2. 斜井、平硐方位角

斜井、平硐方位角，是从坐标纵线北端起，按顺时针方向，量至其出口方向线的夹角，如图 1-50 所示。

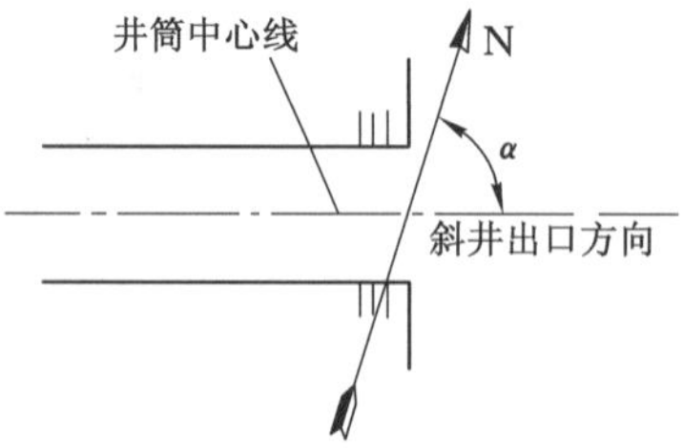

(a) 斜井井口方位角标注

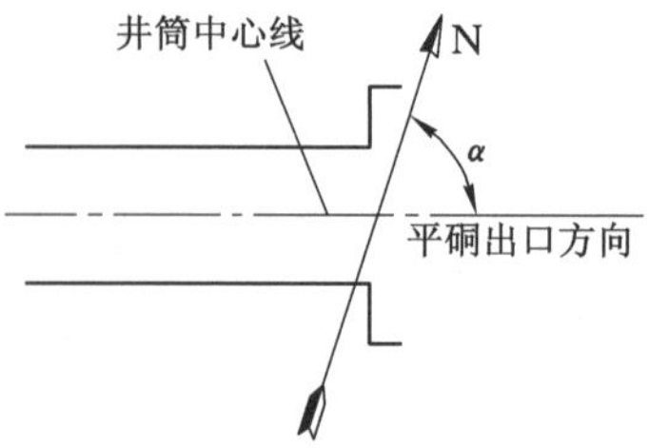

(b) 平硐井口方位角标注

图 1-50　斜井、平硐方位角的标注

任务实施

以比例尺的应用为例：在煤矿月底验收结束后，需要绘制矿井生产交换图。根据各个巷道月末验收的距离（若为斜距，需转化成平距）按比例绘制到图上，并注明日期。根据各个采煤工作面的轨道平巷和带式输送机平巷本月采煤推进的距离按比例绘制到图上，并注明日期。矿井生产交换图是矿主要领导及集团公司相关处室了解煤矿该月各采煤工作面出煤情况及巷道开拓掘进情况的直观图纸资料，是制订生产计划、工作面接替计划的主要依据。

思考与练习

1. 什么叫比例尺？什么叫比例尺精度？比例尺精度的作用是什么？

2. 地面上某线段的水平距离为 115.6 m，把它分别绘在比例尺为 1∶500、1∶1 000、1∶2 000、1∶5 000 的图纸上，应绘制的长度分别是多少？

3. 在比例尺为 1∶2 000 的平面图上，量得某线段长为 27.6 mm，该线段实际水平长度是多少？

4. 某倾斜巷道长 85.6 m，倾角为 20°，求该巷道绘在比例尺为 1∶2 000 平面图上的长度。

5. 在采矿制图中，一般采用自由分幅，确定自由分幅的幅面大小和格网方向时，应遵循哪些原则？

任务五　矿图坐标格网和高程线的绘制

【知识要点】　矿图坐标格网的绘制；高程线的绘制。

【技能目标】　能正确绘制正方格网、斜方格网；能正确绘制高程线。

【思政目标】　使学生在学习过程中把基础知识学好、学牢、学扎实。

任务导入

在绘图过程中，把地物和地貌及井下巷道、硐室、工作面的特征点绘制到图上称为展点。展点需要坐标作为参考，即需要坐标方格网。绘制剖面图也需要不同标高的等间距直线作为参考，即需要高程线。

任务分析

坐标方格网是平行于纵、横坐标轴、间距相等的直线所构成的格网，其间距是100 mm×100 mm。方格网分为正方格网和斜方格网，使用正方格网还是斜方格网主要是根据绘制矿图区域长方向（或煤层的走向或倾向）的方位来确定，若绘制矿图区域长方向的方位和坐标轴南北方向或东西方向基本一致，用正方格网；若相差较大用斜方格网。斜方格网基准线与图廓边线的夹角根据绘制矿图区域长方向（或煤层的走向或倾向）确定。高程线的绘制，若绘制的剖面图真实反映绘制对象的形状，则纵、横比例一致；若仅仅反映其大致起伏情况，其比例可以不一致。

相关知识

为了保证绘制出的矿图能达到一定的精度，应首先使绘制在平面图上的坐标方格网和剖面图中的高程线达到足够的精度要求。下面对坐标方格网和高程线的绘制做一介绍。

一、坐标方格网的绘制

矿图上的坐标格网分为正方格网和斜方格网，格网线与图廓正交的方格网称为正方格网，格网线与图廓斜交的方格网称为斜方格网。每个小方格的边长一般规定为 100 mm。其精度要求规定如下：方格网线粗不得超过 0.1 mm，每个小方格的边长误差不得超过 0.2 mm，图廓边长以及每条对角线长与理论值之差不得超过 0.3 mm。

（一）正方格网的绘制

1. 对角线法

以长方形图纸为例，正方格网的绘制如图 1-51 所示。

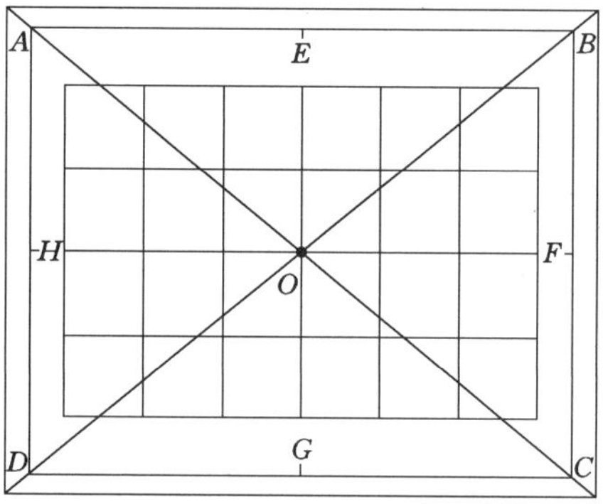

图 1-51　对角线法绘制正交的方格网

（1）在长方形的图纸上，先绘出两条对角线，交点为 O。

（2）以交点 O 为圆心，以适当长度为半径，在对角线上截取等长的线段 OA、OB、OC、OD，并将 AB、BC、CD、DA 连接起来，即得一矩形 $ABCD$。

（3）找出 AB、BC、CD、DA 各边的中点 E、F、G、H，并连接 EG、FH，检查其交点是否通过中心；若不通过，需要重新绘制。

（4）在矩形 $ABCD$ 各边上，以 E、F、G、H 为起点，用直尺或圆规每 100 mm 的长度取一点得到各个分点，连接对应的各分点，即得坐标方格网。

（5）按格网精度要求检查坐标格网是否符合要求，并擦去辅助线条和字母。

2. 弧度法

具体做法如图 1-52 所示，步骤如下：

（1）在正方形或长方形的图纸上，距下底边 50 mm 处画一直线，由距左纸边 10 mm 处起始，沿直线量取 500 mm 得线段 AB，如图 1-52(a)所示。

（2）以 A 为圆心，以 AB 为半径向上画弧 BF；再以 B 点为圆心，以 BA 长为半径向上画弧 AG；圆弧 BF 与 AG 交点为 O，如图 1-52(b)所示。

（3）作 OA 平分线得与圆弧 OA 的交点 E。

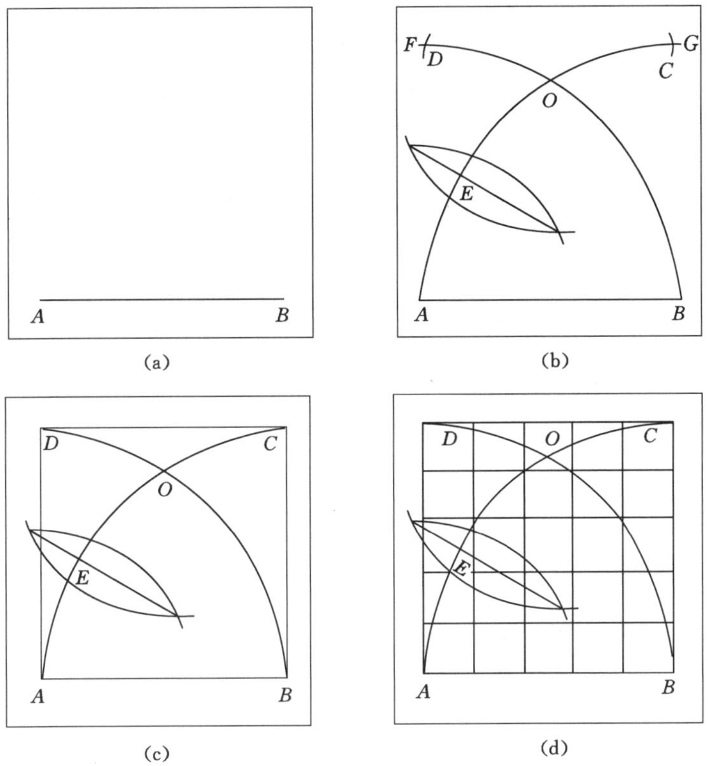

图 1-52　弧度法绘制坐标方格网

(4) 以 O 点为圆心，以 OE 为半径画弧，分别与圆弧 AG、BF 相交于 C、D 两点，如图 1-52(b)所示。

(5) 连接点 A、B、C、D，得出 500 mm×500 mm 的正方形图框，如图 1-52(c)所示。

(6) 在正方形四边上每隔 100 mm 截取一点，连接相应各点即得坐标方格网，如图 1-52(d)所示。

(二) 斜方格网的绘制

自由分幅的矿图，一般幅面较大，为了使绘制的矿图内容在图纸上有合理的分布，绘制方格网时，格网线常与图廓斜交。斜方格网的绘制方法如图 1-53 所示，步骤如下：

(1) 首先按图幅大小绘出长方形图廓边线。

(2) 根据图面内容，在图幅内的适当位置画一条长直线作为格网的基准线，如图 1-53 中的 AB 所示。该线与图廓边线的夹角依煤层的走向方位角而定，一般情况下，煤层的走向与矿图图幅的长方向基本一致。

(3) 在基准线上每隔 100 mm 截取一点，并每隔若干点作基准线的垂线(即控制线，如图 1-53 所示 Ⅰ—Ⅰ、Ⅱ—Ⅱ、Ⅲ—Ⅲ 直线)。

(4) 在所作的几条垂线上，从基准线开始，每 100 mm 截取一点，并连接对应点，得到基准线的平行线。

(5) 在平行于基准线的各线上，由同一条控制线开始每隔 100 mm 截取一点，连接对应点，得到垂直于基准线的坐标格网线。

二、剖面图中高程线的绘制

剖面图中的高程线是一组间距相等的平行线，平行线间距的大小取决于图纸的比例及高差的大小。每条高程线要求平直并相互平行，其间距误差不得超过 0.2 mm。高程线的绘制步骤如下：

（1）在图纸的下方，根据剖面图的图面布置，在适当位置画一条直线作为基准线，如图 1-54中的 AA''，其长度由剖面图的长度和比例的大小确定。

（2）在基准线的两端和中间分别作垂线，如图 1-54 中的 AD、$A'D'$、$A''D''$。若剖面较长，可多选几个点作垂线。

（3）从 A、A'、A''开始，用直尺或圆规按图的比例和高程线的间距分别在各垂线上向上截取各高程点 B、C、D、B'、C'、D'、B''、C''、D''等。

（4）用直尺连接 B、B'、B''，C、C'、C''，D、D'、D''等，连接时三点应在一条直线上，否则应重新绘制。

（5）检查高程线的精度，满足要求后擦去中间的垂线，两侧的垂线可留下，最后注记高程线的高程值。

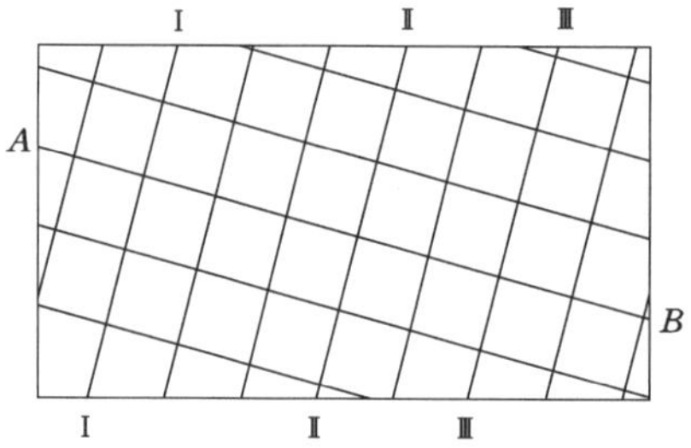

图 1-53　斜交方格网的绘制

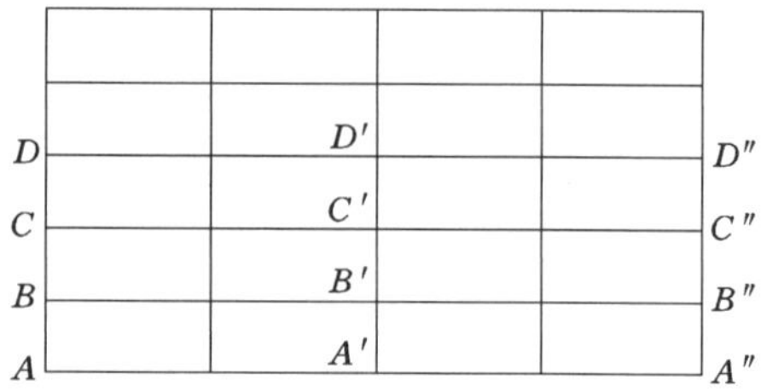

图 1-54　剖面图中高程线的绘制

三、利用绘图软件绘制坐标方格网和高程线

随着绘图软件在煤矿制图中的应用，坐标方格网和高程线的绘制工作完全可以利用计算机绘图软件来完成，速度快、精度高。有了计算机绘图软件，不仅可以绘制坐标方格网和高程线，而且整个矿图的绘制过程都可以利用计算机绘图软件来完成。绘制矿图常用的图形符号见书后附录。

任务实施

以斜方格网的绘制为例。假设煤层走向 75°，倾向 165°。斜方格网的绘制主要是确定基准线与图廓下边线的夹角，该案例夹角（小的夹角）是 90°－75°＝15°。然后根据斜方格网的绘制方法逐步绘制。

思考与练习

1. 绘制坐标方格网有哪些精度要求？
2. 绘制“任务实施”案例中的斜方格网。

项目二　矿图投影基本知识

任务一　投 影 概 述

【知识要点】 投影概念；投影分类。

【技能目标】 了解投影现象和投影；理解投影的概念和分类。

【思政目标】 以认真严谨、一丝不苟的学习态度，扎实掌握投影的基本概念和分类。

任务导入

各种矿图都是依据一定的投影原理和方法绘制的。因此了解投影知识，对于绘制、识读和使用矿图具有重要意义。

任务分析

在日常生活中，物体经阳光或灯光的照射，在地面或墙面上产生影子，这就是投影现象。根据投影线是否相互平行，投影法可分为中心投影法和平行投影法两种。其中平行投影法可分为斜投影法和正投影法。矿图绘制采用的投影方法属于正投影法中的标高投影。本任务主要是了解投影概念和投影分类。

相关知识

一、投影的概念

如图 2-1(a)所示为一物体在正午阳光照射下在地面上留下的影子。这个影子只能反映物体底部的轮廓，物体上部的轮廓则被黑影遮盖而反映不出来。

人们根据绘图的需要，对影子、光线和物体三者之间的内在联系进行了科学的想象：假设光线能够透过物体，将物体上的特征点投影在投影面上，连接相应点所形成的能够反映物体的图形，称为物体的投影，如图 2-1(b)所示。

投影线(光线)透过物体向选定的面进行投影，并在该面上得到图形的方法称为投影法。根据投影法所得到的图形称为投影，得到投影的面称为投影面。所以，投影现象是由投影物体、投影线和投影面三个条件形成的。

二、投影法分类

根据投影线是否相互平行，投影法可分为中心投影法和平行投影法两种。

(一) 中心投影法

投影线汇交于一点的投影法称为中心投影法，用中心投影法所绘制的投影称为中心投

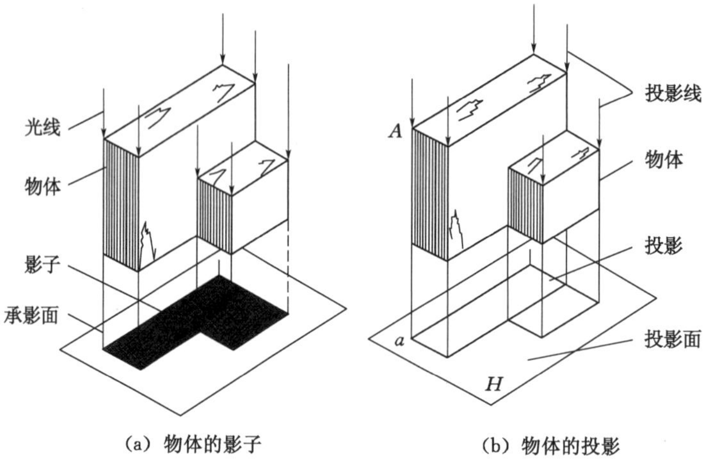

图 2-1　影子与投影

影,如图 2-2(a)所示。

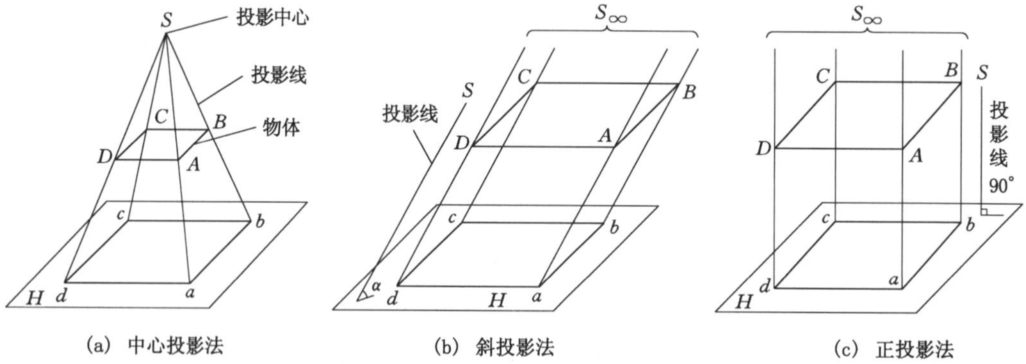

图 2-2　中心投影法与平行投影法

中心投影的特性如下：

(1) 投影线都是从投影中心发出的。

(2) 投影线与投影面斜交。

(3) 在一定条件下,投影的大小随物体到投影中心和投影面距离的远近不同而变化。

(4) 投影的形状随物体与投影面的倾斜程度不同而不同。

在日常生活中,照相、放幻影灯、电影等都是应用的这种原理。由于这种投影不能满足工程所需的度量要求,因而在工程制图中一般不用。

(二) 平行投影法

投影线相互平行的投影方法称为平行投影法,如图 2-2(b)、(c)所示。用平行投影法所得到的物体投影,其大小与物体距投影面的远近无关;其形状随物体、投影线与投影面角度的变化而变化。

平行投影法可分为斜投影法和正投影法。

1. 斜投影法

投影线与投影面相倾斜的平行投影法称为斜投影法，如图 2-2(b)所示。

2. 正投影法

投影线与投影面相垂直的平行投影法称为正投影法，如图 2-2(c)所示。根据正投影法所得到的投影称为正投影(或正投影图)。

正投影的特性如下：

(1) 显实性。物体平面平行于投影面，其投影图形反映平面物体的真实形状和大小。

(2) 类似性。物体平面倾斜于投影面，其投影图形的形状和大小随物体平面与投影面的倾斜角度的变化而变化。

(3) 积聚性。物体平面(或直线)垂直于投影面，其投影为一条直线(或一个点)。

这种投影能真实反映物体的形状和大小，便于绘制，能满足工程技术要求，因而在工程图绘制中得到广泛应用。

对于机械制图，为了全面反映物体的真实形状和大小，常选用三面投影。矿图一般只选用一个投影面，如井田区域地形图、缓倾斜煤层的采掘工程平面图等；有时用两个投影面，如急倾斜煤层的采掘工程图等。

任务实施

利用一个简单的机械磨具，按图 2-1 所示的方法绘制磨具的影子和投影。影子只能反映光线穿过物体边缘在投影面上的物体轮廓，物体上部的轮廓特征反映不出来。投影是假设光线能够透过物体，使物体上的特征点、线都能在投影面上反映出来。

思考与练习

1. 什么是影子？什么叫投影？它们的本质区别是什么？

2. 正投影的特性有哪些？

任务二　标高投影

【知识要点】　点、线、面的标高投影；直线的标高内插。

【技能目标】　能进行点、线、面的标高投影，并能判断线与线、线与面、面与面的相互关系；能对直线进行标高内插。

【思政目标】　以改革创新为导向，熟练掌握标高投影基本知识并能予以应用。

任务导入

物体的外形轮廓都是由点、线、面构成的。如建筑物的角点、立井井筒中心、钻孔中心、巷道的拐点等，都可以看作一点；各种道路、井下巷道等，可以看作线；地面，煤层的顶板、底板，断层面等，可以看作面。因此，熟悉和掌握点、线、面的标高投影知识，是识读和绘制矿图的基础。

任务分析

矿图绘制的过程就是展点的过程，连点成线，由线到面。展点的原理就是标高投影。绘制等高线时，先对直线进行标高内插，然后将相邻各条直线上相同标高内插点用光滑曲线连成等高线。因此必须掌握点、线、面的标高投影知识和直线的标高内插方法。

相关知识

采用零水平面(小区域大地水准面)作为投影面，将空间物体上各特征点垂直投影到该水平面上，以确定各点的平面位置，然后将物体各特征点的高程(标高)标注在各投影点的旁边，用于说明各点高于或低于零水平面的数值，这种投影称为标高投影。

标高投影属于正投影，大部分矿图是利用标高投影的方法绘制而成的。

一、点的标高投影

自空间一点向零水平面(投影面)作垂线，并在垂足的一侧注记该点的标高，这就是点的标高投影。注记时，注意标高的正负号，点在零水平面以上为正，以下为负。如图 2-3(a)所示，H 平面为零水平面，空间 A 点的高程为 60 m，B 点的高程为 −56 m，A、B 两点在水平面 H 上的投影分别为 a_{60}、b_{-56}，如图 2-3(b)所示。

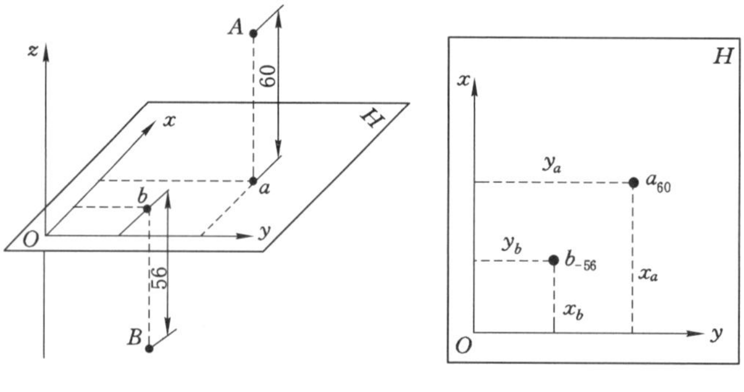

(a)　　(b)

图 2-3　点的标高投影

作图方法为：首先确定投影面，绘出坐标系，然后根据 A、B 两点的 x、y 坐标值定出点的平面位置，并在点的投影旁边注明点的标高。

【例 2-1】 A、B、C 三点的高程分别为 25 m、−22 m、20 m。三点的坐标分别为 $x_A=2$ m，$y_A=2$ m；$x_B=4$ m，$y_B=4$ m；$x_C=2$ m，$y_C=1$ m。试绘出这三点的标高投影图。

解　作图方法如图 2-4 所示。

二、直线的标高投影

(一) 直线的标高投影及作图方法

直线的标高投影就是该直线两端点标高投影的连线。图 2-5 所示为空间直线标高投影图，直线 AB 两端点的标高分别为 6 m、8 m，两端点在投影面上的标高投影分别为 a_6、b_8，则直线 a_6b_8 即为直线 AB 的标高投影。

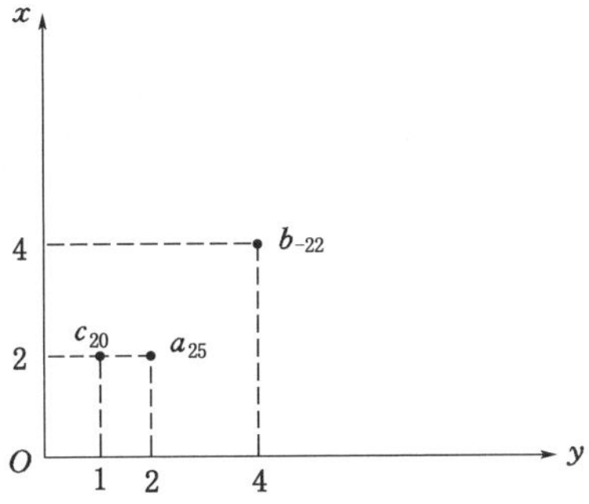

图 2-4　点的标高投影作图

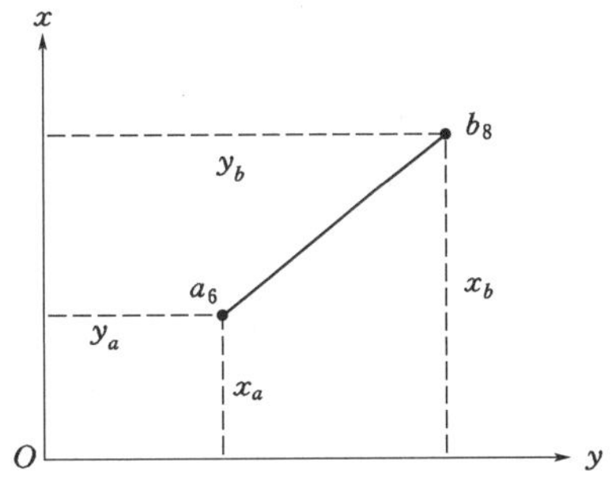

图 2-5　直线的标高投影作图

直线在投影面上的投影长度随直线与投影面夹角的变化而变化，若直线与投影面斜交，其投影的长度比直线的实际长度短，如图 2-6(a)所示；若直线为铅垂线，则直线的标高投影为一点，如图 2-6(b)所示；若直线平行于投影面，则直线的标高投影长度与直线的实际长度相等，如图 2-6(c)所示。

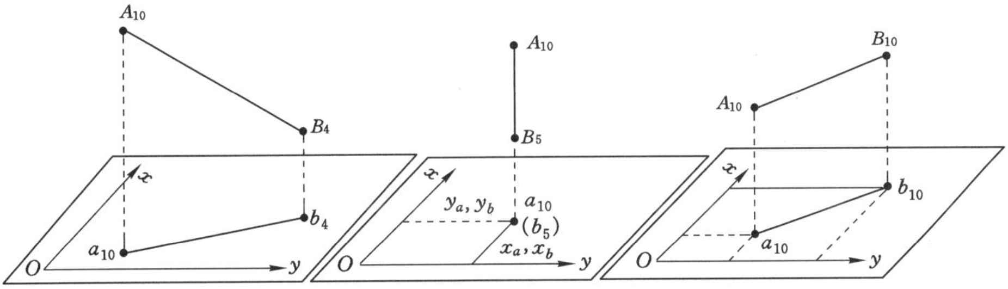

(a) 直线与投影面斜交　(b) 直线与投影面垂直　(c) 直线与投影面平行

图 2-6　直线的标高投影

（二）直线要素及相互关系

直线的倾斜长度、倾角、水平长度、高差和坡度统称为直线要素。

如图 2-7 所示，直线的实际长度称为直线的实长，用 L 表示；直线在水平面上的投影长度称为水平长度(又称平距)，用 D 表示；直线与水平面的夹角(最小的角度)称为直线的倾角，用 δ 表示；直线两端点的高程之差称为直线的高差，用 h 表示；直线的高差与直线的水平长度之比称为直线的斜率(坡度)，用 i 表示。

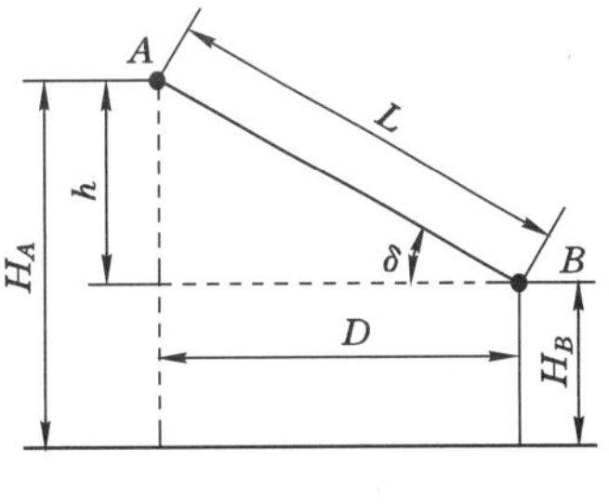

图 2-7　直线各要素的关系

直线要素之间的关系(图 2-7)由以下公式表示：

$$h = H_A - H_B \tag{2-1}$$

$$L = \sqrt{D^2 + h^2} \tag{2-2}$$

$$i = \frac{h}{D} \tag{2-3}$$

$$\delta = \arctan \frac{h}{D} \tag{2-4}$$

根据上述关系，在直线标高投影图上，只要确定了一些要素，就能求出另外一些要素。

（三）直线投影的标高内插

在一倾斜直线的标高投影图上，根据直线两端点的高程求出直线上高程为整数的各点投影的位置，称为标高内插。在绘制、识读和应用矿图时，经常进行标高内插。常用的方法有解析法、剖面法和平行线法等。

如图 2-8(a)所示，直线 AB 的标高投影为 $a_{63}b_{26}$，两端点高程分别为 63 m 与 26 m，水平长度为 90 m。下面分别用解析法、剖面法和平行线法确定直线标高投影图上高程为10 m 整倍数的各投影点的位置。

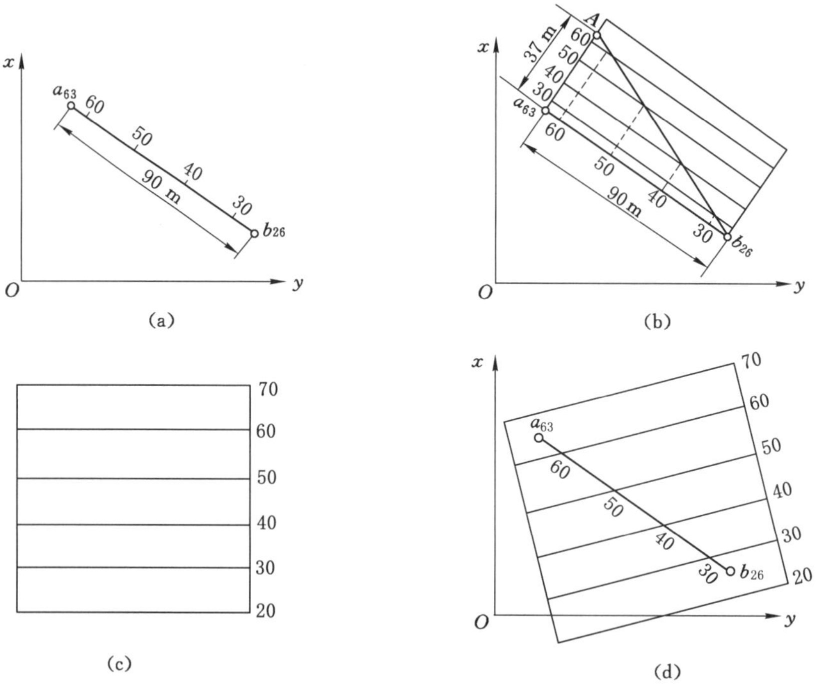

图 2-8　直线投影的标高内插

1. 解析法

(1) 首先求出每米高差的平距 d_1

$$d_1 = \frac{D}{h} = \frac{90}{63-26} \approx 2.43$$

(2) 找出第一个整倍数点的位置

显然，投影图上第一个最大整倍数点的高程应为 60 m，这个投影点距 a_{63}点的水平长度应为：

$$(63-60) \times d_1 = 3 \times 2.43 \approx 7.3 \text{ (m)}$$

在直线投影图上自点 a_{63}沿 $a_{63}b_{26}$方向按比例量取 7.3 m 所得到的点，即得标高为 60 m 的投影点。

(3) 求其他各整倍数点的位置

高差 10 m 对应的水平长度为：

$$10 \times d_1 = 10 \times 2.43 \approx 24.3\ (\text{m})$$

从 60 m 的投影点开始，按比例依次量取 24.3 m，所得节点即高程为 50 m、40 m、30 m 的各投影点的位置，如图 2-8(a)所示。

2. 剖面法

用剖面法找出高程为 10 m 整倍数的各投影点的位置如图 2-8(b)所示。

(1) 在投影图上过 a_{63} 作直线 Aa_{63} 垂直于 $a_{63}b_{26}$，Aa_{63} 的长度为 63 m−26 m=37 m。

(2) 在直线 Aa_{63} 上，按比例找出高程为 30 m、40 m、50 m、60 m 和 63 m 的各节点，其中高程为 63 m 的点即 A 点。

(3) 过 Aa_{63} 上各节点作直线与 $a_{63}b_{26}$ 平行，连接 A、b_{26} 两点。

(4) 将 Ab_{26} 与各平行线的交点分别投影到 $a_{63}b_{26}$ 上，即得到高程为 30 m、40 m、50 m、60 m 的各投影点的位置。

3. 平行线法

用平行线法找出高程为 10 m 整倍数的各投影点的位置如图 2-8(c)、(d)所示。

(1) 首先在一张透明纸上作间隔相等的一组平行线，注明各线的高程，如图 2-8(c)所示。

(2) 将透明纸蒙在投影线 $a_{63}b_{26}$ 上，旋转透明纸使 a_{63} 与 b_{26} 两点位于高程相等的相应高程线上，则平行线和投影线的各交点即为所求各投影点的位置，如图 2-8(d)所示。

(四) 空间两直线的相互关系

井下任两条巷道之间的相互关系，都可以看作空间两直线的相互位置关系。空间两直线的相互关系有平行、相交和交错三种。

1. 两直线平行

若空间两直线的投影平行、倾斜方向一致且倾角相等，则空间两直线平行，如图 2-9(a)所示。

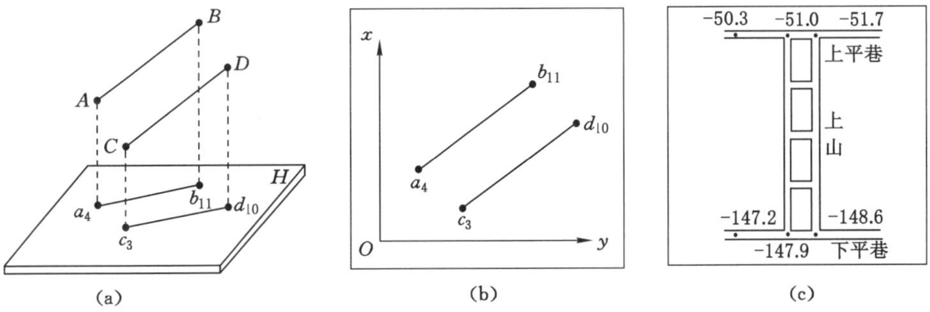

图 2-9　空间两直线的平行关系

图 2-9(b)所示为空间两直线的标高投影，两直线投影平行，倾向一致，投影长度相等，直线两端点的高差相等，即倾角相等，可见两直线在空间是平行的。

图 2-9(c)所示为局部巷道平面图，两条上山之间、上平巷和下平巷之间都是平行关系。

2. 两直线相交

若空间两直线的投影相交，且交点只有一个高程值，则空间两直线相交，如图 2-10(a)所示。

图 2-10(b)所示为空间两直线的标高投影，两直线的投影相交于 k_6，作直线的标高内插，求得 k_6 点的高程在两直线上均为 6 m，可见两直线在空间是相交的。

图 2-10(c)所示为局部巷道平面图，两巷道交点的高程都是－109.5 m，可见两巷道是相交的。

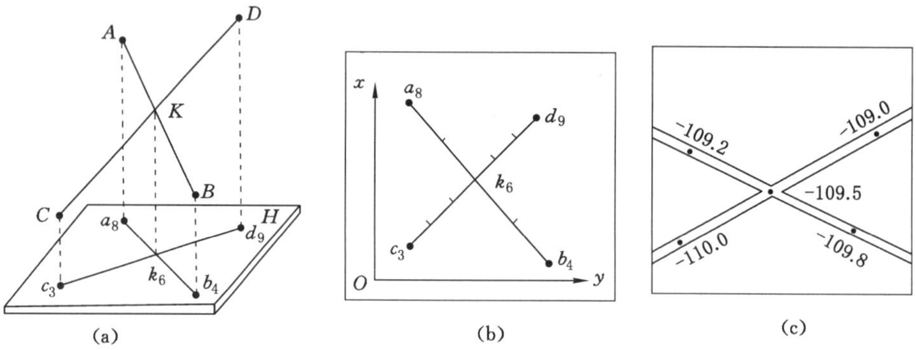

图 2-10　空间两直线的相交关系

3. 两直线交错

若空间两直线的投影相交，且交点处的高程不等，则空间两直线交错，如图 2-11(a)所示。

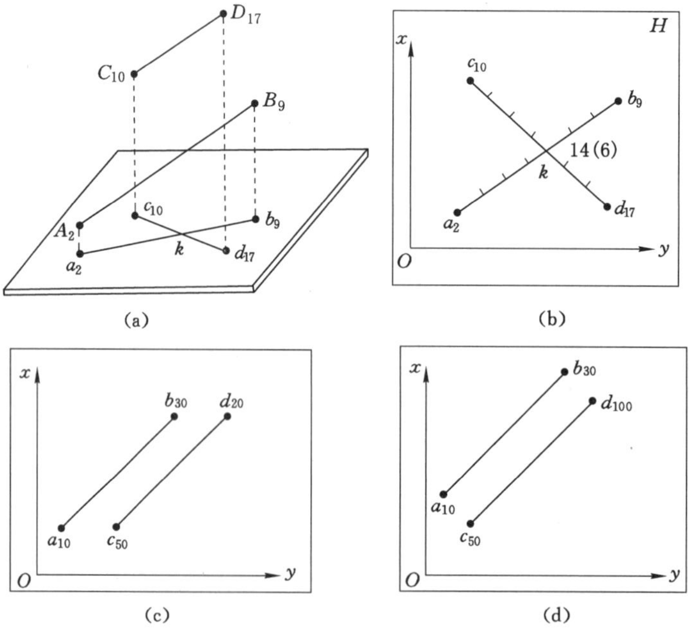

图 2-11　空间两直线的交错关系

图 2-11(b)所示为空间两直线的标高投影，两直线的投影相交于 k，通过标高内插，求得 k 的高程在 a_2b_9 直线上为 6 m，在 $c_{10}d_{17}$ 直线上为 14 m，可见两直线在空间是交错的。

此外，若两直线的投影平行，但倾向相反，如图 2-11(c)所示，或两直线的投影平行，倾向相同，但倾角不等，如图 2-11(d)所示，则两直线在空间也是交错的。

图 2-12 所示为局部巷道平面图，两斜井与 ab 巷道是交错关系。

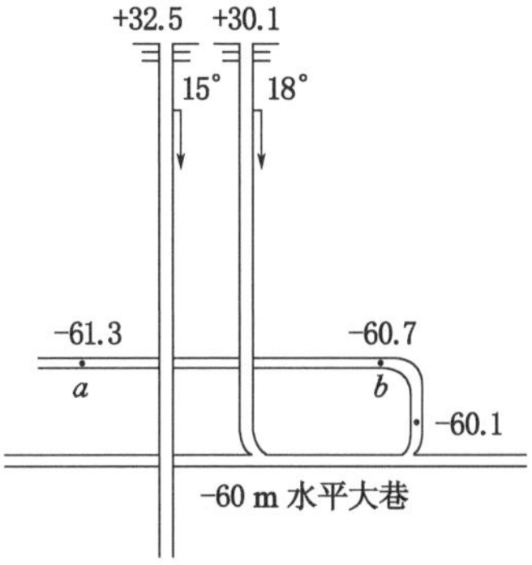

图 2-12　斜井与巷道交错

三、平面的标高投影

(一) 表示方法

平面的标高投影是指空间倾斜平面在水平面上的投影，一般是用空间倾斜平面等高线的投影来表示。斜面上高程相等的各相邻点所连成的线，称为等高线。

图 2-13(a)所示为平面的标高投影示意图，0—0、10—10、20—20 为倾斜平面 P 上的三条等高线。用正投影方法，将等高线投影到水平面 H 上，如图 2-13(b)所示，这组等高线的投影就代表了倾斜平面 P 在水平面 H 上的标高投影。

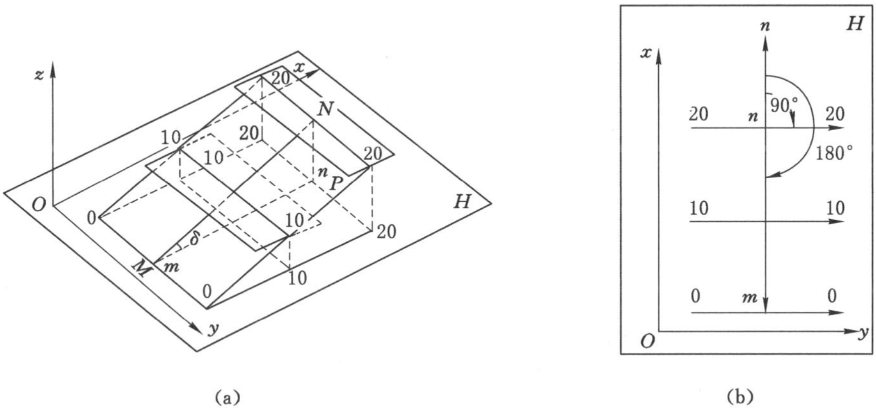

图 2-13　平面的标高投影

(二) 平面三要素

倾斜平面的标高投影，可以表示倾斜平面的空间状态。倾斜平面的空间状态用平面的走向、倾向和倾角来表示，三者称为平面三要素。

等高线的方向称为倾斜平面的走向，即图 2-13(b)中等高线箭头所指的方向。走向一般用方位角表示。倾斜平面内由高向低垂直于等高线的直线称为倾斜线，图 2-13(a)中的 NM 线为平面 P 的倾斜线。倾斜线在水平面内的投影 nm 称为倾向线，倾向线上高程值由高到低的方向称为倾斜平面的倾向，如图 2-13(b)所示 nm 线的方向，一般也用方位角表示。在实际工作中，一般规定走向比倾向小 90°或大 270°。倾斜线与倾向线的夹角称为倾角，如图 2-13(a)中的 δ 角。确定了平面的三要素，平面在空间的状态也就明确了。平面三要素均可从平面标高投影图中用图解法求得，图 2-14(a)所示为某倾斜平面的标高投影图，该平面走向为 135°，倾向为 225°，倾角按图 2-14(b)作图(下面叙述)用量角器量出。

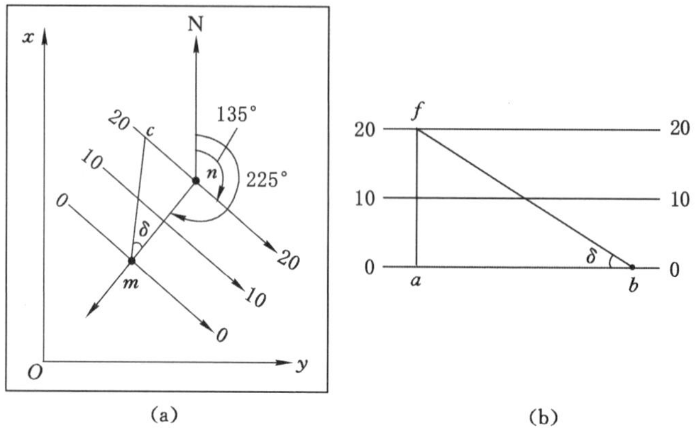

图 2-14 平面标高投影和剖面图

在倾斜平面标高投影图中，相邻两条等高线在水平面内的垂直距离称为等高线平距，用 d 表示，可按比例从图中量取；相邻两条等高线的高程之差称为等高距，用 h 表示，可根据等高线的注记高程值算出。

在识读和应用矿图时，有时需要在平面标高投影图上沿倾斜方向作剖面图，以表示平面的倾斜长度和倾角，其作图方法如图 2-14(b)所示。首先按一定比例绘一组相互平行的高程线，其间距等于相邻两条等高线的高差，然后按相同比例在 0—0 高程线上取 $ab=mn$，过 a 点按比例作直线 af 垂直于 ab(af 等于 m、n 两点的高差)，连接 fb，则 fb 为平面的倾斜长，δ 为平面的倾角。也可直接在图 2-14(a)上作图求出平面的倾斜长和倾角，即在 20—20高程线上按比例取 nc(nc 等于 m、n 两点的高差)，连接 c、m，则 cm 为平面的倾斜长，δ 为平面的倾角。

（三）作图方法

平面标高投影作图是指在水平面上作出该平面的等高线。作平面的标高投影时，通常有以下四种情况：已知不在同一直线上的三点；已知一直线和直线外一点；已知两相交直线；已知两平行直线。不论哪种情况，其作图均按下列步骤进行：

(1) 根据已知条件，按一定比例，把直线或点展绘于图上。

(2) 在已知直线或各点所连的直线上，按高程值的整倍数进行标高内插。

(3) 连接高程相同的各点，即得平面等高线的投影，也就是该平面的标高投影。

【例 2-2】 已知三个点的平面坐标和高程 $A(9,2,80)$、$B(6,11,40)$、$C(2,1,60)$(括号内的三个数为平面坐标 x、y 及高程值 z)，试绘该三点所定平面的标高投影图。

解 首先将此三点的平面位置及高程按标高投影的方法绘于图上，得如图 2-15 所示的 a_{80}、b_{40}、c_{60}，分别连接这三个点，并对各连线按高程为 10 m 的整倍数进行标高内插；将高程相同的 50 m、60 m、70 m 各点相连接，得到平面等高线的投影，即该三点所定平面的标高投影图(图 2-15)。

（四）空间两平面的关系

空间两平面的相互关系有两种情况：两平面平行和两平面相交。矿区内局部范围煤层层面间的关系、煤层层面与断层面间的关系等，都属于空间平面的相互关系问题。

1. 两平面平行

在平面标高投影图上，若两个平面的等高线平行，倾向相同，平距相等，则空间两平面平行。

图 2-16 所示为空间两个平面 P_1、P_2 的标高投影图。从图中可以看出，平面 P_1、P_2 的等高线彼此平行，平距 $d_1=d_2$，倾向方位角 $\alpha_1=\alpha_2$，即倾向相同，因此可以判定这两个平面的空间关系是平行的。

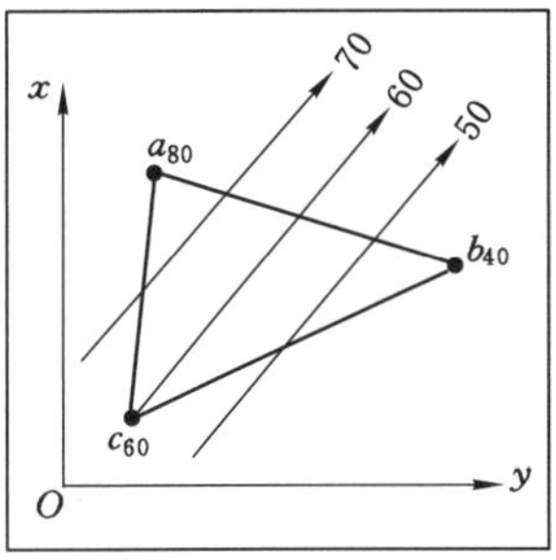

图 2-15　平面标高投影作图

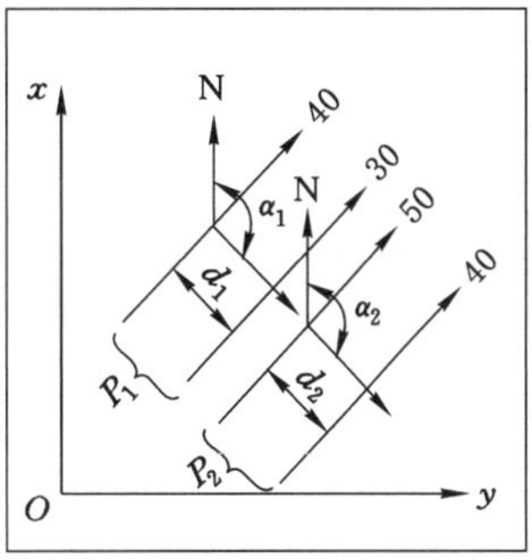

图 2-16　两平面平行

2. 两平面相交

空间两平面相交分以下三种情况描述：

1）在平面标高投影图上，若两个平面的等高线平行，倾向相反，则空间两平面相交。如图 2-17(a)所示，两个平面的等高线平行，但倾向方位角 α_1、α_2 相差 180°，即倾向相反，可以判定这两个平面的空间关系是相交的。

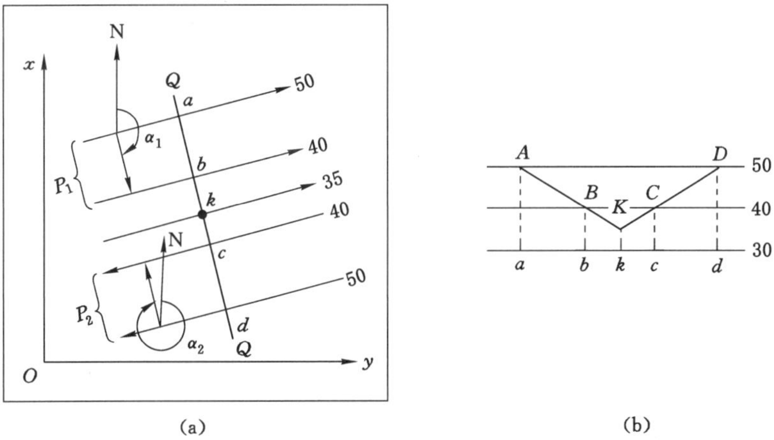

图 2-17　两平面相交(一)

因为两个平面的等高线平行，故它们的交线必与等高线平行。为了确定两平面交线的位置，按图 2-14(b)所示方法作图，即过 Q—Q 作剖面图，如图 2-17(b)所示。AB、DC 为两平面的倾斜线，将两倾斜线延长交于 K 点，并将 K 点投到 30 m 水平线上，得 k 点。由图上量得 K 的高程为 35 m。在剖面图上量取 bk，并将此线段展绘到平面标高投影图[图 2-17(a)]上，即得到 Q—Q 剖面上两平面交点的标高投影 k。过 k 作等高线的平行线，即 35 m 等高线，此线就是两平面交线的投影。

(2) 在平面标高投影图上，若两个平面的等高线平行，倾向相同，但倾角不等，则空间两平面相交。图 2-18(a)所示为等高线平行、倾向相同、倾角不等的两相交平面 P_1、P_2 的标高投影图，其交线的求法如图 2-18(b)所示。

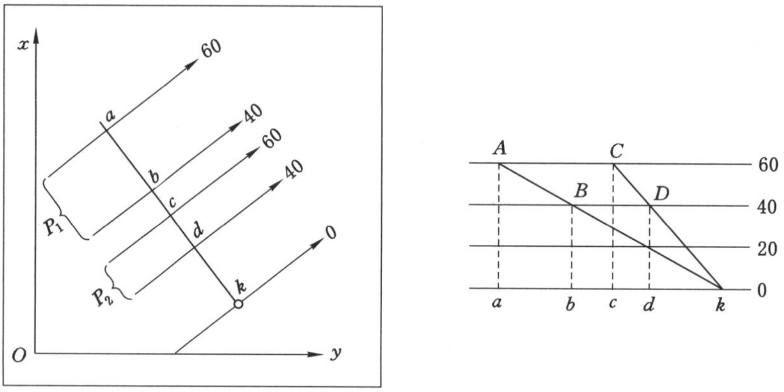

(a)　　(b)

图 2-18　两平面相交(二)

(3) 在平面标高投影图上，若两个平面的同名等高线相交，则空间两平面相交。图 2-19 所示为等高线相交的两个平面 P_1、P_2 的标高投影图。同名等高线交点的连线 ab 为两平面交线的投影。

(五) 空间直线与平面的相互位置关系

空间直线与平面的相互位置关系有三种情况：直线位于平面内、直线与平面平行、直线与平面相交。巷道与煤层、巷道与断层的位置关系，即属于空间直线和平面的相互位置问题。

1. 直线位于平面内

若直线有两点位于平面内，则该直线位于平面内。

图 2-20 所示为一空间直线 AB 和一平面 P 的标高投影图。直线两端点的投影 a_{20}、b_{50} 均在同高程的平面等高线的投影上，由此可知，空间直线 AB 位于空间平面 P 内。

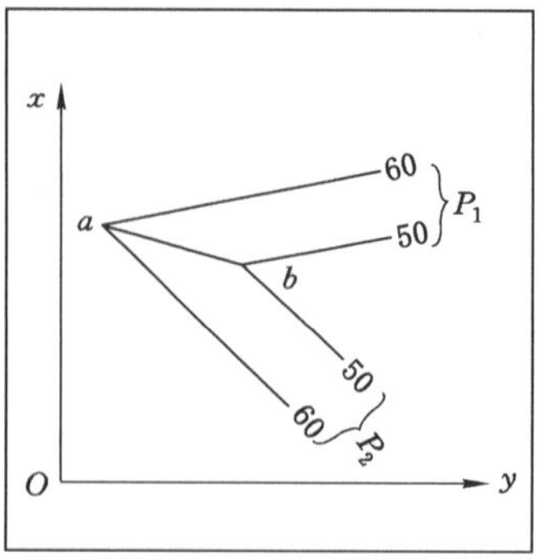

图 2-19　两平面相交(三)

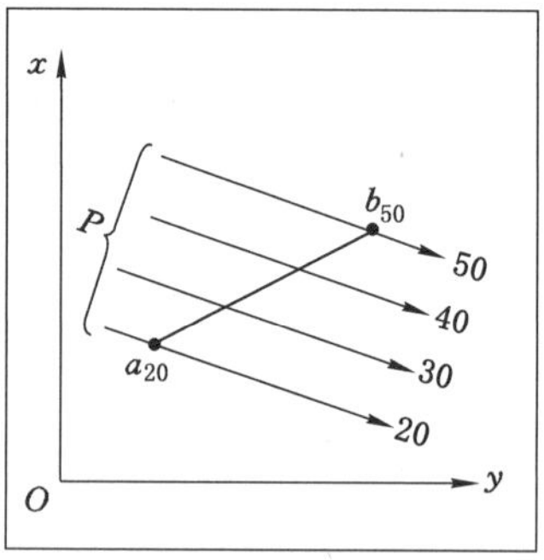

图 2-20　直线位于平面内

2. 直线与平面平行

若空间某直线不在平面内，但与平面内的某直线平行，则该直线与平面平行。

如图 2-21 所示，$c_{60}d_{30}$为空间平面 P 内直线 CD 的投影，$a_{80}b_{50}$为空间某直线 AB 的投影，$a_{80}b_{50}$平行于 $c_{60}d_{30}$。由图可知，AB 两端点高程都高于平面 P 内相应平面点位的高程，因而直线 AB 不在平面 P 内，但 $a_{80}b_{50}$与 $c_{60}d_{30}$平行，倾向相同，倾角也相等，所以直线 AB 与平面 P 平行。

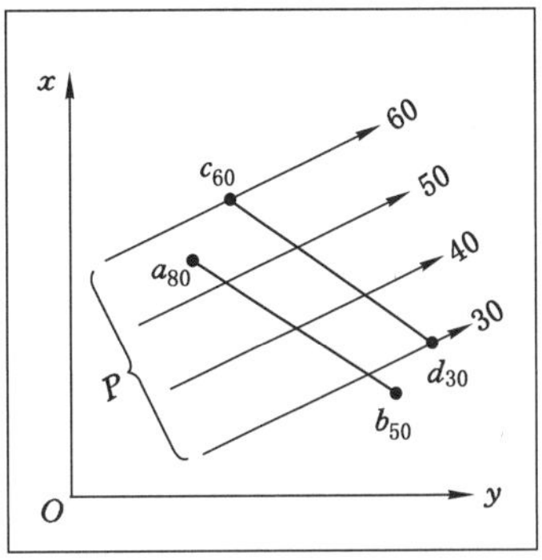

图 2-21　直线与平面平行

3. 直线与平面相交

若直线既不在平面内，又不与平面平行，则此直线与平面相交。

如图 2-22(a)所示，直线 CD 的标高投影高程值与平面等高线相应点的高程值不一致，所以直线 CD 不在平面 P 内，而且直线 CD 的倾向与平面的倾向相反，所以直线 CD 不与平面平行。由此可知，直线 CD 与平面 P 相交。

为了求得直线 CD 与平面 P 的交点，过直线 CD 作剖面图，如图 2-22(b)所示。直线 CD 与平面内的直线 AB 相交于 K 点，K 点就是直线 CD 与平面 P 的交点。将 K 点投影于水平线上，并转绘至平面标高投影图 2-22(a)上，则得直线 CD 与平面 P 交点的投影 k_{34}。

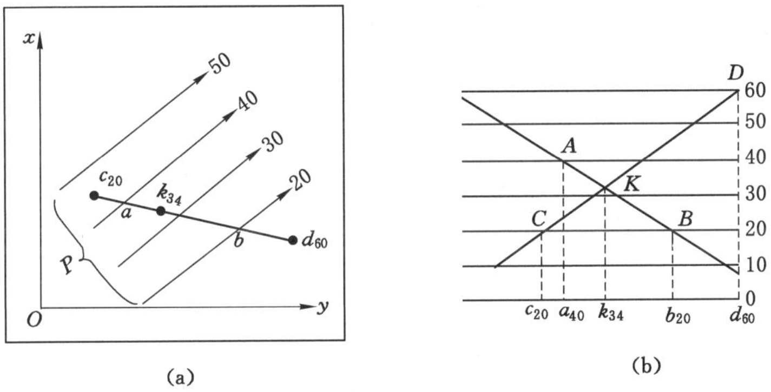

图 2-22　直线与平面相交

四、曲面的标高投影

曲面的标高投影同样采用曲面上等高线的投影来表示。

如图 2-23 所示，图的上部为山丘立体示意图，山丘与高程为 10 m 的静止水平面的交线为一闭合曲线。水平面升到 12 m、14 m、16 m 时，同样可以形成三条闭合曲线。每条曲线上各点的高程均等于该曲线的高程，如高程为 10 m 的曲线上，各点的高程均为 10 m。将各曲线投影到水平面 H 上，并按比例缩小绘制成图，这些曲线的标高投影即为该山丘表面的标高投影，其表示了该山丘的地貌。

地面的地貌、煤层的产状等都是用曲面的标高投影来表示的。

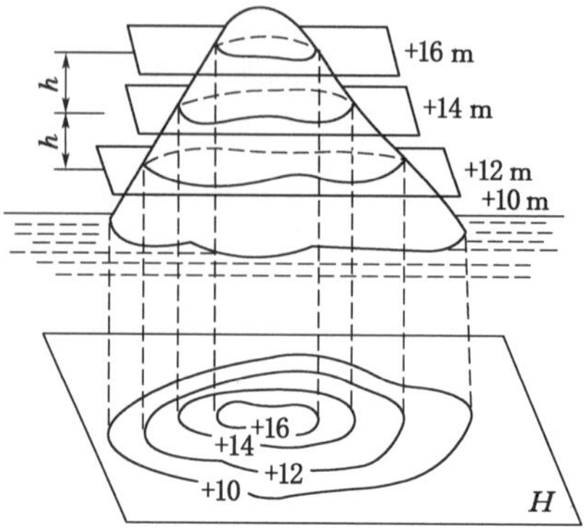

图 2-23　曲面的标高投影

任务实施

以求直线的要素为例。直线的要素包括直线的水平长度、倾斜长度、倾角、高差和坡度。首先按比例求出直线的水平长度，再根据直线两端点的高程求出直线的高差，由直线的水平长度和高差求出直线的倾斜长度、倾角和坡度。

思考与练习

1. 什么叫标高内插？标高内插的方法有几种？

2. 图 2-24 所示为空间三条直线的标高投影图，试标出各直线投影图上标高为 10 m 整倍数投影点的位置。

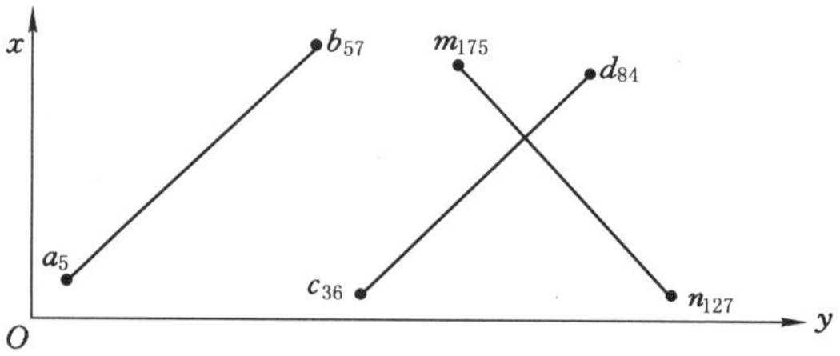

图 2-24　三条直线的标高投影图

3. 图 2-25 所示为三组直线的标高投影图，比例为 1∶5 000，试判断图中各组直线的关系。

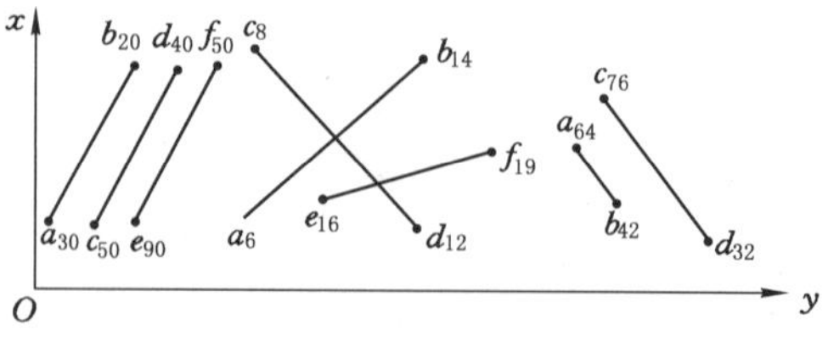

图 2-25　三组直线的标高投影图

4. 图 2-26 所示为三组平面的标高投影图，比例为 1∶2 000，试判断图中各组两平面的相互位置关系。

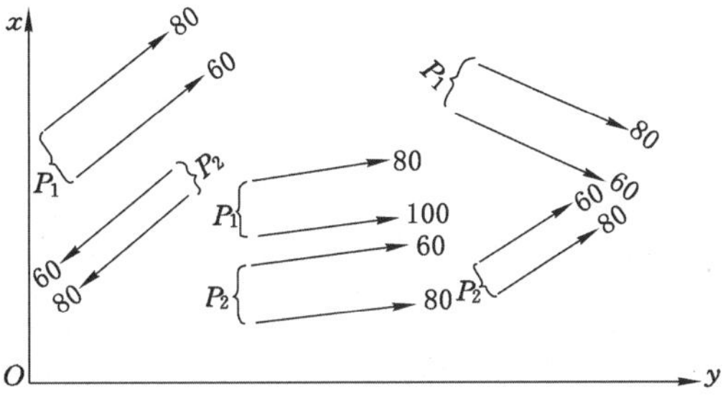

图 2-26　平面标高投影图

5. 试求图 2-26 中三个 P_1 平面的走向、倾向和倾角。

6. 图 2-27 所示为平面 P 和直线 AB、CD 的标高投影图，比例为 1∶2 000，试判断各直线和平面 P 的位置关系，并求出直线和平面的交点。

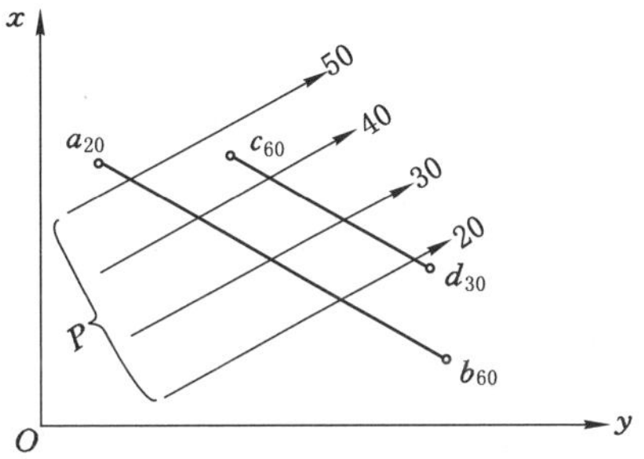

图 2-27　平面和直线标高投影图

任务三　轴测投影

【知识要点】 轴测图的画法。

【技能目标】 能用轴测投影知识绘制轴测图。

【思政目标】 保持耐心、信心和恒心，成为优秀煤矿测量工作者。

任务导入

矿图一般情况下是平面图，是地物和地貌及井下巷道、硐室、采煤工作面在平面上的投影，不能反映空间物体的三个尺度，没有空间立体感。在煤矿生产中，可将通风、运输、排水、供电等系统图采用轴测投影的方法绘制成轴测投影图，使井下巷道、硐室空间立体感强，系统线路清晰明显。

任务分析

轴测投影是一种平行投影，用以绘制物体的立体图。其实质是将空间物体连同空间坐标轴及轴向度量单位一道投影到投影面上，利用三个坐标轴确定物体的三个尺度。

相关知识

一、概述

正投影的每一个视图，只能表达物体一个方面的尺度和形状，且缺乏立体感。用平行投影的方法，将物体连同它的坐标轴一道向一个投影面进行投影，利用三个坐标轴确定物体的三个尺度，就能在一个投影面中得到反映物体长、宽、高三个方面的形状和尺度的图形。这种投影方法，称为轴测投影法。用轴测投影法所得到的图形，称为轴测投影图，简称轴测图，或称立体图。图 2-28 所示为空间立方体的轴测投影图，由图中可以看出，立方体的三个尺度全都反映出来了。

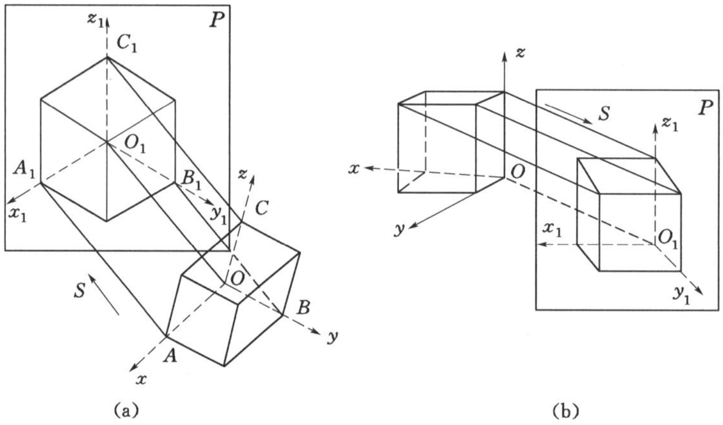

图 2-28　立方体的轴测投影图

图 2-28 中，P 为轴测投影面，S 为投影线方向，Ox、Oy、Oz 为物体空间直角坐标系的三个坐标轴，O_1x_1、O_1y_1、O_1z_1 为空间三个坐标轴在轴测投影面上的相应投影。

轴测投影图的优点是比较直观和立体感强，能较清楚地表达物体的形象；其缺点是度量性较差，作图麻烦。但随着计算机制图在采矿中的应用，轴测图的绘制已变得简单。矿图中有时用轴测图作为辅助图，以表达巷道的位置及空间关系。

1. 轴测轴和轴测角

空间直角坐标轴 Ox、Oy、Oz 在轴测投影图上的投影 O_1x_1、O_1y_1、O_1z_1 称为轴测投影轴，简称轴测轴。每两根轴测轴之间的夹角 $\angle x_1O_1y_1$、$\angle x_1O_1z_1$、$\angle z_1O_1y_1$ 称为轴测角。轴测轴和轴测角是轴测投影中两个最基本且重要的概念。

2. 轴向变形系数

空间某线段沿某轴测轴的投影长与其沿相应空间坐标轴的实际长度之比，称为该轴的轴向变形系数，如图 2-28(a)所示。

(1) $\dfrac{O_1A_1}{OA}=p$，p 为 x 轴的轴向变形系数；

(2) $\dfrac{O_1B_1}{OB}=q$，q 为 y 轴的轴向变形系数；

(3) $\dfrac{O_1C_1}{OC}=r$，r 为 z 轴的轴向变形系数。

3. 轴测投影的特性

由于轴测投影是用平行投影方法进行投影的，因此，轴测投影具有平行投影的特性：

(1) 空间直线，其轴测投影仍为直线。

(2) 空间相互平行的直线，其轴测投影仍然相互平行。

(3) 空间平行于坐标轴 Ox、Oy、Oz 的线段，即轴向线段，其轴测投影也必然与相应的轴测轴平行，并且所有同轴的轴向线段，其变形系数相同。

上述投影特性，是绘制轴测图的重要依据。

4. 轴测投影的种类

根据投影线方向和投影面的关系，轴测投影分为正轴测投影（也称直角轴测投影）和斜轴测投影（也称斜角轴测投影）两种。投影线与轴测投影面垂直的称为正轴测投影，如图 2-28(a)所示；投影线与轴测投影面斜交的称为斜轴测投影，如图 2-28(b)所示。

根据轴向变形系数的不同，上述每种轴测投影又可分为如下三种：

(1) 若 $p=q=r$，称为正（或斜）等测投影。

(2) 若 $p=q\neq r$ 或 $p\neq q=r$ 或 $p=r\neq q$，称为正（或斜）二测投影。

(3) 若 $p\neq q\neq r$，称为正（或斜）三测投影。

二、轴测图的画法

工程上常用的是正等测图和斜二测图。

1. 正等测图的画法

正等测图是用正轴测投影的方法，使其三个轴向变形系数相等作出的轴测投影图。

绘制正等测图，首先作三根互成 120°的轴测轴 O_1x_1、O_1y_1、O_1z_1，一般使 O_1z_1 与水平线成直角，O_1x_1、O_1y_1 与水平线成 30°角，如图 2-29 所示。三个轴间角相等，即均为 120°；三个轴向变形系数 p、q、r 相等，即均为 0.816。为了绘图方便，一般把三个轴向变形系数均取为 1。

现举例说明点、直线、平面的正等测图的画法。

【例 2-3】 已知空间点 $A(10,15,20)$，试作其正等测图（单位：m）。

解　作图步骤如下：

(1) 作轴测轴 O_1x_0、O_1y_1、O_1z_1 互成 120°角，矿图一般以 O_1x_0 的相反方向（O_1x_1）为正，如图 2-30 所示。

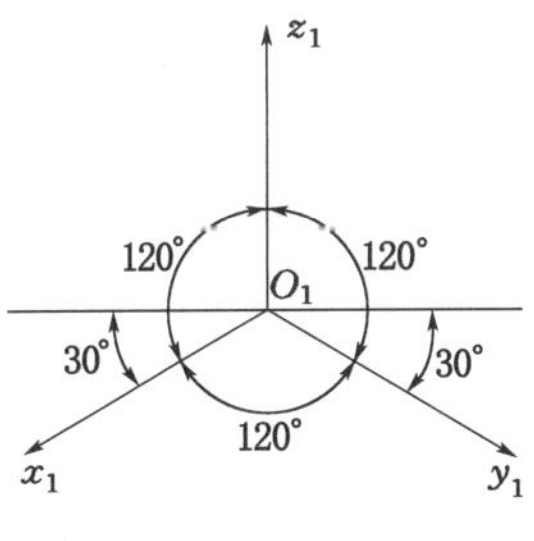

图 2-29　正等测轴的画法

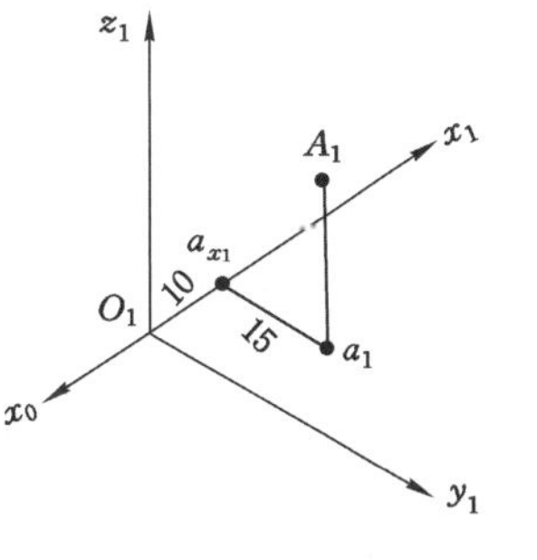

图 2-30　点的正等测图的画法

(2) 在 O_1x_1 轴上按比例量取 $O_1a_{x_1}=10$ m，过 a_{x_1} 作 O_1y_1 轴的平行线，并在此平行线上量取 $a_{x_1}a_1=15$ m，得 a_1。

(3) 过 a_1 作 O_1z_1 轴的平行线，并取 $a_1A_1=20$ m，得点 A_1，即为空间点 A 的正等测图。

直线的轴测投影图是该直线两端点轴测投影的连线；平面的轴测投影图是该平面内三个点（或一条直线和一个点）轴测投影的连线。因此，掌握了点的正等测投影图的画法，便可作出直线和平面的正等测图，其示例见表 2-1。

表 2-1　正等测图的画法示例

	点	直线	平面
已知条件	$A=(x_a,y_a,z_a)$	$A(x_a,y_a,z_a)$ $B(x_b,y_b,z_b)$	$A(x_a,y_a,z_a)$ $B(x_b,y_b,z_b)$ $C(x_c,y_c,z_c)$
正等测图	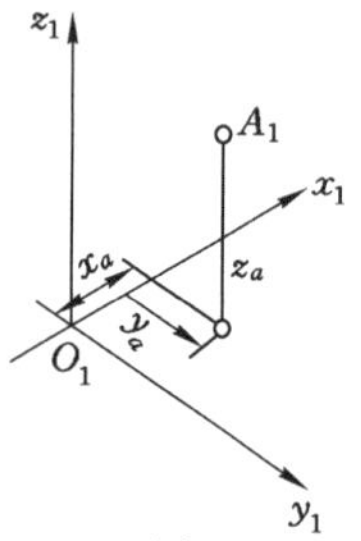 (a)	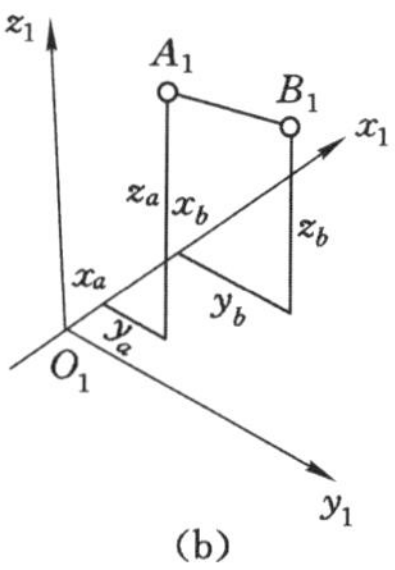 (b)	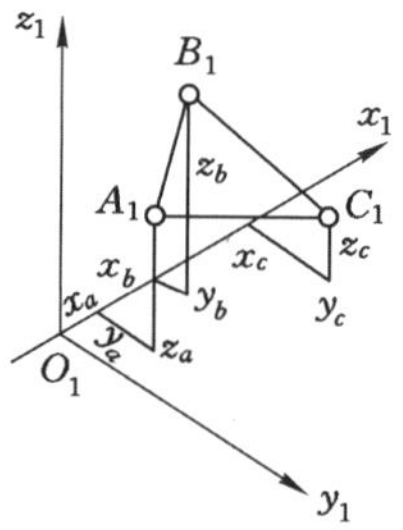 (c)

2. 斜二测图的画法

斜二测图是用斜轴测投影的方法，使其两个轴向变形系数相等作出的轴向投影图。为了作图方便和使作出的轴测图立体感强，一般采用 $p=r=1$，$q=0.5$，$\angle x_1O_1z_1=90°$，$\angle z_1O_1y_1=135°$，y_1 轴与水平线成 45°；或 $q=r=1$，$p=0.5$，$\angle z_1O_1y_1=90°$，x_1 轴与水平线成 45°，如图 2-31 所示。

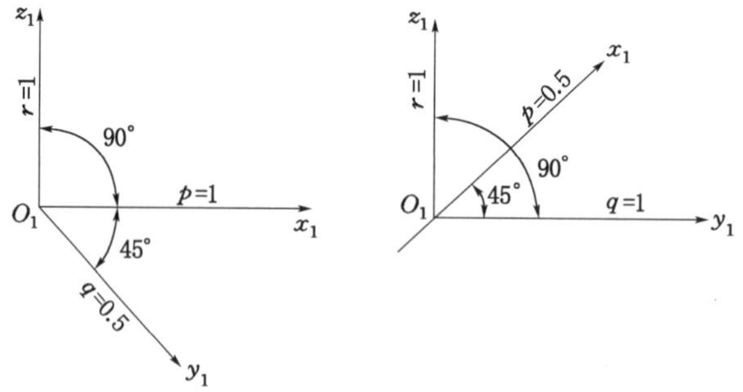

(a)　(b)

图 2-31　斜二测图轴测轴画法

现举例说明斜二测图的画法和步骤。

【例 2-4】 图 2-32(a)所示为某矿井两个水平的巷道平面图(标高投影),试作其斜二测图。

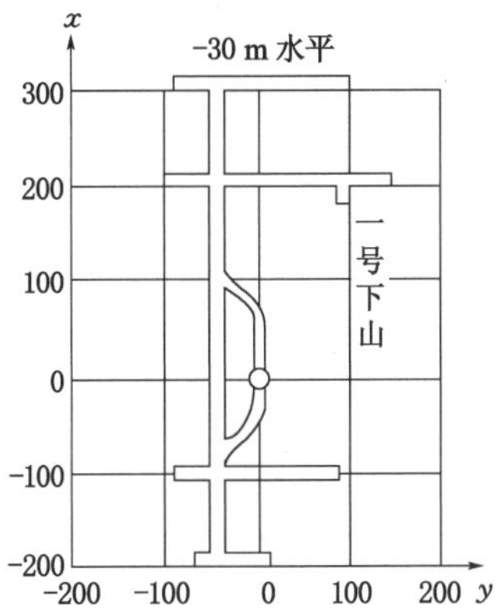

(a)

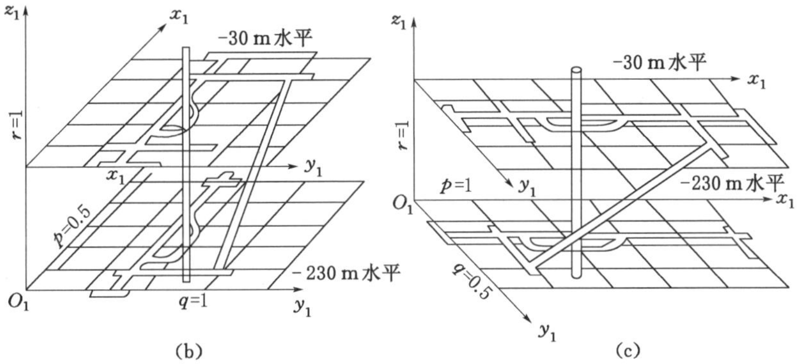

(b)　　　　(c)

图 2-32　巷道的斜二测图画法

解　作图步骤如下:

(1) 如图 2-32(a)所示,选定井筒中心(或附近某一测点)作为假定坐标原点 O,平行于主要巷道的方向作为假定 x 轴的方向,垂直于主要巷道的方向作为假定 y 轴的方向,以此绘制平面直角坐标网格。

(2) 选定轴测投影图的类型,确定轴间角和变形系数。如图 2-32(b)所示,令 $q=r=1$,$p=0.5$,$\angle z_1O_1y_1=90°$,$\angle x_1O_1z_1=45°$。在图 2-32(c)中,令 $p=r=1$,$q=0.5$,$\angle x_1O_1z_1=90°$,$\angle x_1O_1\ y_1=45°$。

(3) 根据各水平的巷道平面图,作各水平巷道的斜二测图。假如先作 -30 m 水平的巷道斜二测图,在绘图纸上部作轴测轴 x_1、y_1、z_1,如图 2-32(b)、(c)所示。根据平面图的网格和轴测轴的变形系数,按比例绘出轴测投影坐标网格;再根据平面图中巷道特征点的坐标 x、y,在轴测投影坐标网格内作各特征点的投影,用双线画出巷道轮廓。

(4) 画完 -30 m 水平后,将 z_1 轴向下延长,在延长线上按比例截取一段长度为$(230-30)\times1=200$ (m),过截点作平行于上水平的 x_1、y_1 轴,再按步骤(3)作出 -230 m 水平的巷道轴测投影。

作图时要注意:在图 2-32(b)中,x_1 方向的轴向尺寸等于相应空间轴向实长的一半;在图 2-32(c)中,y_1 方向的轴向尺寸等于相应空间轴向实长的一半。

(5) 用双线连上、下水平间的井巷,用阴影将各巷道加以修饰,即得该地区的井巷斜二测图。

由图 2-32(b)、(c)可以看出,由于所取的轴间角和轴向变形系数不同,绘出的两个斜二测图的图形也不同。

任务实施

煤矿生产中,轴测投影图一般采用斜二测图画法,它是用斜轴测投影的方法,并使其两个轴向变形系数相等作出的轴向投影图。为了作图方便和作出的轴测图立体感强,一般采用 $p=r=1,q=0.5,\angle x_1O_1z_1=90°,\angle z_1O_1y_1=135°$,$y_1$ 轴与水平线成 45°;或 $q=r=1,p=0.5,\angle z_1O_1y_1=90°$,$x_1$ 轴与水平线成 45°。

思考与练习

1. 什么叫轴测投影?其优缺点是什么?
2. 轴测投影的特性有哪些?

项目三　井田区域地形图

任务一　井田区域地形图的主要内容及表示方法

【知识要点】 地物和地貌的概念;地物和地貌的表示方法。

【技能目标】 能够掌握各种地物和基本地貌的表示方法。

【思政目标】 强化以爱国主义为核心的民族精神,并付之于自然地物、地貌的图形描述。

任务导入

井田区域地形图是反映井田区域范围内地物和地貌的综合性图纸。它是一种地面矿井测量图,煤矿各种工程(如井口位置的合理选择、工业场地的布置、运输线路和输电线路的修筑以及矿山给排水问题的解决等)规划、设计和施工过程,都需要利用地形图来完成。因此,井田区域地形图是矿井建设和生产必须具备的基础图纸。本任务主要是了解地物和地貌,以及地物和地貌在地形图上的表示方法。

任务分析

地面上的地物各种各样,地貌千姿百态。工程技术人员或管理人员可根据国家统一规定的各种地物和地貌符号,对地形图进行识读和应用。

相关知识

井田区域地形图的主要内容是地物和地貌。地物是指地面上的各种自然物体和人工建筑物,如农田、河流、道路、森林、房屋等;地貌是指地表高低起伏的形态,如高山、盆地、山谷、山脊等。

井田区域地形图的比例尺一般采用1∶2 000或1∶5 000。

一、地物符号

在地形图上,为了便于识读和应用,各种地物是用与其相似的几何图形或各种地形图图式中统一规定的符号来表示的。

地形图上的地物符号分为比例符号、非比例符号、线状符号和填充符号。

(1) 比例符号

把地物的轮廓按绘图比例尺缩小绘于图上的相似图形,称为比例符号,又称轮廓符号。

比例符号表示地物的位置、形状和大小，如房屋、湖泊等。

(2) 非比例符号

有些重要的地物轮廓较小，在图上不便按比例表示出来，需采用统一规定的符号将其表示在图上，这类符号称为非比例符号。非比例符号能准确地表示地物几何中心或其他定位中心的位置和地物类别，但不表示地物的大小，如烟囱、测点、钻孔等。

(3) 线状符号

有些带状延伸地物的长度按比例表示，而宽度不按比例表示，这类符号称为线状符号，又称半依比例符号，如栅栏、铁路、高压线等。

(4) 填充符号

表示森林、农业场地等植被而均匀填绘于地类界轮廓内的符号，称为填充符号。其轮廓大小按比例绘制，而充填的符号既不表示物体的实际位置，也不表示物体的大小，故又称面积符号，如旱地、稻田等。

二、地貌符号

在地形图上表示地貌的方法很多，在大比例地形图中，通常用等高线表示地貌。

1. 等高线概念

高程相等的相邻点所连成的光滑闭合曲线，称为等高线，也就是水平面与地面的交线。如图 3-1(a)所示，假如有一个小山头淹没在水中，水面 P_3 的高程为＋120 m，则水平面和山头表面的交线就是＋120 m 等高线；当水面下降 5 m 时，可得到水平面 P_2 与山头表面的交线，即＋115 m 等高线；如此继续下降，每下降一次便可得到一条等高线。如果把这些等高线都垂直投影到一个水平面 H 上，按一定比例绘制成图，注明等高线的标高，此图就是这个小山头的等高线图，如图 3-1(b)所示。

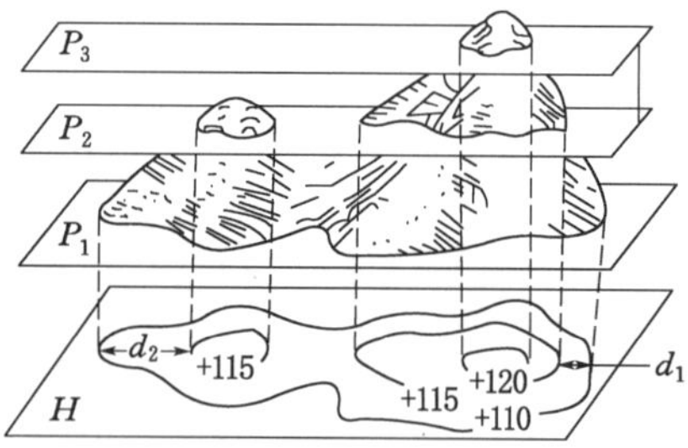

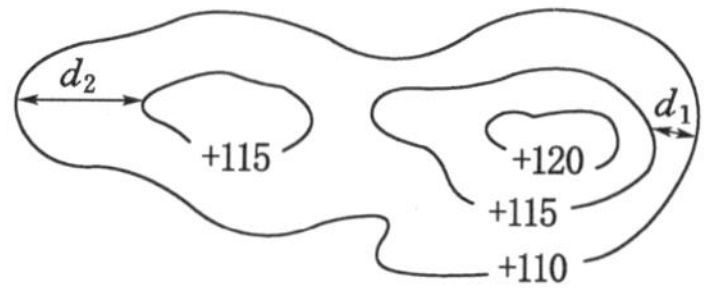

图 3-1　地形等高线投影图

相邻两条等高线之间的高差，称为等高距，以 h 表示。同一张图上，等高距相同，如图 3-1(b)中的等高距为 5 m。

等高距的大小与地形类别、比例尺大小及对图纸的要求等因素有关。等高距越小，图纸上的等高线就越密。如果图纸上等高线数量过多且密集，虽能详细地表达地貌的细节，但这不仅增加测绘的工作量，而且影响图面的清晰度。如果等高距过大，则表现的地貌太粗略。因此选择等高距时，必须统筹兼顾、全面考虑。表 3-1 所列为现行的几种地形图的等高距。

表 3-1　几种地形图的等高距

比例尺	平原/m	丘陵/m	山地/m
1∶500	0.2	0.5	0.5
1∶1 000	0.5	1.0	2.0
1∶2 000	0.5	1.0	2.0
1∶5 000	0.5～1.0	2.0	5.0

在等高线图上，在相邻两条等高线垂直(或大致垂直)方向之间的水平距离，称为等高线平距，以 d 表示。因为同一地形图上的等高距相同，所以在平距大的地方，地形坡度缓；在平距小的地方，地形坡度大。如图 3-1(b)所示的山坡，左侧等高线平距较大，表示地形坡度较缓；右侧等高线平距较小，表示地形坡度较陡。

2. 等高线的种类

为了清晰、充分地表示地貌，地形图上采用下列 4 种等高线。

(1) 基本等高线：绘制等高线时，根据不同的比例尺和地形类别国家规定的等高距称为基本等高距(见表 3-1)。按基本等高距绘制的等高线，称为基本等高线，又称首曲线，如图 3-2 所示的＋100 m、＋102 m、…、＋116 m 等高线。

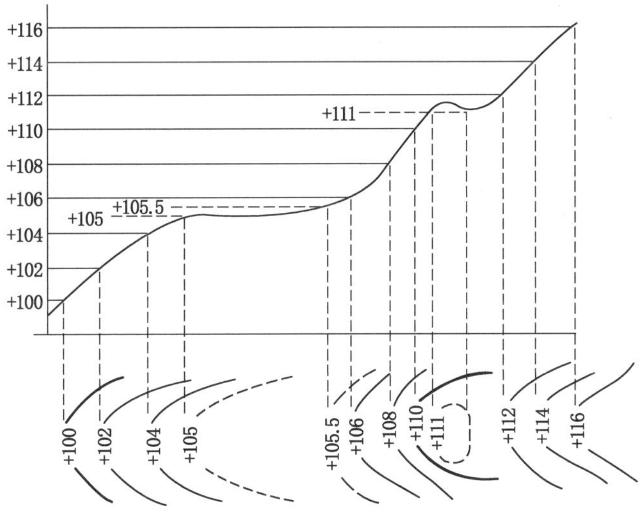

图 3-2　等高线种类

(2) 加粗等高线：为了便于查看高程，一般每隔 4 条基本等高线加粗描绘一条等高线，这条加粗的等高线，称为加粗等高线。一般只在加粗等高线上注记标高，因此，加粗等高线又称计曲线，如图 3-2 所示的＋100 m、＋110 m 两条等高线。

(3) 半距等高线：当基本等高线不能显示一些重要地貌时，在两条基本等高线之间按 1/2 等高距再描绘一条等高线，这条等高线称为半距等高线，又称间曲线，如图 3-2 所示的＋105 m、＋111 m 两条等高线(短虚线)。

(4) 辅助等高线：如果加绘了半距等高线后仍不能充分显示局部地貌的特征，则在基本等高线和半距等高线之间，按 1/4 基本等高距再描绘一条等高线，这条等高线称为辅助等高线，又称助曲线，如图 3-2 所示的 +105.5 m 等高线（长虚线）。

3. 各种基本地貌及其等高线特点

地貌的自然形态虽然很复杂，但通常是由平地（坡度一般为 0°～6°）、丘陵地（坡度一般为 6°～15°）和山地（坡度一般在 15°以上）组成。在丘陵地和山地地貌中，山顶、盆地、山脊、山谷、鞍部等为其基本形态。熟悉了这些基本地貌的等高线特点，就不难识读各种复杂的地貌了。

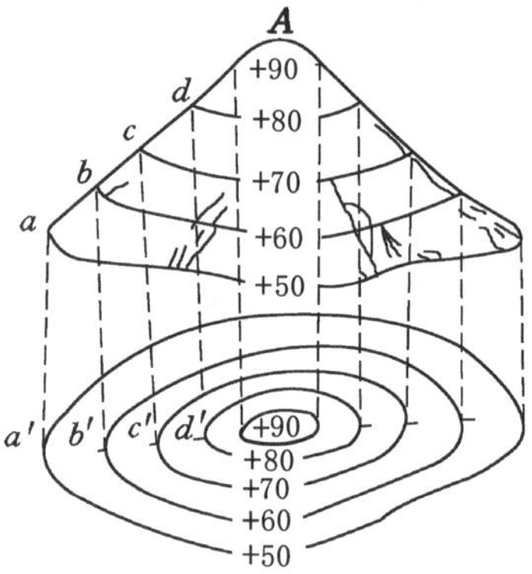

图 3-3　山顶及其等高线图

(1) 山顶：山地的最高部分称为山顶，山顶的等高线为一组闭合曲线，高程值由外向内依次增大，如图 3-3 所示。

山顶的形状有尖山顶、圆山顶和平山顶等，各种形状的山顶的等高线也不一样，如图 3-4 所示。尖山顶在山顶附近坡度比较一致，其等高线平距大体相等，如图 3-4(a) 所示；圆山顶的顶部坡度较缓，因而越到山顶其等高线平距越大，顶部平距最大，如图 3-4(b) 所示；平山顶的顶部平坦，越过一定范围时坡度突然变大，因而其等高线平距在山坡部分较小，到山顶部分突然增大，如图 3-4(c) 所示。

(a)　(b)　(c)

图 3-4　不同山顶形态及其等高线图

(2) 盆地：低于四周的洼地称为盆地。盆地的等高线也是一组闭合曲线，高程值由外向内依次减小，如图 3-5 所示。

有时为了区别山地与盆地两种地形，在等高线斜坡下降方向绘一短线，这种短线称为示坡线，示坡线只表示坡度的方向。

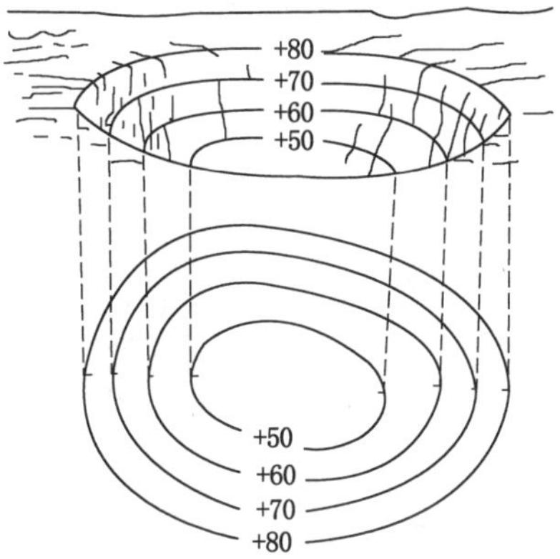

图 3-5　盆地及其等高线图

(3) 山脊：由山顶延伸到山脚的凸棱部分称为山脊。山脊两侧倾向相反，两侧面所交的棱线是雨水分流的界线，称为山脊线或分水线，如图 3-6(a)所示。

山脊的等高线为一组高程值凸向低处的曲线，且与山脊线正交，如图 3-6(b)所示。

图 3-6　山脊及其等高线图

山脊有尖山脊、圆山脊、台阶状山脊等各种各样的形态，如图 3-7 所示。尖山脊的等高线呈尖角状，圆山脊的等高线呈弧状，台阶状山脊的等高线则呈疏密不同的近似方框形状。

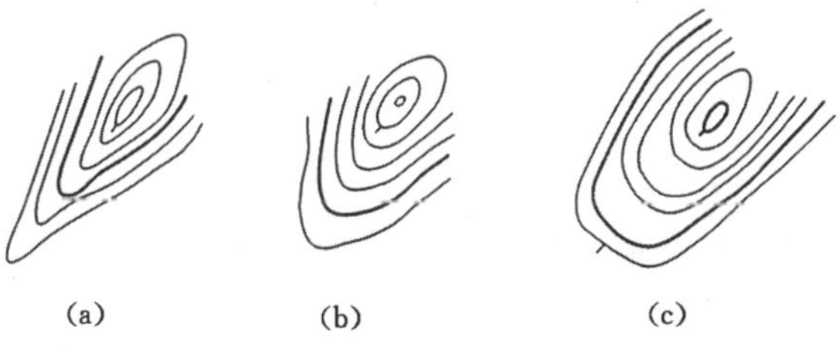

图 3-7　不同山脊形态的等高线图

(4) 山谷：两山脊之间的凹地称为山谷。山谷中最低点连线是雨水汇流之处，因而称为山谷线或集水线，如图 3-8(a)所示。山谷的等高线为一组高程值凸向高处的曲线，且与山谷线正交，如图 3-8(b)所示。

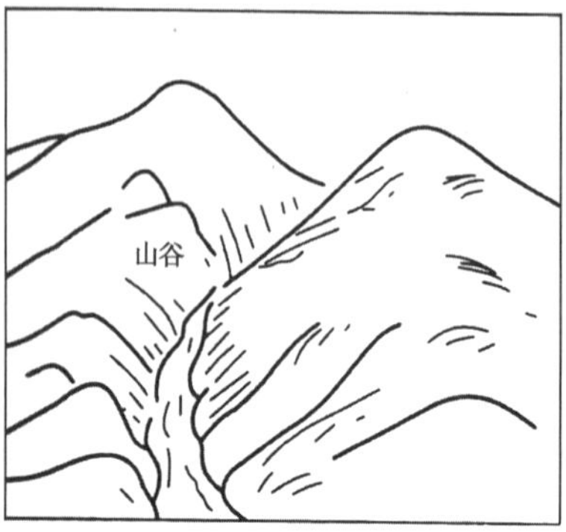

(a)

(b)

图 3-8　山谷及其等高线图

山谷有尖底山谷、圆底山谷、平底山谷等形态，如图 3-9 所示。

(a)　(b)　(c)

图 3-9　不同山谷形态的等高线图

(5) 鞍部：相邻两个山顶之间形似马鞍状的低凹部分，称为鞍部，如图 3-10 所示。鞍部等高线是由两组山顶等高线和两组山谷等高线组成的，鞍部的中心位于两组等高线的中心线上。

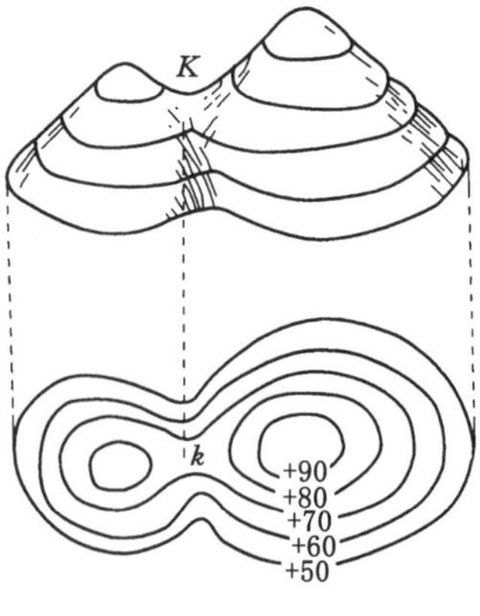

图 3-10　鞍部及其等高线图

(6) 绝壁(陡崖、峭壁、陡坎)：坡度很大的陡峭岩壁称为绝壁，又称陡崖、峭壁。土质的陡坡，称为土陡坎。绝壁的坡度一般在 70°以上。如图 3-11(a)所示，河流右岸为一岩石绝壁，左岸为一陡坎。用等高线和专用符号表示这种地貌，如图 3-11(b)所示。

(7) 悬崖：峭壁上部突出的地方称为悬崖，如图 3-12 所示。从图中可以看出，在悬崖处不同高度的等高线是相交的，交点成双，高程高的等高线遮盖高程低的等高线，等高线被遮盖的部分用虚线表示。

(8) 峡谷：两岸为峭壁的狭窄岩石山谷为峡谷，如图3-13(a)所示。峡谷用专用符号表

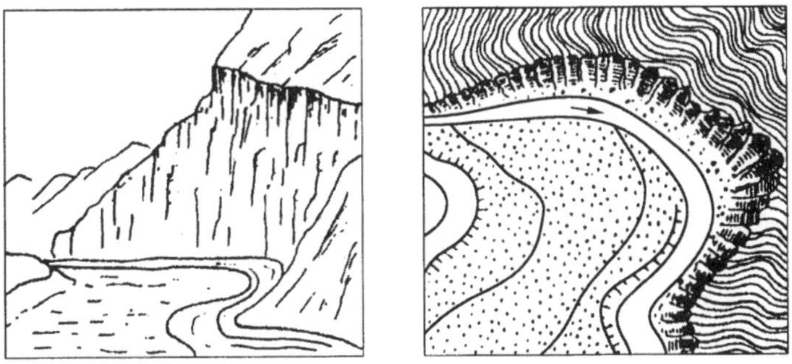

(a)　　(b)

图 3-11　绝壁、陡坎及其等高线图

示，在地形图上，等高线遇峡谷符号时应断开，如图 3-13(b)所示。

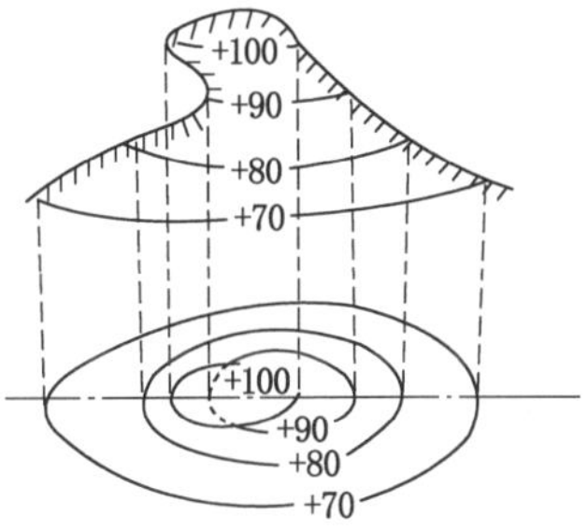

图 3-12　悬崖及其等高线图

(a)　　(b)

图 3-13　峡谷及其等高线图

(9) 冲沟：地面受雨水冲蚀而形成的大小沟壑称为冲沟，如图 3-14(a)所示。冲沟用特殊的符号表示，在地形图上，等高线遇冲沟符号时应断开，如图 3-14(b)所示。

(a)　　(b)

图 3-14　冲沟及其等高线图

(10) 梯田：在山坡或谷地由人工修筑的台阶状地块称为梯田，如图 3-15(a)所示。梯田一般用专用符号、等高线和标高注记表示，如图 3-15(b)所示。

(a)

(b)

图 3-15　梯田及其等高线图

综合上述，地貌的形态千差万别，都可以用等高线和统一规定的符号表示，如图 3-16 所示。

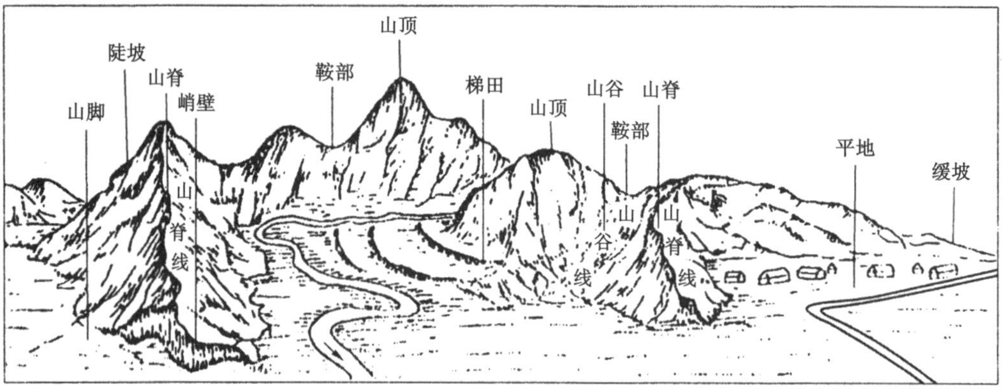

(a)

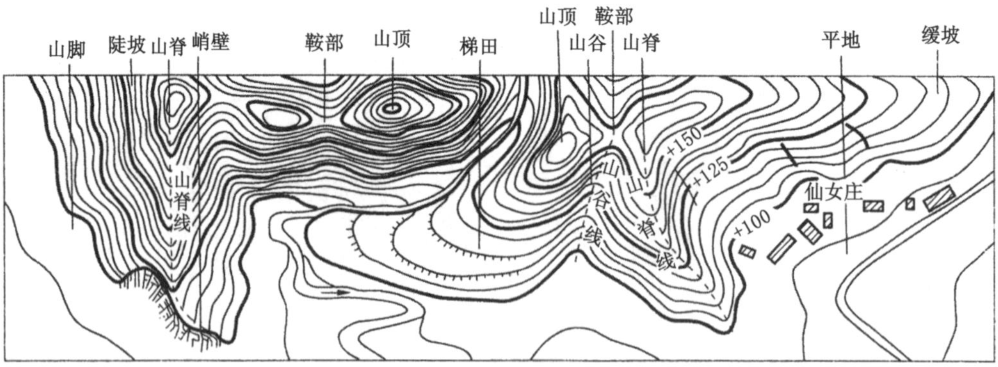

(b)

图 3-16　综合基本地形及其等高线图

任务实施

根据地物符号和各种基本地貌等高线特征，结合综合基本地形及其等高线图进一步了解熟悉各种地物、地貌。

图 3-16(a)所示为各种基本地形的综合示意图，图 3-16(b)所示为其相对应的等高线图。

思考与练习

1. 井田区域地形图应包含哪些内容？

2. 什么叫地物、地貌？地物符号的种类有哪些？

3. 什么叫地形等高线？什么叫等高距、等高线平距？在同一张地形图上，平距的大小反映地形的什么特性？

4. 等高线有哪几种？各起什么样的作用？

5. 简述各种基本地貌等高线特征。

任务二　井田区域地形图的识读

【知识要点】 井田区域地形图的识读方法。

【技能目标】 能够读懂井田区域地形图。

【思政目标】 培养奋勇争先、不甘落后的使命感与责任感，扎实学习基础知识，增强爱国主义精神。

任务导入

学习了解地形图上各种地物和基本地貌的表示方法后，进一步就是进行对井田区域地形图的识读。要掌握井田区域地形图的识读方法，以便对井田区域地形图进行使用。

任务分析

识读井田区域地形图，应从整体开始，先看轮廓，后看细部，逐渐深入。首先看图名、图的比例尺和图的北方向，然后再分析地貌、了解地物，对整个地形图的地物和地貌有个整体的了解和掌握。

相关知识

一、看图名

矿图的图名说明了测绘的地区、内容和图纸的种类，因此看图时，首先应先看清图名。

二、看图的比例

地形图的比例，通常用数字比例尺表示。数字比例尺一般写在图名附近或图的右下角的图签中。知道了图的比例尺，就能了解该图范围的大小和有关尺寸。若图中没有注明比例尺，则可根据图纸坐标方格网的坐标值确定图的比例。

矿图的坐标方格网一般是 100 mm×100 mm 的，比例尺不同，每个方格网所表示的实际坐标间隔也不同，见表 3-2。根据图中坐标方格网的间隔，可以判断出比例的大小。如图 3-17 所示坐标方格网的间隔为 100 m，此图的比例尺为 1∶1 000。

表 3-2　不同比例尺坐标方格网的实际间隔

比例尺	1∶5 000	1∶2 000	1∶1 000	1∶500
坐标格网实际间隔/m	500	200	100	50

三、识别图的方向

在图中一般都用箭头标出北方向。有的图中没有标出北方向，则可根据坐标值向北、向东逐渐增大的规律来识别出图的北方向。

如图 3-17 所示，图中没有指北方向，先用箭头表示出坐标值增大的方向，这两个方向一个为北方向，一个为东方向，相交 90°，左侧的方向为北方向。

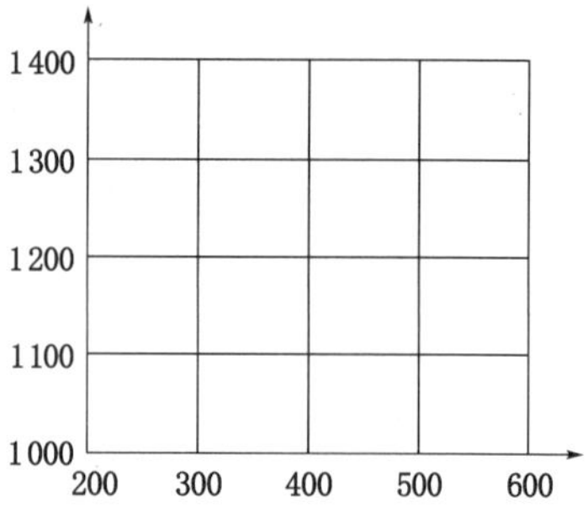

图 3-17　纵、横坐标值向北向东递增规律

四、分析地貌

按先看轮廓，后看细部的步骤，并根据各种基本地貌等高线的特征和各种符号，识别图上的各种地貌，了解该地区的地貌概况。

五、识别地物

根据地物符号和注记，识别地物，了解地物及其分布状况，确定重要地物的位置。

任务实施

根据实际井田区域地形图，对区域内的地物和地貌进行识别和分析，了解整个井田区域内的地形概况。

图 3-18 所示为某矿井田区域地形图（局部）。根据格网坐标，确定图的比例尺为 1∶5 000，因而图上 1 mm 等于实际水平距离 5 m。图中没有标出北方向和箭头，根据坐标向北、向东递增的规律可知该图的北方向朝上。

该矿井采用立井和平硐开拓，井筒附近有办公楼、医院、食堂、变电所、选煤厂、机修厂等建筑。铁路和高压线从北部进入矿井，朝阳公路纵贯南北，新河河水自西南流向东北。矿区东北部有工人新村、商场和职工大楼。东南部为朝阳乡政府，乡政府北部为水稻田。工人新村南侧有一洼地。

井田的西北部有一山包，有山顶、山脊、山谷，地势较高。越往东南，等高线越稀少，因而地势也越平坦。

思考与练习

1. 如何判断矿图的北方向？

2. 如何判断矿图的比例？

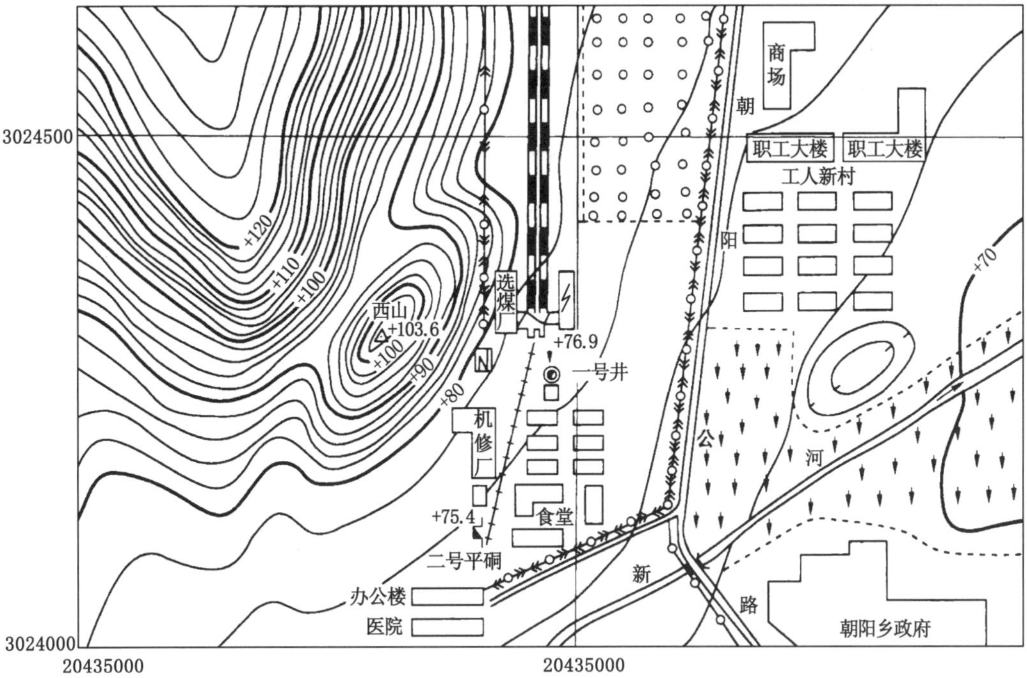

图 3-18　某矿井田区域地形图(局部)

任务三　井田区域地形图的应用

【知识要点】 井田区域地形图的应用。

【技能目标】 能够利用井田区域地形图解决某些工程问题。

【思政目标】 大胆探索、勇于实践,积极应用专业知识解决实际问题。

任务导入

了解地形图上地物和地貌的表示方法,学会地形图的识读方法,最终目的还是掌握对井田区域地形图的使用。

任务分析

井田区域地形图是矿井规划、设计和施工的主要依据,同时还可用来解决工程中遇到的许多技术问题。利用井田区域地形图可以确定图纸上任一点的高程,确定某点的平面坐标,确定直线的要素,按设计坡度在井田区域地形图上选定最短线路,沿已知方向作剖面图等。

相关知识

一、确定图纸上任一点的高程

在井田区域地形图上,地面点的高程是根据等高线来确定的。

1. 点在等高线上

如果某点在等高线上，则等高线的标高即为该点的高程。如图 3-19(a)所示，A 点表示一个钻孔，它正好位于＋120 m 等高线上，则此钻孔孔口高程就是＋120 m。

2. 点不在等高线上

如果某点不在等高线上，则需用比例内插法求出该点的高程。如图 3-19(a)所示，B 点位于＋120 m 和＋122 m 两等高线之间，可用比例内插法求 B 点高程。过 B 点作大致垂直于两相邻等高线的近似公垂线直线 ef，分别交两等高线于 e、f 两点。在图上量得 ef 和 fB 的距离，又已知等高距 h 为 2 m，则 B 点相对于＋120 m 等高线即两等高线中高程较低的一条等高线的高差 h_{fB} 可按下式计算[参见图 3-19(b)]：

$$h_{fB}=\frac{fB}{ef}h \tag{3-1}$$

式中　h_{fB}——B 点与 f 点的高差；

　　h——等高距。

则 B 点的高程 H_B 为：

$$H_B=H_f+h_{fB} \tag{3-2}$$

例如，在图 3-19(a)中，$h=2$ m，量得 $fB=12$ mm，$ef=20$ mm，因而可求得 B 点的高程为：

$$H_B=120+\frac{12}{20}\times 2=121.2\ (\mathrm{m})$$

在实际工作中，因为等高线的绘制有一定误差，所以经常用目估法求两等高线之间任意点的大致高程。如图 3-19(a)中 C 点大致在＋124 m 与＋126 m 等高线的中间，因而其高程约为＋125 m。

二、确定某点的平面坐标

在井田区域地形图上进行规划和设计时，有时要确定井筒、钻孔等的平面位置，这需要在图上用图解法求出其坐标。

如图 3-19(a)所示，求 M 点的平面坐标。图 3-19(a)的比例尺为 1∶5 000，从图中可以看出图的西南角点 a 的平面坐标为 x_a 和 y_a，过 M 点分别作平行于 x 轴和 y 轴的直线 gk 和 st，则 M 点的平面坐标为：

$$x_M=x_a+as \tag{3-3}$$

$$y_M=y_a+ag \tag{3-4}$$

例如，从图 3-19(a)中可知：$x_a=48\ 500$ m，$y_a=13\ 000$ m，按比例量得 $as=350$ m，$ag=75$ m，则 M 点的平面坐标值为：

$$x_M=48\ 500+350=48\ 850\ (\mathrm{m})$$

$$y_M=13\ 000+75=13\ 075\ (\mathrm{m})$$

为了消除图纸伸缩影响，应同时量出 sb 和 gd 作为校核。在图纸上量得的方格网边长不等于 100 mm 时，必须考虑图纸伸缩的影响，此时 M 点的平面坐标应按下式求算：

$$x_M=x_a+\frac{100}{as+sb}\times as \tag{3-5}$$

$$y_M=y_a+\frac{100}{ag+gd}\times ag \tag{3-6}$$

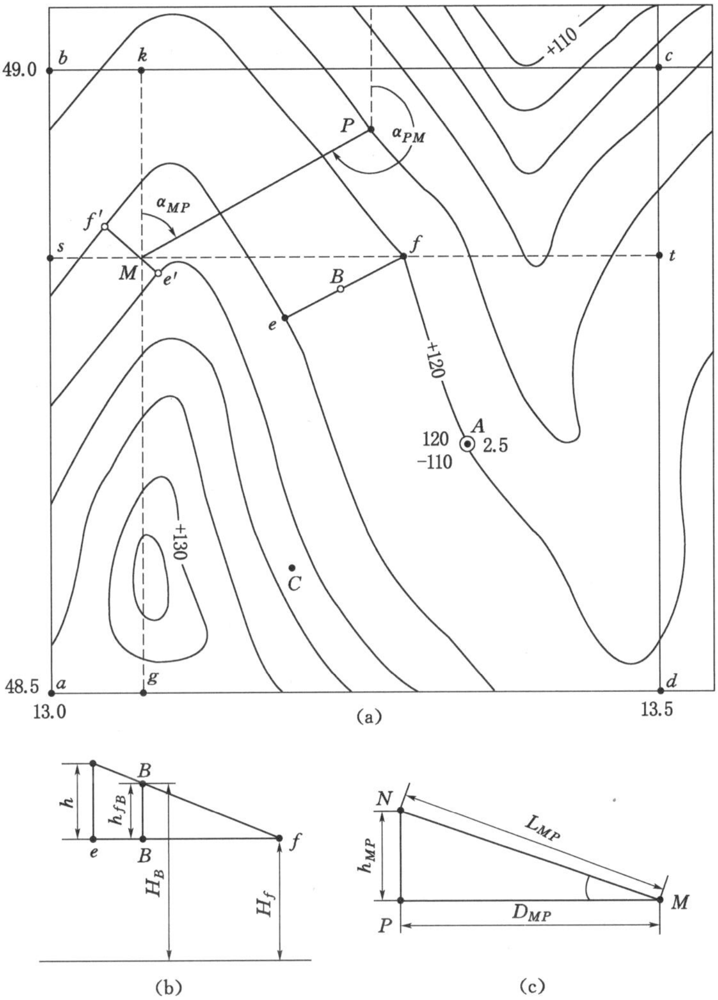

图 3-19　在井田区域地形图上求地面点的平面坐标、高程、线段要素

三、确定直线的要素

以图 3-19(a)为例,从地形图上求算直线 MP 的各要素。

1. 求直线的水平距离

(1) 图解法

在地形图上求某直线的水平距离,可用比例尺直接量出,也可用直尺先量出图上的距离,再按比例求得实际长度。图 3-19(a)的比例尺为 1∶5 000,从图上量得 MP 的距离为 43 mm,所以 MP 的实际水平距离 D_{MP} 为 43×5=215(m)。

(2) 解析法

利用前述方法,先确定 M、P 两点的坐标,然后再利用下式求出两点的水平距离 D_{MP}。

$$D_{MP}=\sqrt{(x_P-x_M)^2+(y_P-y_M)^2} \tag{3-7}$$

2. 求直线的坡度

(1) 图解法

如图 3-19(c)所示，将 M、P 两点连接起来，过 P 点作 MP 的垂线 PN，使其长度等于 M、P 两点的高差(按比例计算)，连接 MN，则$\angle NMP$ 为 MP 直线的坡度角。

(2) 解析法

在地形图上求某直线的坡度，可按式(2-3)计算。如图 3-19(a)所示，求直线 MP 的坡度时，首先按式(3-2)求出 M 点的高程，即：

$$H_M = H_{f'} + \frac{f'M}{f'e'} \times h = 122 + \frac{7.5}{11.58} \times 2 = 123.3\ (\text{m})$$

然后求出 M、P 两点的高差 h_{MP}，即：

$$h_{MP} = 118 - 123.3 = -5.3\ (\text{m})$$

则直线 MP 的坡度 i 为：

$$i = \frac{h_{MP}}{D_{MP}} = \frac{-5.3}{215} = 0.025 = 25‰$$

3. 求直线的斜长

(1) 图解法

如图 3-19(c)所示，在求直线 MP 的坡度时，连线 MN 的长度即为 MP 的斜长。

(2) 解析法

在地形图上求直线的斜长可按式(2-2)计算。图 3-19(c)中，直线 MP 的斜长 L_{MP} 为：

$$L_{MP} = \sqrt{D_{MP}^2 + h_{MP}^2} = \sqrt{215^2 + 5.3^2} = 215.07\ (\text{m})$$

4. 求直线的方位角

(1) 图解法

如图 3-19(a)所示，求 MP 直线的方位角。首先过 M 点作平行于纵坐标的直线 Mk，然后用量角器量出 α_{MP} 的角值，即为直线 MP 的方位角。同理，也可求 PM 的方位角 α_{PM}，即：

$$\alpha_{PM} = \alpha_{MP} + 180^\circ$$

(2) 解析法

利用前述方法求出 M、P 点的坐标后，可用下式计算直线 MP 的方位角：

$$\alpha_{MP} = \arctan \frac{y_P - y_M}{x_P - x_M} \tag{3-8}$$

四、按设计坡度在井田区域地形图上选定最短线路

例如，如图 3-20(a)所示，欲从 A 处向山上 B 处选一条公路线。已知等高距 $h=1$ m，规定设计坡度 $i=5.0\%$，则线路通过相邻等高线间的最短水平距离 d 应为：

$$d = \frac{h}{i} = \frac{1}{0.05} - 20\ (\text{m})$$

设该图的比例尺为 1∶2 000，则 d 在图上的长度应为 10 mm。也就是说，所选择的线路经过两相邻等高线的水平长度在图上不得小于 10 mm，否则，其坡度将超过规定的要求。

作图方法如下：沿 AB 方向等高线+58 m 与+59 m、+59 m 与+60 m 之间的等高线平距均大于 10 mm(图上长度)，说明该段线路坡度小于规定要求。因此从 A 点开始，沿 AB 方向作一条直线，与+59 m 等高线交于 1 点、与+60 m 等高线交于 2 点；以 2 点为圆

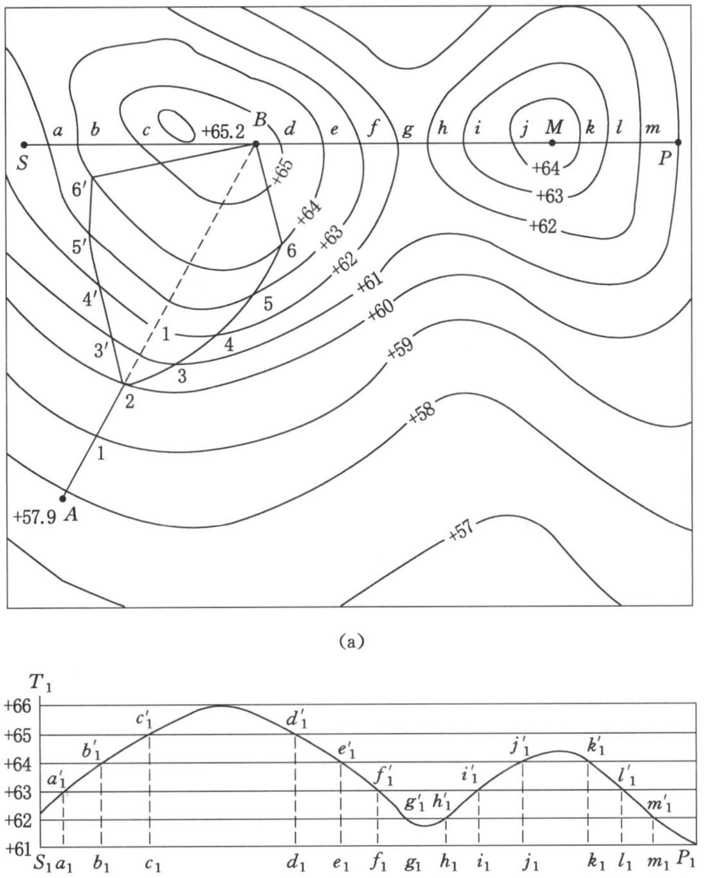

(a)

(b)

图 3-20　设计最短公路线与作制面图方法

心，10 mm 为半径画弧，与＋61 m 等高线交于 3 和 3′点，依次类推，可求得 4 和 4′点，5 和 5′点，6 和 6′点，一直到 B 点；最后连接各点，即得到符合规定坡度的线路。对两条线路进行比较，再综合考虑其他因素，选择其中的一条线路作为设计线路。

五、沿已知方向作剖面图

在进行线路(如铁路、公路、渠道、管路等)设计时，往往需要了解某方向线上地面的起伏情况，这时就需要沿此直线作剖面图。如图 3-20(a)所示，作已知方向线 SP 的剖面图，其作图方法如下。

1. 确定剖面图的比例尺

剖面图的比例通常与平面图的比例相同。在剖面图[图 3-20(b)]中，横线 S_1P_1 表示水平长度，纵线 S_1T_1 表示高程。一般情况下纵、横线比例一致，这样作出的剖面图能反映地表的真实起伏情况。有时为了突出地表起伏变化情况，也可以使纵线比例大于横线比例，但这样作出的剖面图不能真实地反映地表面起伏情况。

2. 绘制高程线

为使剖面图准确，按要求绘制高程线。S_1P_1 表示等高线图上沿 SP 剖面线的水平长度，S_1T_1 表示剖面图上的高程。各高程线与 S_1P_1 平行，S_1T_1 垂直于 S_1P_1，各高程线间距等于等高距。

3. 转绘剖面线与等高线的交点

将等高线图的剖面线 SP 与各等高线的交点 a、b、c 等转绘到剖面图中的 S_1P_1 水平线上，得点 a_1、b_1、c_1 等，过点 a_1、b_1、c_1 等作垂线与各点高程值相同的高程线相交，得点 a_1'、b_1'、c_1' 等。

4. 连接各点

用光滑的曲线将以上得到的各高程线的各交点连接起来，即得方向线 SP 的剖面图。

任务实施

在实际井田区域地形图上，利用上述方法确定图纸上任一点的高程，确定某点的平面坐标，确定直线的要素，按设计坡度在井田区域地形图上选定最短线路，沿已知方向作剖面图等。

思考与练习

1. 确定图 3-21 中 A、B 两点的坐标和直线 AB 的各要素。

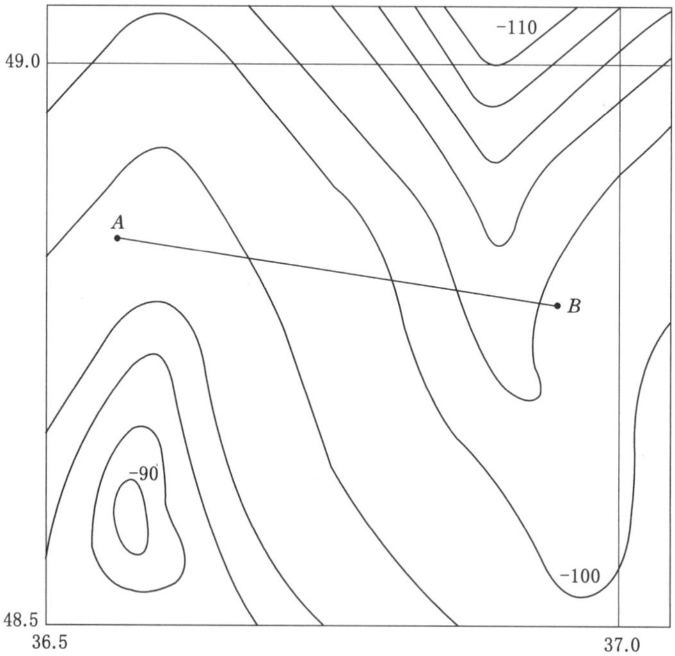

图 3-21　确定点的坐标和直线要素

2. 根据图 3-22 绘制 Ⅰ—Ⅰ 剖面的剖面图，比例尺为 1∶1 000。

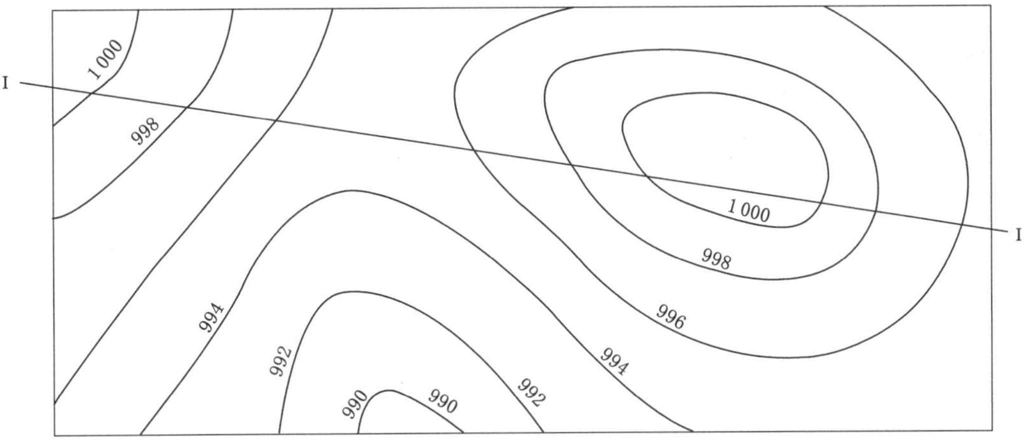

图 3-22　绘制剖面图

任务四　工业广场平面图

【知识要点】 工业广场平面图的内容;工业广场平面图的作用。

【技能目标】 能够看懂工业广场平面图,熟悉地面基础设施的分布情况。

【思政目标】 培养独立、自强的精神,增强使命感与责任感。

任务导入

工业广场是指为煤矿井上、井下服务的所有地面设施所在的区域,它包含在井田区域范围之内,工业广场平面图也是井田区域地形图的一部分。工业广场是煤矿管理人员和后勤保障人员的主要工作场所,因此,应对工业广场基础设施的分布有所了解。

任务分析

工业广场平面图的识图步骤和方法与井田区域地形图相同,也是先整体后局部,先看总的轮廓再看细节部分。应熟悉办公楼、职工宿舍、食堂、井口、澡堂、医院、选煤厂、材料供应仓库、变电所等分布情况。

相关知识

工业广场平面图是在矿井工业广场范围内进行规划、设计、改扩建的必备图纸,尤其是地下管道的检修、建设,更需要这类图纸。

工业广场平面图的比例尺一般采用 1∶500 或 1∶1 000。

工业广场平面图包括以下内容:

(1) 工业广场内所有永久和临时的房屋及建筑物,如办公楼、绞车房、机修厂等。

(2) 工业广场内的三角点、导线点、水准点等,并注明其高程。

(3) 工业广场内所有线路和管道,如铁路、公路、电话线、高压线、低压线、自来水管、下水道、电缆沟等。

(4) 工业广场内未经平整的地方,用等高距为 0.5 m 的等高线表示;已经平整的地方、重要建筑物特征点应注明高程,如井口标高、重要厂房室内的标高等。

图 3-23 所示为某矿工业广场平面图的主要部分。

工业广场平面图主要作为工业广场规划、设计、改建、扩建和留设工业场地保护煤柱的依据。此外,在检修和改建地上、下各种管道中,有着特别重要的作用。

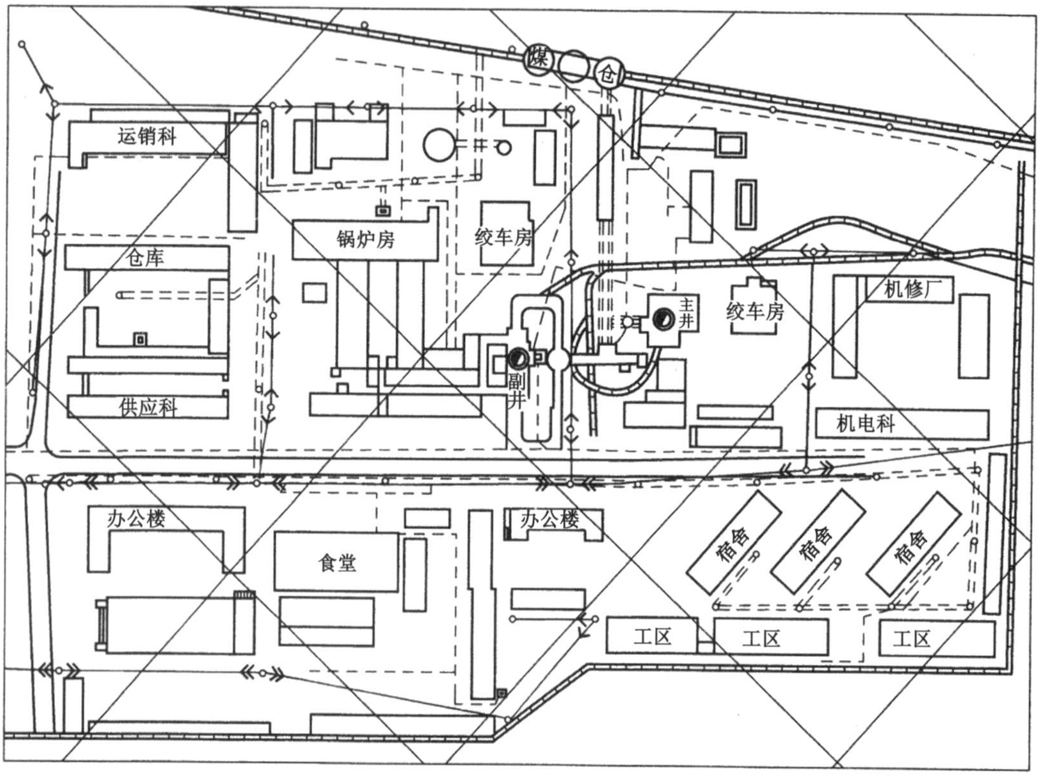

图 3-23　某矿工业广场平面图(主要部分)

任务实施

根据某矿工业广场平面图,了解工业广场平面图中的主要设施及其分布情况。

思考与练习

1. 工业广场平面图包含哪些内容?
2. 工业广场平面图的作用是什么?

项目四　煤矿地质图

任务一　井田地形地质图

【知识要点】 编制井田地形地质图的方法；地质构造在地形地质图上的表现形式；井田地形地质图的识读。

【技能目标】 熟悉井田地形地质图的编制方法；能识读井田地形地质图。

【思政目标】 培养锐意进取的工作态度，以饱满的精神状态开展井田地形地质图的识图、编制工作。

任务导入

在井田设计、施工和生产管理中，为了综合反映并掌握井田范围内的地形、地物、地质构造、岩（煤）层及勘探工程布置等情况，需要事先绘制井田地形地质图。因此，应熟悉井田地形地质图的编制方法及常见的地质构造现象在地形地质图上的表现方式，从而以更精确、更高效的方式将井田范围内的地形地质情况呈现在图纸上。同时，还应能根据实际工作需要识读地形地质图，为矿产资源勘查、矿井开发设计及煤矿生产等工作的开展打下基础。

任务分析

井田地形地质图是勘查部门提交的井田精查地质报告中的一份主要图件，也是矿产资源勘查、矿井开发设计及煤矿生产中最基本的综合图件。绘制井田地形地质图，首先应广泛收集井田范围内相关地形和地质资料，在此基础上分别绘制井田范围内的地形图和地质图，然后根据井田地形地质图的编制方法按相应的比例尺和要求进行地形地质图的绘制。井田地形地质图是以地形图为底图，经过地质调查后填绘而成的。实际上，它是地形图和地质图重叠在一起绘制而成的，主要反映井田范围内地层、地质构造和地物、地质情况等。

一般地形地质图采用的比例尺为 1∶5 000 或 1∶10 000，对地质构造复杂的小型井田，可采用 1∶2 000 的比例尺。井田地形地质图图示的主要内容包括以下几项：

（1）地形等高线、地面建筑物。

（2）湖泊、河流、水库等水域。

（3）铁路、公路、桥梁、车站等交通设施。

（4）控制点、高压线、经纬坐标线、指北线等。

（5）钻孔、探槽、探井、废弃井巷、小窑等及其编号和标高。

（6）井田边界线、勘查线及其编号。

(7) 地层分界线(系、统、组)和主要标志层界线及代号。

(8) 地层产状、断层线、褶曲轴、岩浆岩分布范围等。

(9) 煤层标志层及其他有益矿产的露头线、风氧化带界线。

(10) 井田内如有生产矿井,应标明井口位置、标高,井田边界及采掘范围。

(11) 滑坡范围等。

(12) 图例、标题栏及其他注记内容等。

绘制并识读井田地形地质图,需要掌握以下知识点:

(1) 地层单位。

(2) 井田地形地质图的编制方法。

(3) 地质构造在地形地质图上的表现。

(4) 井田地形地质图的识读。

相关知识

一、地层单位

为了阅读地形地质图、钻孔柱状图和综合柱状图,进行岩(煤)层对比,辨明岩层的新老关系和层位关系,判别地层构造及岩(煤)层产状,需要知道地层系统单位的划分、名称及代号。

地层一般指地壳历史时期形成的成层岩石。按照岩石沉积的先后顺序,先沉积的岩层称为老地层,后沉积的岩层称为新地层。一般情况下,老地层位于下部,新地层位于上部。各个地质时代所沉积的具有不同特征的地层构成了整个地层系统。

将地层划分为不同级别的分层单位称为地层单位。以形成地层时间为主要划分依据的地层单位称为年代地层单位。与年代地层单位相对应的是地质年代单位,它是依据特定的地质时间间隔划分的时间单位,代表地质历史中一定的时间范围。国际上通用的年代地层单位分为宇、界、系、统四级,相对应的地质年代单位分别为宙、代、纪、世。

在矿区的地层系统表中,常遇到一些地方性的地层单位,如群、组、段、层等,是以岩性为主要依据划分的地层单位,称为岩石地层单位。在地质图上,经常用规定的专用代号说明地层单位的名称,我国统一的地层单位名称及代号(部分)见表 4-1。

表 4-1　地层单位名称及其代号

界(代号)	系(代号)	统(代号)
新生界 Cz	第四系 Q	全新统 Qh 更新统 Qp
	新近系 N	上新统 N_2 中新统 N_1
	古近系 E	渐新统 E_3 始新统 E_2 古新统 E_1

续表 4-1

界(代号)	系(代号)	统(代号)
中生界 Mz	白垩系 K	上白垩统 K_2 下白垩统 K_1
	侏罗系 J	上侏罗统 J_3 中侏罗统 J_2 下侏罗统 J_1
	三叠系 T	上三叠统 T_3 中三叠统 T_2 下三叠统 T_1
古生界 Pz	二叠系 P	乐平统 P_3 阳新统 P_2 船山统 P_1
	石炭系 C	上石炭统 C_2 下石炭统 C_1
	泥盆系 D	上泥盆统 D_3 中泥盆统 D_2 下泥盆统 D_1
	志留系 S	普利多利统 S_4 拉德洛统 S_3 文洛克统 S_2 兰多弗里统 S_1
	奥陶系 O	上奥陶统 O_3 中奥陶统 O_2 下奥陶统 O_1
	寒武系∈	芙蓉统 $\in_4$ 第三统 $\in_3$ 第二统 $\in_2$ 纽芬兰统 $\in_1$
新元古界	震旦系 Z	上震旦统 Z_2 下震旦统 Z_1
	南华系 Nh	上南华统 Nh_3 中南华统 Nh_2 下南华统 Nh_1
	青白口系 Qb	
中元古界	待建系	
	蓟县系 Jx	
古元古界	长城系 Ch	
	滹沱系 Ht	
新太古界		
中太古界		
古太古界		
始太古界		
冥古界		

二、井田地形地质图的编制方法

井田区域地形图是绘制井田地形地质图的基础。井田地形地质图的地形部分的绘制方法请参照项目三的内容。地质部分的绘制步骤如下：

（1）根据勘探工程数据，展绘钻孔位置，并连绘出勘探线。

（2）根据勘探工程坐标、高程，利用标高内插的方法展绘等高线，并展绘各地层分界线点、煤层和标志层露头线点、断层点、褶曲轴线点、岩浆岩界面点等，连绘出地质界线、地层界线、断层线、褶曲轴等。

（3）必要时在图的空白处标出图例符号和相应的注记符号。

三、常见地质构造在地形地质图上的表现

井田范围内常见的地质构造有单斜构造、褶皱构造（褶曲）和断裂构造（断层）。不同的构造形态，反映岩层不同的产状要素和连续完整性，以及在地形地质图上有不同的表现形式。

（一）单斜构造在地形地质图上的表现

单斜构造在井田地形地质图上的出露特点符合“V”字形法则。

地表一般为起伏不平的曲面，倾斜岩层的地质分界线在地表的露头即为与等高线相交的曲线，因此岩层倾斜与地面坡向、坡角的三种不同关系而呈现出三种不同分布规律，将这种规律定义为“V”字形法则。其主要分为以下三种情况。

1.“相反—相同”

它指岩层倾向与地面坡向相反，在地形地质图上岩层界线与地形等高线的弯曲方向一致，且弯曲幅度小于地形等高线。在山谷处表现为一个尖端指向上坡的“V”字形，在山脊处表现为一个尖端指向下坡的“V”字形，如图 4-1 所示。

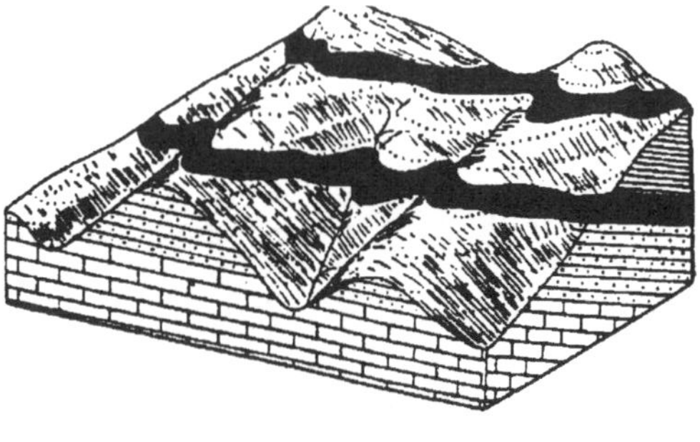

（a）立体图

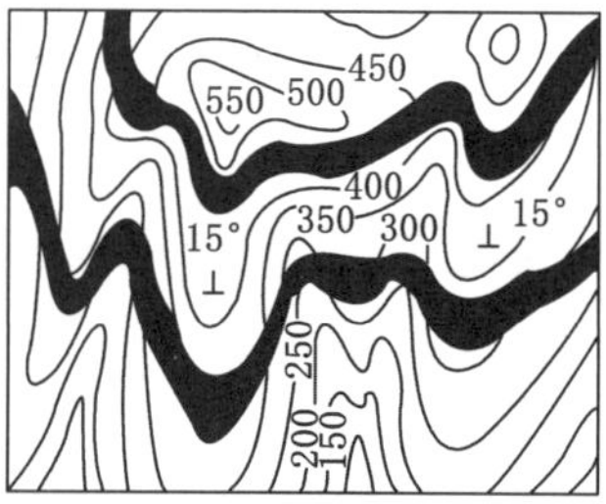

（b）地形地质图

图 4-1　岩层的倾向与坡度相反时所呈现的“V”字形规律

2.“相同—相反”

如果岩层倾向与地面坡向相同，且岩层倾角大于地面坡角，则在地形地质图上岩层界线与地形等高线的弯曲方向相反。在山谷处表现为一个尖端指向下坡的“V”字形，在山脊处表现为一个尖端指向上坡的“V”字形，如图 4-2 所示。

3.“相同—相同”

如果岩层的倾向与地面的坡向相同，且岩层倾角小于地面坡角，则在地形地质图上岩层

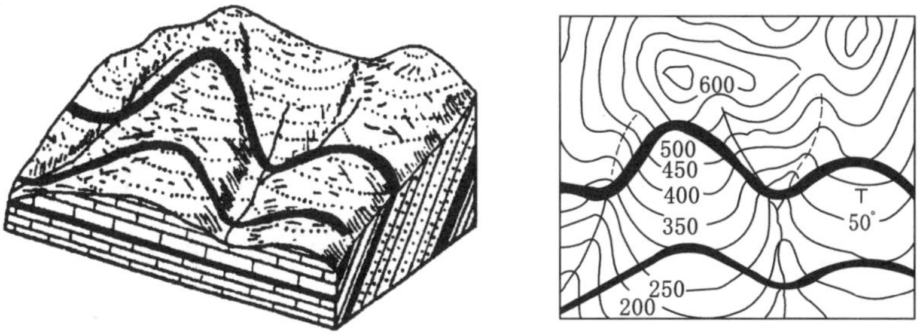

(a) 立体图　　(b) 地形地质图

图 4-2 岩层的倾向与坡向一致，且倾角大于坡角时所呈现的“V”字形规律

界线的弯曲方向与地形等高线的弯曲方向相同且弯曲幅度大于地形等高线。同时，露头线所表现出的“V”字形规律与第一种情况“相反—相同”相似，如图 4-3 所示。

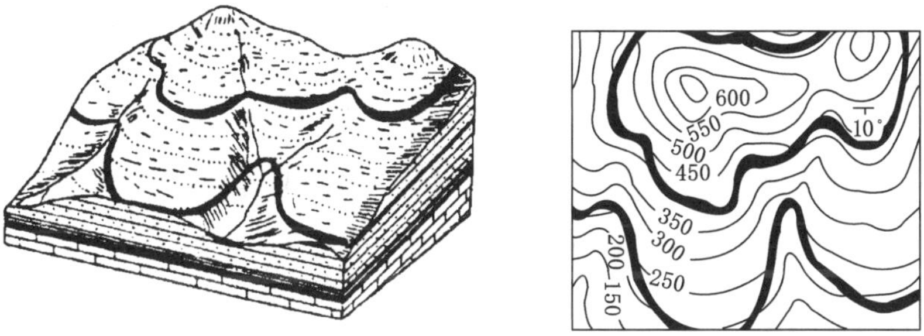

(a) 立体图　　(b) 地形地质图

图 4-3 岩层的倾向与坡向一致，且倾角小于坡角时的“V”字形规律

（二）褶曲在地形地质图上的表现

褶曲是指岩层长期受地应力作用后所发生的波状弯曲，它仍然保持地层的连续变化。褶曲在地形地质图上最明显的表现就是等高线的弯曲。褶曲分为背斜和向斜两种，背斜为地层中一种上凸的褶曲构造，其核部地层较老，两翼地层较新；向斜则是一种下凹的褶曲构造，其核部地层较新，两翼地层较老。

背斜和向斜在地形地质图上的表现均为等高线弯曲，其不同在于背斜等高线为一组凸向低处的曲线，而向斜等高线为一组凸向高处的曲线，如图 4-4 所示。

（三）断层在地形地质图上的表现

断层在地形地质图上表现为一条断层面与地面的交线，即断层露头线。按照断层两盘相对位移的方向，将断层分为正断层、逆断层和平移断层三类。断层在地形地质图上的表示符号如图 4-5 所示。

四、井田地形地质图的识读

对地形地质图的识读应遵循“先整体后局部，先轮廓后细部”的原则。通常可按以下步骤完成井田地形地质图的识读：

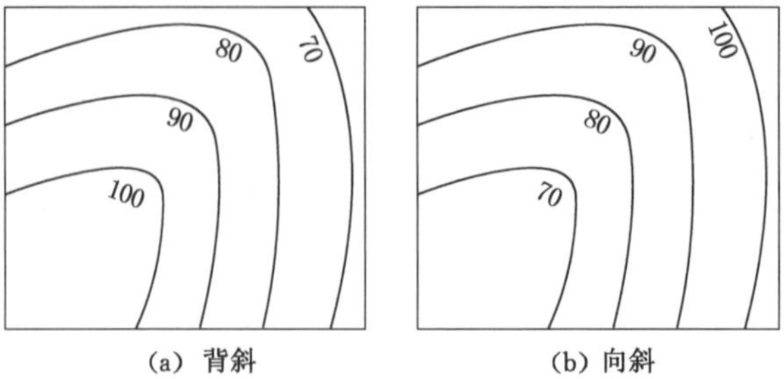

图 4-4　褶曲在地形地质图上的表现

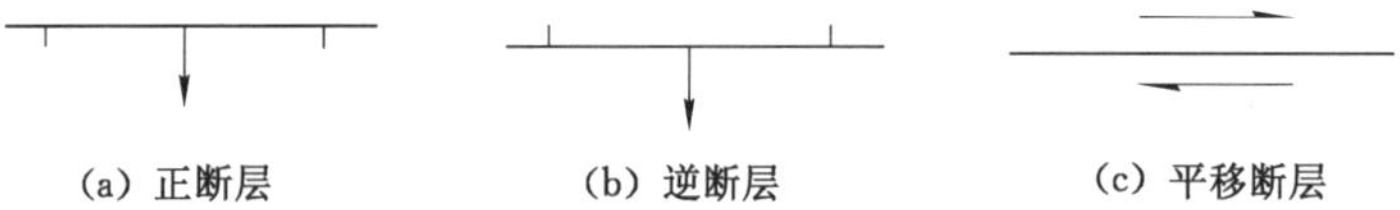

图 4-5　断层在地形地质图上的表示符号

(1) 看图名、图签、比例尺和图例，了解图的内容和种类，掌握图的基本信息。

(2) 看坐标线、坐标值和指北方向，确定图的地理位置。

(3) 看全区等高线，分析判断岩层产状及地质构造的性质。

(4) 读地物类型和坐标及与地质构造之间的关系。

(5) 在分析地质构造的基础上，了解煤系的位置和主要可采煤层的分布情况，为工业广场、交通线路和其他地面建筑位置的选择提供依据。

任务实施

本任务要求结合井田范围内相关地形和地质资料，分别绘制井田范围内的地形图和地质图，然后将地形图和地质图进行叠加，并按特定的比例尺和要求绘制成井田地形地质图；或者以绘制完成的地形图为底图，对井田进行地质调查后经填绘形成井田地形地质图。根据识读原则和步骤对地形地质图上相关信息进行读取，为矿井设计和生产管理提供技术资料。

思考与练习

1. 简述井田地形地质图的内容及特点。
2. 简述常见地质构造在井田地形地质图上的表现形式及特征。
3. 简述井田地形地质图的识读原则和过程。

任务二　煤层底板等高线图

【知识要点】 编制煤层底板等高线图的方法；煤层地质构造在地形地质图上的表现形式；煤层底板等高线图的识读和应用。

【技能目标】 熟悉煤层底板等高线图的编制方法；能识读并应用煤层底板等高线图。

【思政目标】 培养爱岗敬业、勇于奋斗的工作精神，树立社会主义核心价值观。

任务导入

作为常规煤矿井巷设计、建设及生产各阶段所必需的图纸，煤层底板等高线图能清楚地反映井田范围内煤层的产状要素及变化情况，可为控制煤量、布置开拓巷道及采煤工作面、编制生产计划以及安排采掘生产提供重要依据。同时，煤层底板等高线图是编制勘查设计、布置勘查工程、提交地质报告的重要图件之一，也是进行资源(储量)计算的基础图件。因此，能编制、识读并应用煤层底板等高线图是每一位从事煤矿生产、建设和管理的工作者必备的技能，以更好地为实际生产服务。

任务分析

煤层底板等高线图是煤层底板面与各标高水平面的交线在平面上的投影图，能够表示煤层构造形态特征，也叫作煤层构造图。掌握煤层底板等高线图的编制、识读方法，首先应了解煤层底板等高线图的主要内容及代表符号的意义，然后借助实际生产资料按相关规定和编制方法编制2～3组煤层底板等高线图，在此基础上，进行煤层底板等高线图的识读练习，以此加强对煤层底板等高线图的认识和掌握。

煤层底板等高线图常用的比例尺为1∶2 000和1∶5 000。其主要内容如下：

(1) 经纬线、指北针、图签、图例、比例尺。

(2) 通过该煤层的勘探工程的见煤点位置，包括钻孔数据、勘探线位置及编号、探井位置、生产小窑、老窑等。

(3) 通过该煤层的煤层底板等高线及其标高值，断层的编号以及断层的两盘与等高线的交线，煤层的尖灭界线、岩浆岩侵入的界线。

(4) 通过该煤层中所有的井巷工程，各见煤点以及井工测量的导线点位置，煤层的厚度、产状、底板标高值等。

(5) 矿井边界线、采区边界线、煤层露头线、风氧化带界线、积水区范围等。

此外，煤层底板等高线图作为储量计算图时，还应绘出储量计算边界、不同储量类型和级别的界线、各种煤柱界线、储量计算块段界线等。

相关知识

一、煤层底板等高线图的编制方法

(一) 编制步骤

(1) 根据面积确定图幅和比例尺，选择相应的方格网类型，然后绘制图签和指北针。

(2) 填绘钻孔数据，根据钻孔数据、见煤标高换算出煤层底板标高，利用内插的方法绘制煤层底板等高线。

(3) 根据实测资料填绘测量导线点，连绘巷道，并根据实测导线点的标高修改等高线。

(4) 根据物探资料和实测资料填绘断层的位置、要素以及煤层的产状要素，并绘出风氧化带和煤层露头的位置。

(5) 根据矿区周围的生产小窑和老窑与矿井之间的位置关系，绘制矿区周边 100 m 以内的生产小窑、老窑，若周边存在着报废矿井要标明报废时间及相应的采掘情况。

(6) 填绘各种保护煤柱的位置和必要的文字说明。

(二) 编制方法

编制煤层底板等高线图的常用方法是标高内插法。标高内插法是在两已知标高点间找出若干个标高为等高距整倍数点的位置，然后将相同标高点用光滑曲线连起来，绘出煤层底板等高线图。

例如，如图 4-6 所示，两钻孔之间的水平距离为 18 m，两孔之间的高差为 8 m，要求在图中找出标高为 −34 m 的点 A 的位置。A 点到 111 号孔的距离 l 满足：

$$\frac{l}{2}=\frac{18}{8}$$

得 $l=4.5$ m，则 A 点在沿 111 号孔至 112 号孔方向距 111 号孔 4.5 m 的位置。

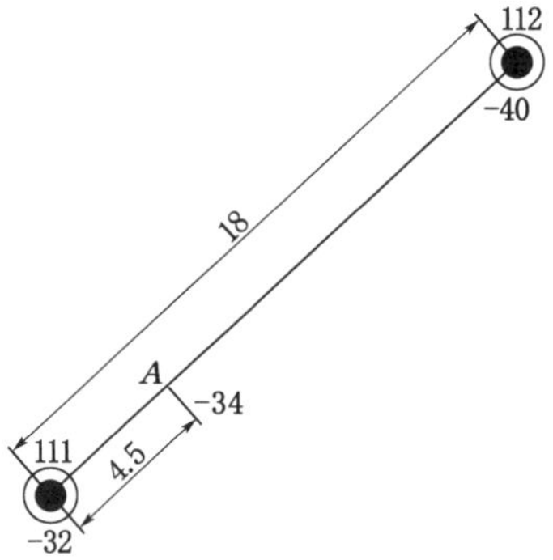

图 4-6 标高内插法示例

二、煤层底板等高线图上的常见地质构造

在井田范围内，常见的地质构造有单斜构造、褶曲构造和断层构造三种。

(一) 单斜构造

单斜构造往往是断层的一盘或者是褶曲的一翼。单斜构造在煤层底板等高线图上的表现如下：

(1) 煤层底板等高线的标高值沿着煤层倾向方向依次降低。

(2) 如果煤层底板平整，走向和倾角变化不大，则等高线彼此大致平行，平距大致相等，如图 4-7(a)所示。

(3) 如果煤层的走向有变化，底板等高线则表现为一组曲线；煤层倾角如果有变化，则表现为等高线平距不相等，且倾角越大，等高线越密集(平距越小)，如图 4-7(b)所示。

(二) 褶曲构造

连续弯曲的煤层称为褶皱构造煤层，褶皱构造中每一个弯曲部分称为褶曲。按照褶曲纵剖面上的形态差异，褶曲分为水平褶曲和倾伏褶曲。

水平褶曲的等高线水平或近乎水平，反映在煤层底板等高线图上则是一组大致平行的直线。需要注意的就是水平背斜褶曲的标高由中间向两边逐渐降低，水平向斜褶曲的

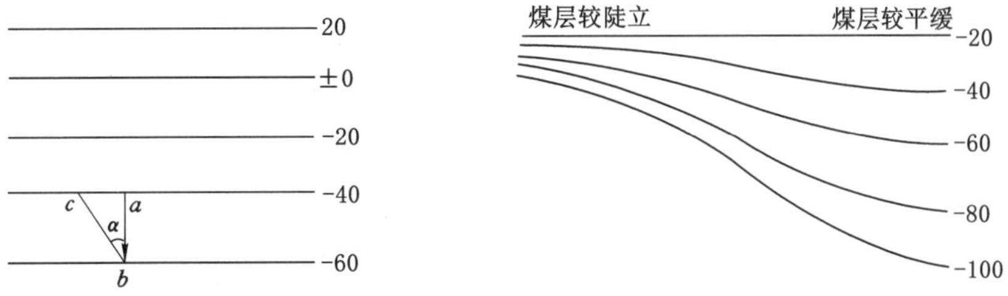

(a) 煤层走向稳定，倾角大致相等　　　　(b) 煤层走向和倾角变化

图 4-7　煤层底板等高线

标高由中间向两边逐渐增大，如图 4-8 所示。

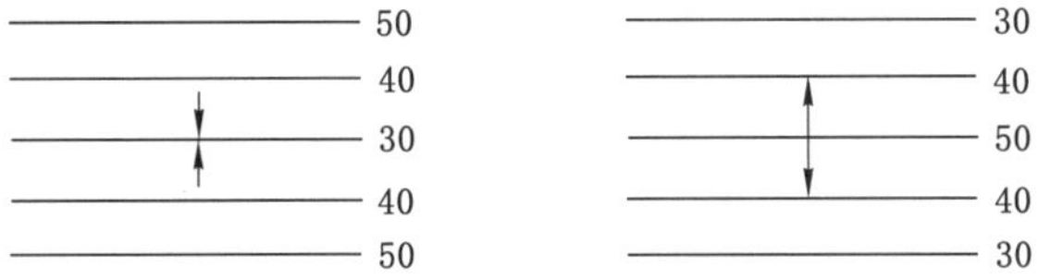

(a) 向斜　　　　(b) 背斜

图 4-8　水平褶曲的煤层底板等高线图

倾伏褶曲的等高线表现为等高线的弯曲。倾伏褶曲分为倾伏背斜和倾伏向斜。倾伏背斜等高线为一组标高凸向低处的曲线，倾伏向斜等高线为一组标高凸向高处的曲线，如图 4-9 所示。

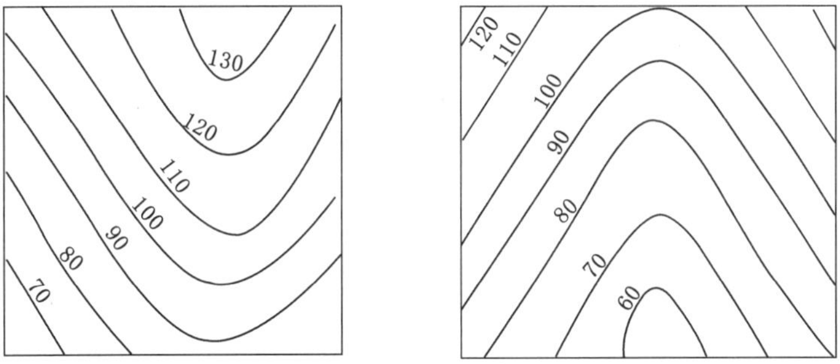

(a) 倾伏背斜　　　　(b) 倾伏向斜

图 4-9　倾伏褶曲的煤层底板等高线图

（三）断层构造

岩层受地应力作用后发生破裂且破裂面两侧的岩层发生相对位移的地质构造称为断层，其组成要素有断层面、断层线、断面交线和断盘，主要特征为连续沉积岩层发生破坏，出现断失和重复现象，如图 4-10 所示。

断层面与煤层底板的交线叫作断煤交线，在煤层底板等高线图上可以通过断煤交线判断断层的存在和性质。在煤层底板等高线图上，煤层底板等高线中断并错开，表示存在断层，符号“—·—·—”表示上盘断煤交线，该组等高线代表上盘煤层；符号“—×—×—”表示下盘断煤交线，该组等高线代表下盘煤层。等高线不穿过断煤交线的是正断层，穿过断煤

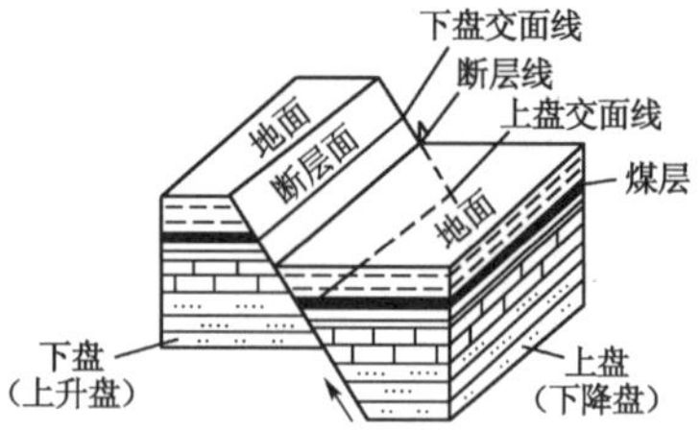

图 4-10 断层示意图

交线的是逆断层，如图 4-11 所示。

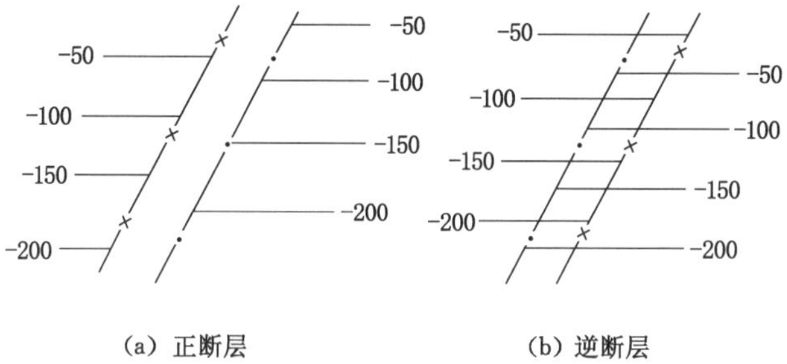

图 4-11 正、逆断层在煤层底板等高线图上的表现

三、煤层底板等高线图的识读

在正确识读煤层底板等高线图前，应读懂煤层产状和各种构造形态。在此基础上，按以下步骤完成等高线图的识读。

1. 选点测算

在煤层底板等高线图上，选择有代表性的点位，根据等高线的方向、高程值，相邻两条等高线的高程差、平距量算煤层产状要素，了解井田范围内煤层产状的变化规律。

2. 单线追索

读图时，首先在图一侧等高线中选一根等高线，观察它的起始位置、弯曲情况和断开情况，若弯曲则表示有褶曲，断开则表示有断层。

3. 划分块段

由于存在断层，煤层底板等高线被断开。以断层的断面交线为界，把煤层分成若干块段，进而对各个块段进行识读。这样，复杂的煤层底板等高线图就变得较为简单、易读。

4. 总体概括

上述识读完成后，将各个块段联系起来进行综合分析，包括断层和褶曲的数量，每个构造的性质、产状及相互间的联系和变化规律等。

例如，识读图 4-12 所示的某矿煤层底板等高线图。煤层走向大致为东西方向，向南倾斜，北部煤层较缓，倾角为 8°～15°；南部煤层倾斜较大，倾角为 40°～50°。该煤层有 4 个断层，其中谷家寨断层、宋家沟断层和东沟断层为正断层，正阳断层为逆断层。这些断层将煤层分成 5 个块段，东沟断层和宋家沟断层间的块段为一缓坡向斜构造，中间的块段呈地堑形态；正阳断层和东沟断层之间的块段，煤层倾角变化较大，由南向北，逐渐变缓，中间的块段呈地垒形态。

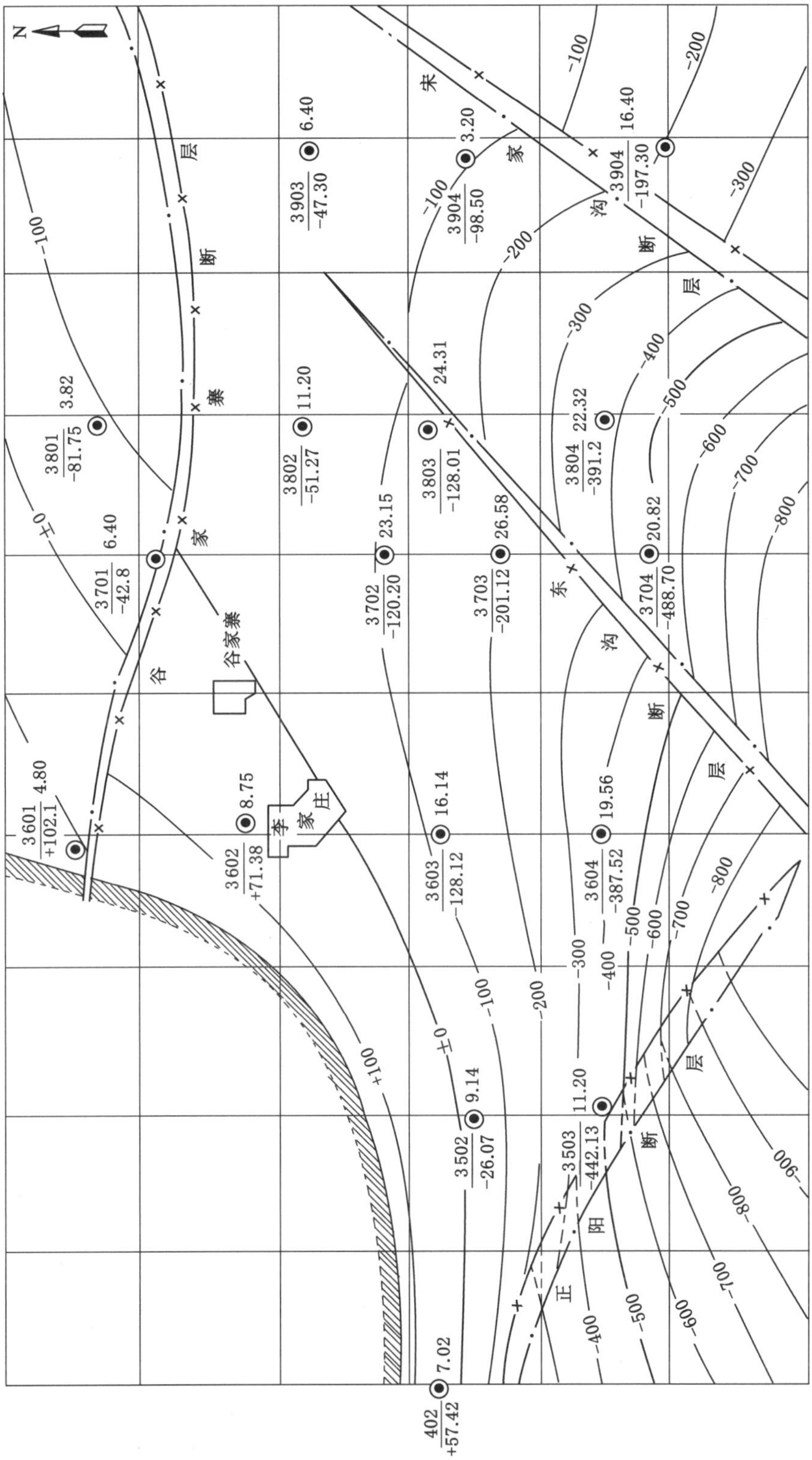

图 4-12　某矿煤层底板等高线图

四、煤层底板等高线图的应用

作为矿井必备的基础图件，煤层底板等高线图的应用比较广泛，主要用于煤矿设计、建设、生产和安全管理等工作。现就图件的主要应用简述如下。

1. 熟悉并了解煤层产状及地质构造

在煤层底板等高线图上，可以了解煤层的走向、倾向、倾角及其他地质构造分布及形态等。

2. 计算矿井煤炭储量

在矿井设计前，首先要在煤层底板等高线图上计算矿井的各勘探级别的煤炭储量；矿井投产后，也要根据开采情况进行各种煤炭储量的计算。利用煤层底板等高线图进行储量计算，可按以下步骤进行。

(1) 划分块段

根据煤层埋藏条件、井田技术边界、较大的地质构造、煤层厚度和地质勘探程度等因素，将井田划分为若干计算储量块段。

例如，图 4-13 所示煤层埋藏比较稳定，煤层厚度变化不大，厚度一般为 4.8～5.2 m，而倾角变化较大，所以根据倾角的不同，将煤层划分成 3 个计算块段。如图 4-13 中圆圈内第一行主数字为块段编号，英文字母 A、B 等为勘探级别；第二行数字为煤层厚度和倾角；第三行数字为块段的面积；最下一行数字为该块段的煤炭储量。

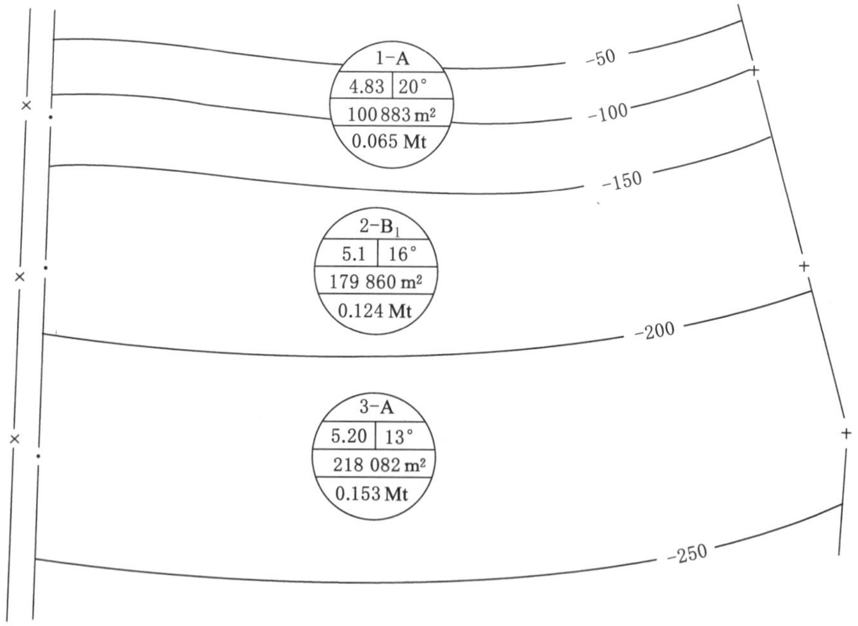

图 4-13　分块段计算储量

(2) 计算各块段面积

在煤层底板等高线图上，用几何方法或用求积仪计算出每个块段的水平投影面积。

(3) 将块段水平投影面积换算成实际面积

按式(4-1)将块段水平投影面积换算成煤层的实际面积：

$$S = \frac{S'}{\cos\beta} \tag{4-1}$$

式中　β——块段内煤层的平均倾角。

(4) 按块段计算储量

各块段的储量按式(4-2)计算：

$$Q = SM\gamma \tag{4-2}$$

式中　Q——块段的煤炭储量,t；

γ——煤的平均视密度,t/m^3；

M——块段内垂直于顶底板方向的煤层平均厚度,m。

(5) 计算煤炭总储量

将各块段的煤炭储量相加,即得到煤炭总储量。

3. 设计矿井

煤层底板等高线图是进行矿井设计的必备基础资料,如开采水平和采区的划分、大巷位置的确定、开拓巷道及采区巷道的布置等,都是在煤层底板等高线图上根据煤层赋存条件和地质构造等情况进行分析、设计的。

4. 预测断层位置

在采掘工作中,预先知道断层位置以便及时采取安全技术措施,对安全生产具有重要意义。利用煤层底板等高线图可以预测断层的位置。

(1) 预计同一煤层巷道掘进遇到断层的位置

这主要是指在同一煤层的不同标高处掘进巷道,当一巷道遇到了断层,预计另一巷道将要遇到该断层的位置。常见以下两种情况：

① 已知断层位置。如图 4-14(a)所示,要预测＋80 m 煤层平巷在何处遇到断层。在煤层底板等高线图上,已知断层的准确位置,＋20 m 平巷在 A 处发现断层,测定该断层的走向、倾向、倾角与图中所绘相同,此时只需将＋80 m 平巷延至断面交线,即可遇到断层(C 处)。在图上量出 BC 的距离,就是掘进工作面距断层的距离。

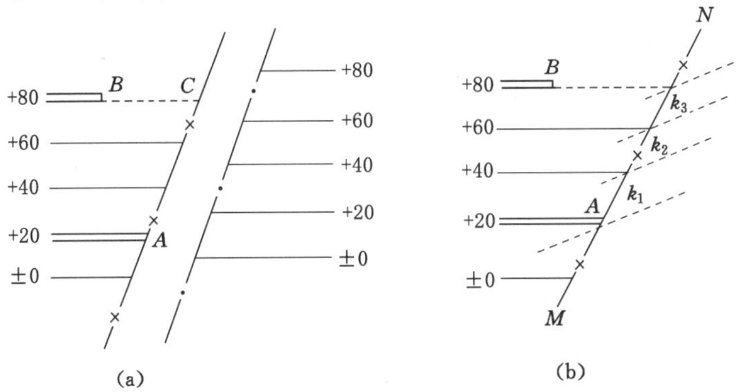

图 4-14　预计同一煤层巷道遇到断层的位置

② 未知断层位置。如果在煤层底板等高线图上没有断层的位置，如图 4-14(b)所示，＋20 m 煤层平巷在 A 处遇到一断层，＋80 m 平巷已掘至 B 处，继续向前掘进多少距离会遇到该断层呢？可采用以下判定方法：首先在巷道的 A 处判断断层的性质，测定该断层面的走向、倾向和倾角，根据实测资料，在图上画出＋20 m、＋40 m、＋60 m、＋80 m 断层面的等高线，如图中的虚线所示。这些断层面等高线和煤层底板同标高等高线的交点 k_1、k_2、k_3 的连线，就是断面与煤层底板的断面交线，如图中的 MN 线所示。因此，在煤层下盘掘进巷道，凡遇到断面交线 MN，就是遇到断层。量取 Bk_3 的长度，即为工作面距断层的距离。

(2) 预计岩层平巷遇到断层的位置

图 4-15 所示为一煤层底板等高线图，要求沿 AB 方向作一底板标高为＋210 m 的岩石平巷，确定该巷道遇到断层 F_1 的位置。

首先分别在断层两盘上作＋210 m 煤层底板等高线，这两条等高线与断面交线分别交于 G、H 两点。连接 G、H，GH 为断层面的＋210 m 等高线。GH 与 AB 线相交于 E 点，E 点即为岩巷 AB 遇到断层的位置。

在有煤与瓦斯突出危险的矿井内，预计岩巷见煤点的位置也很重要。图 4-15 所示的 C、D、F 点为该岩石巷道的见煤点。

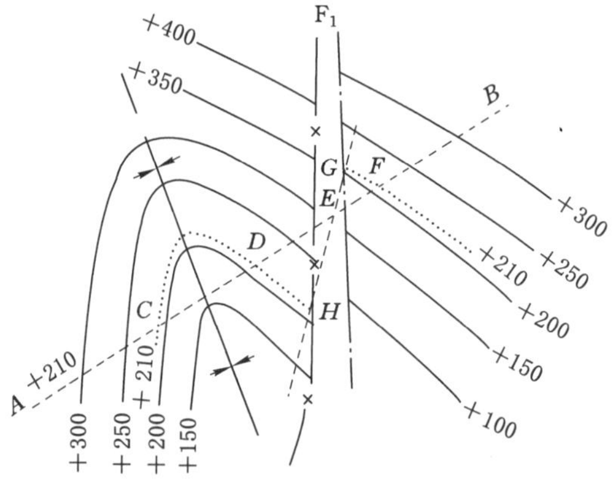

图 4-15　预计岩层平巷遇到断层的位置

(3) 确定不同煤层中的断层位置

当矿井开采多层煤时，在上部煤层发现了断层，往往希望知道下部煤层断层的位置。可通过在上、下两煤层的底板等高线图上作断面交线的方法确定。

如图 4-16 所示，将上、下两煤层的底板等高线绘制在一起，在采掘上部煤层时，遇到了一个正断层 P，测定了断层的走向、倾角，并在图中绘出了其上、下盘的断面交线和断层面等高线。

为寻找下部煤层断层的位置，延长上部煤层的断层面等高线，与下部煤层同标高的底板等高线相交，连接各交点得交线 SS。然后在 SS 线的两旁，对上、下盘煤层底板等高线仿照上部煤层情况进行局部修改，即得下部煤层上、下两盘的断面交线。

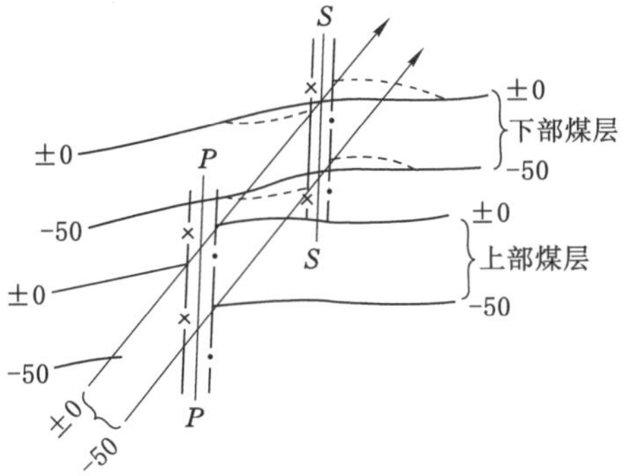

图 4-16　预测下部煤层断层的位置

任务实施

本任务的具体实施应结合井田范围内实际钻孔资料及其他相关的实测资料，选用适当的编制方法和比例尺绘制出煤层底板等高线图。根据地质构造在煤层底板等高线图上的表现特征，对图件进行煤层产状要素和地质构造分布等变化情况的识读，在此基础上熟悉煤层底板等高线图对煤矿实际生产的指导性应用，包括煤层产状的读取、地质构造的判别、断层位置的预测等。

思考与练习

1. 简述各种地质构造在煤层底板等高线图上的特点。
2. 简述在煤层底板等高线图上如何确定断层性质及断层的产状要素。
3. 如图 4-17 所示，已知各见煤点煤层底板标高，试用内插法绘出该煤层的底板等高线图。

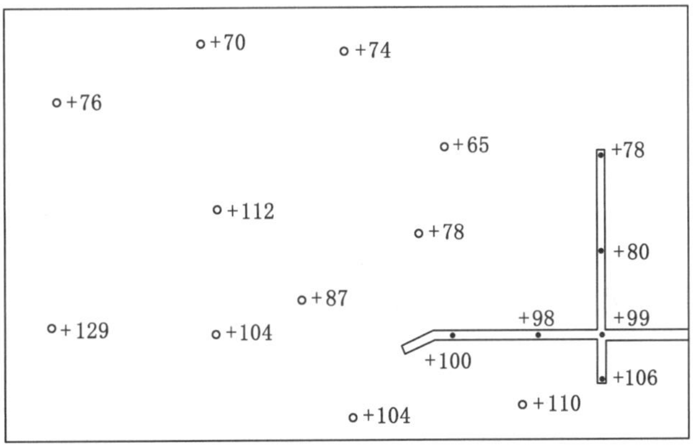

图 4-17　采用内插法绘制煤层底板等高线图

4. 图 4-18 所示为某煤层的底板等高线图，比例尺为 1：5 000，求该煤层的走向、倾向及倾角，并判别断层性质及断层面的走向、倾向和倾角。

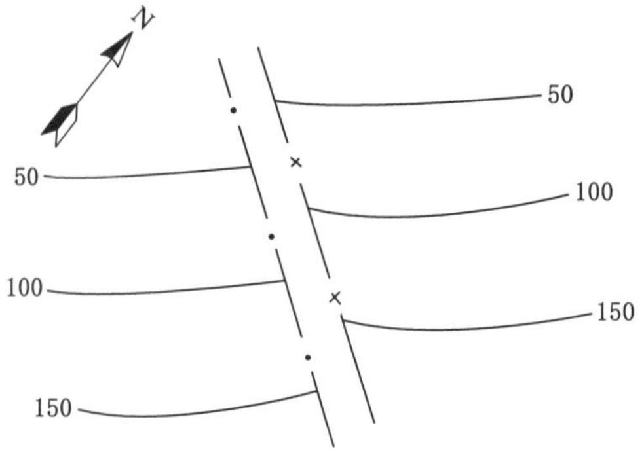

图 4-18 某煤层底板等高线图

任务三 垂直地质剖面图

【知识要点】 垂直地质剖面图的编制方法;垂直地质剖面图的识读。

【技能目标】 熟悉垂直地质剖面图的编制方法;能识读垂直地质剖面图。

【思政目标】 以正确的工作态度投入煤矿地质图的编制及应用工作,坚定文化自信、理论自信、道路自信、制度自信。

任务导入

在矿井建设和生产过程中,通过分析矿井的各种地质构造特征、煤层分布及各自产状等信息可为矿井采掘方案的设计提供基础资料,并以此指导井巷的掘进施工。为了更方便地对地质构造信息进行分析,需编制特定的地质图件,这种图件就是垂直地质剖面图。垂直地质剖面图是以垂直于地表的截面切割地面以反映地面起伏或内部构成的图形,也简称为剖面图。垂直地质剖面图主要用来反映各种地质界线和构造形态的空间位置与相互关系以及它们沿煤层走向或倾向的变化规律。常见的有沿勘探线方向绘制的勘探线剖面图、沿煤层倾向的剖面图、沿煤层走向的剖面图、沿井田主要石门方向的剖面图等。

任务分析

要编制和识读垂直地质剖面图,最基本的工作是全面搜集区域范围内的实测地质资料,包括各种地质图件。通过对已有资料进行整理分析,按照特定的编制方法编制垂直地质剖面图。之后,遵循相应的识读原则和方法,根据实际需求,对垂直地质剖面图进行识读并获取各种地质信息。

相关知识

一、垂直地质剖面图的编制方法

编制地质剖面图前,往往需要先搜集整理多方面可靠的地质资料,而这些地质资料的来源主要有以下三种:

（1）井田勘查各阶段各类勘查工程获取的地质资料。

（2）矿井建设阶段补充勘查工程和主要石门等巷道中编录的地质资料。

（3）生产阶段通过大量的采掘工程积累的反映在采掘工程平面图及煤层底板等高线图上的实际资料。

不管采用哪种资料，垂直地质剖面图的编制大致都可采用以下步骤进行：

（1）搜集整理实测地质资料，如邻近的钻孔柱状图、井下实测剖面图、地形地质图、采掘工程平面图。

（2）确定编制图幅的大小和剖面的方位。

（3）根据选定比例尺绘制高程线和基准线。

（4）绘制地表的地形、地物，标注钻孔位置和井筒位置等。

（5）绘制煤层的主要出露情况并绘制风氧化带和煤层露头线。

（6）绘制本区的主要井巷。

（7）填绘实测的构造情况，注写文字说明。

二、垂直地质剖面图的识读

整体来说，地质剖面图比较直观，内容简单，识读时可遵循先整体后局部的原则，即先看地表后看井下，先看构造后看地层界线，先看水平标高线后看其他注记，逐级逐项进行识读分析。

任务实施

本任务要求结合实际地质资料，在合理选择比例尺、图幅大小和剖面方位的基础上，按照特定的编制和识读方法进行垂直地质剖面图的绘制和读取，并从中获取有用的地质信息，从而为矿井的建设和生产及其他综合地质图件的编制提供基础资料。如图 4-19 所示为结合实际资料绘制的垂直地质剖面图，遵循先整体后局部的识读原则，从图中可清楚地看到煤层的分布、产状及变化特征，煤层的厚度及各层煤的层间距，井筒、石门、大巷等各种巷道的位置，各种地质构造的特征，标志层的分布及产状，以及沿剖面线方向上地形起伏的情况。

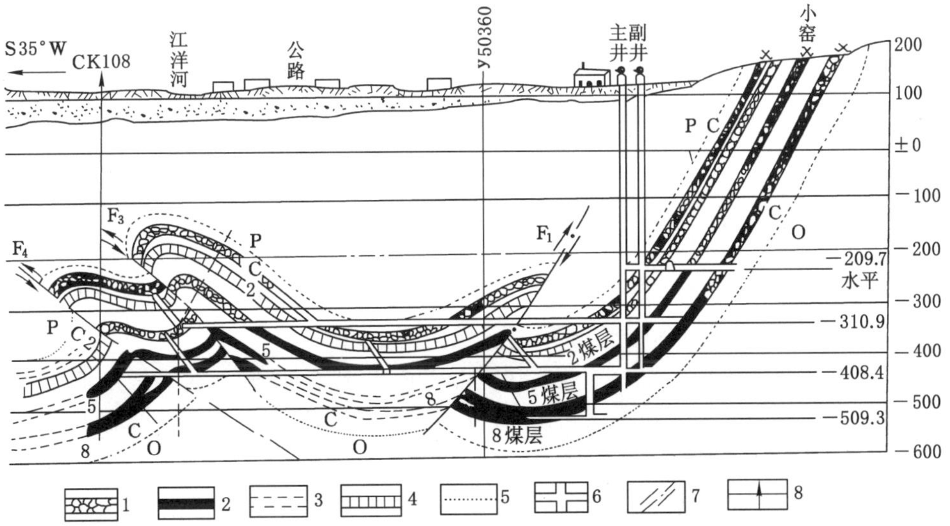

1—采空区；2—煤层；3—推测煤层；4—标志层；5—地质界线；6—井巷；7—断层；8—钻孔。

图 4-19　某矿垂直地质剖面图

思考与练习

1. 简述垂直地质剖面图的内容及特点。
2. 根据所学内容，试识读某一地质剖面图。

任务四　水平地质切面图

【知识要点】 水平地质切面图的编制方法；水平地质切面图的识读。

【技能目标】 熟悉水平地质切面图的编制方法；能识读水平地质切面图。

【思政目标】 将耐心、信心和恒心融入课程学习过程，为成为优秀的煤矿工作者努力奋进。

任务导入

对于倾斜、急倾斜和多煤层条件生产矿井，作为水平开拓布置、巷道设计、巷道掘进施工和生产管理的主要依据，水平地质切面图是必备的重要图件。水平地质切面图是指沿某一开采水平编绘的反映全部地质情况及井巷工程分布等内容的图件。通过水平地质切面图可掌握水平切面上煤层的厚度，煤层间距，主要标志层、含水层、地质构造的分布及沿水平方向的变化，以及井巷工程等情况。因此，能熟悉并识读水平地质切面图对矿井开采和生产工作具有重要作用。

任务分析

要编制和识读水平地质切面图，首先应全面搜集井巷区域范围内的实测地质资料，包括各种地质图件。在此基础上，按照特定的编制方法编制水平地质切面图。之后，根据实际需求，对水平地质切面图进行识读并获取各种地质信息。要完成此任务，需掌握的知识点有以下三点：

(1) 煤层产状及地质构造在水平地质切面图上的表现。

(2) 水平地质切面图的绘制方法。

(3) 水平地质切面图的识读。

水平切面图的比例尺可根据需要选定。用于水平开拓布置和巷道系统设计的水平切面图一般选 1∶2 000 或 1∶5 000 的比例尺；采区切面图一般选用 1∶1 000 或1∶2 000的比例尺。

相关知识

一、煤岩层产状及地质构造在水平地质切面图上的表现

煤岩层产状及地质构造在水平地质切面图上的表现，和煤岩层露头线及地质构造在平坦地区的地形地质图上的表现规律相同，在此不再详细陈述，具体可参考本项目中任务一。

二、水平地质切面图的绘制方法

水平地质切面图的绘制，主要有以下三种方法。

(一) 根据井巷实测资料编制水平切面图

该方法是依据某一开采水平巷道所揭露的地质资料，编绘水平切面图。

1. 准备底图

通常利用由煤矿测量部门提供的同比例尺的分水平巷道图作为底图，并绘出通过该水平的全部钻孔。

2. 填绘地质资料

把各井巷揭露的全部地质资料，按坐标与测点的相互关系，填绘在底图上。填绘内容主要包括以下几项：

（1）主要标志层及含水层的位置、名称、产状。

（2）断层的位置、名称、产状、性质、落差。

（3）褶曲轴的位置、方向及两翼岩层的产状。

（4）地层分界线、岩浆侵入体界线及其他地质现象。

（5）钻孔只填绘出与该水平切面交点的地质情况，如地层层位等。

3. 分析、对比、连接地质界线

在填绘好各项实际地质资料的底图上，经过对比煤层、分析地质构造，按照实测产状，将各巷道中的同一断层点及属于同一层位的其他地质界线相连接。首先连接断层点，若断层只有一个实测点，则按其走向向两侧适当延展；断层两盘的错动方向和错动距离，应按实测资料处理。然后再连接断层同一盘的同一煤层、标志层、含水层、地层分界、褶曲轴线等实测点。

（二）根据矿井地质剖面图编制水平地质切面图

这种方法多用在巷道较少且资料不多的设计水平和采区。现借助图 4-20 所示的某矿地质剖面图来介绍编制水平地质切面图的方法，主要步骤如下。

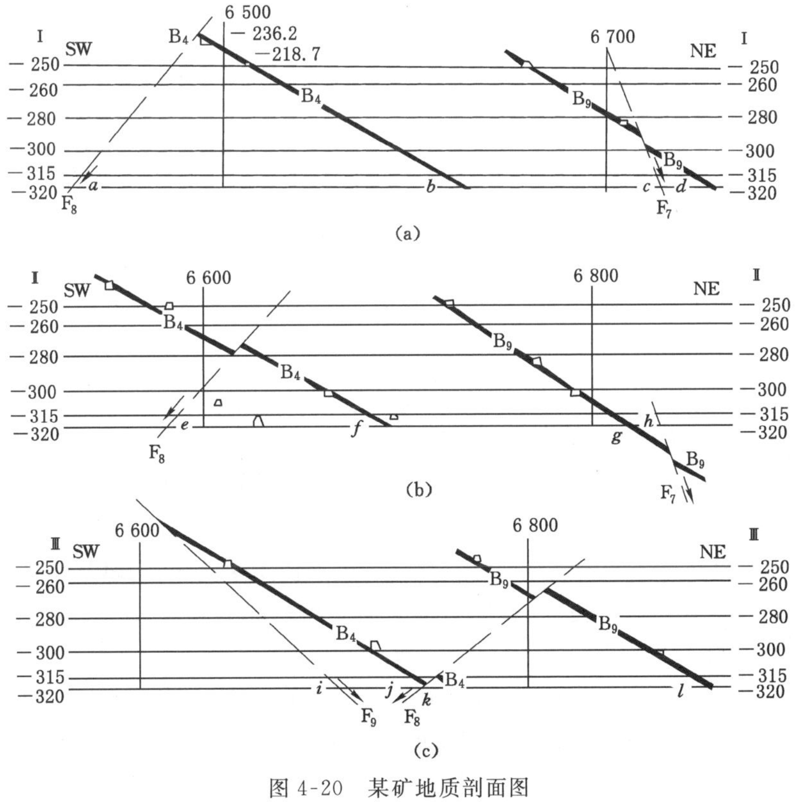

图 4-20　某矿地质剖面图

(1) 绘制坐标方格网,注明坐标值;绘出剖面线,并注明编号,如图 4-21 所示。

(2) 在各剖面图上绘出水平地质切面图的水平高程线(如图 4-20 所示各剖面图中的 −315 m 高程线)。

(3) 以剖面图上的经线或纬线与该水平高程线的交点为基准点,按照与基准点的水平距离,将剖面图上的水平高程线与各煤层、标志层及断层等的交点,转绘到水平切面图相应的剖面线上,如图 4-21 所示各剖面线上 b'、c'、d'、f'、g'、h'、i'、j'、k'、l' 等点。

(4) 进行对比、连线,即先把相邻剖面上相同的构造线连接起来,再把断层同一盘的相同层位的煤层点、标志层点和地层分界线点等用圆滑线连接起来。连线时,要充分考虑实测的产状资料。如图 4-21 所示,c'和 h'相连为 F_7 断层,e' 和 k'相连为 F_8 断层。剖面线Ⅲ附近的 F_8 和 F_9 之间的 B_4 煤层,是根据 j'的点位并结合 F_8 下盘 B_4 煤层的产状绘出的。

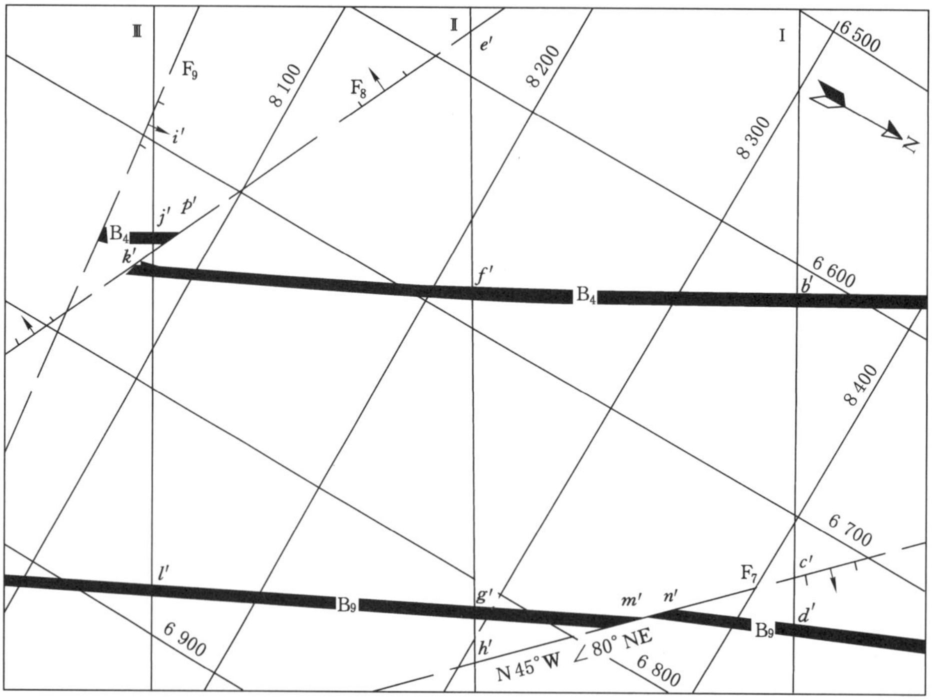

图 4-21　某矿 −315 m 水平地质切面图

（三）根据煤层底板等高线图绘制水平地质切面图

鉴于煤层底板等高线表示的是不同标高的水平面与煤层底板交线的投影,因此可利用底板等高线图绘制水平地质切面图。如图 4-22(a)、(b)所示分别为某矿 B_9 煤层和 B_4 煤层底板等高线图,在其基础上绘制 −315 m 高程的水平地质切面图,主要步骤如下:

(1) 在各煤层底板等高线图上,绘出水平切面高程的等高线,如图 4-22 的两图所示的 −315 m 煤层底板等高线。

(2) 在切面图上绘制坐标格网,按坐标格网将图 4-22(a)、(b)两图的 −315 m 煤层底板等高线转绘到水平切面图上,再按相应煤层水平厚度加宽,即为水平切面图上的 B_8 和 B_4 煤层。

(3) 按照方格网的控制，把各煤层底板等高线图上和水平切面图同标高的等高线与各断面交线的交点，转绘到水平切面图上，并将同一断层的各交点相连，即为水平切面图断层走向线。如图 4-22(a)所示－315 m 等高线与 F_7 断层下盘断面交线的交点为 m''，与上盘的交点为 n''，转绘于水平切面图 4-21 中为 m'、n' 点，连接 m' 和 n'，即为该水平切面图的 F_7 断面交线(F_7 断层走向线)。其他断面交线以同样方法转绘，即可编绘出水平切面图的主体内容。

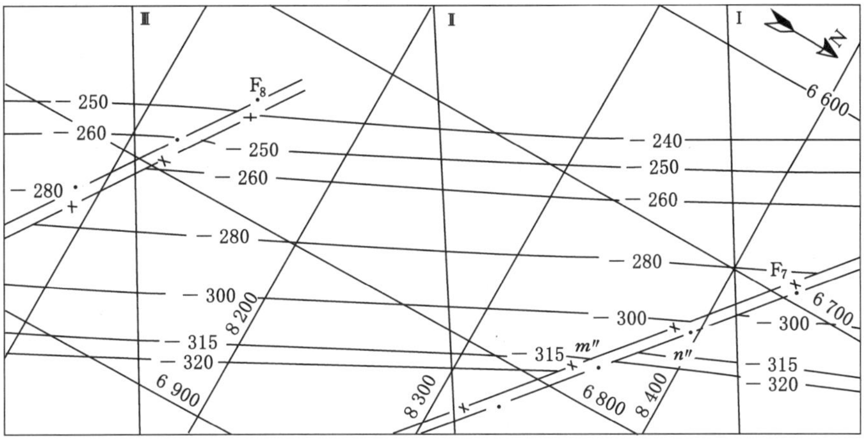

(a) B_9煤层

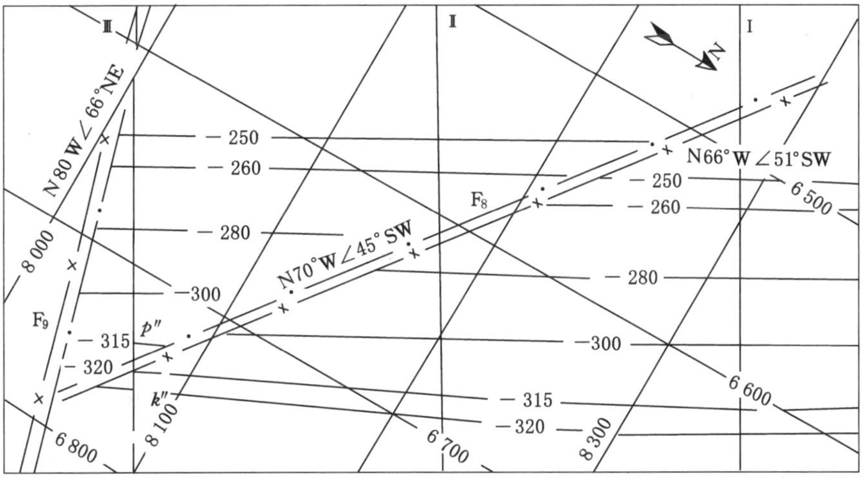

(b) B_4煤层

图 4-22　某矿煤层底板等高线图

以上三种方法均可用来编制水平地质切面图，但各有其局限性。在不同的条件下应选择相应的编制方法。在有巷道实测资料的地段，应充分利用这些实测资料；在巷道较少，且资料不多时可根据地质剖面图来编制；利用煤层底板等高线图编制水平切面图，虽方法简便，但标志层、含水层、地层分界等，还需根据剖面图来补充填绘。因此，在实际编制水平地质切面图时，往往会把以上三种方法综合起来使用。

三、水平地质切面图的识读

水平地质切面图是反映某一开采水平地质情况和井巷工程的图件，因此，水平地质切面图的识读，包括地质内容识读和井巷工程识读两部分。关于井巷工程内容的识读，详见项目五、项目六相关内容。地质内容的识读大致与地形地质图的识读相同，区别在于各种地质界线不受地形切割影响。因此，参考地形地质图的识读方法，依据相关的图例符号，以及地层、煤层、标志层的展布特点和产状，便能够识别出各种地质要素。

任务实施

本任务要求结合井巷区域范围内的实测地质资料，在合理选择比例尺并以水平巷道图为底图的基础上，按照特定的编制和识读方法进行水平地质切面图的绘制和读取，并从中获取有用的地质信息。如图 4-23 所示为某矿－225 m 水平地质切面图，通过观察可以发现，在图示井田范围内，共有三个可采煤层，由新到老分别为 2 号煤层、5 号煤层和 8 号煤层，煤层倾角为 20°～58°。正断层 F_1和逆断层 F_3把井田分为三块，从煤层的新老关系可以看出，逆断层 F_3 以东为向斜，以西为构造盆地；断层 F_1 西北部煤层倾向北西，东南部煤层倾向南东。该水平采用了单翼主要运输大巷采区石门的开拓方式，井底车场布置在井田的东北角，主要运输大巷大致沿断层 F_1 走向开掘，然后分别向西北和东南方向开掘采区石门穿通各煤层。沿石门布置了地质勘查线。图中还反映出了各地面钻孔、井下钻孔及风井位置，注明了不同地区煤层的倾角及厚度等。

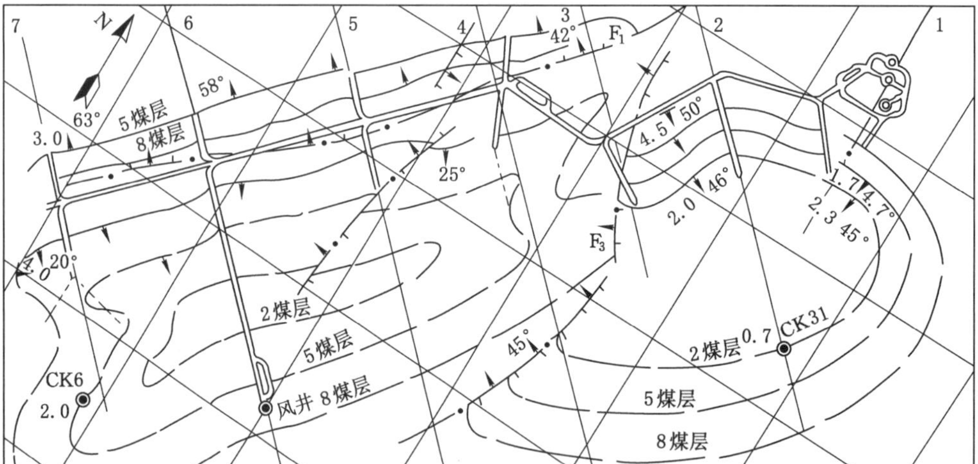

图 4-23　某矿－225 m 水平切面图

思考与练习

1. 简述水平地质切面图的内容及特点。

2. 在水平地质切面图上，断面交线的方向是否是断层面的走向？

任务五 钻孔柱状图、综合柱状图、煤岩层对比图

【知识要点】 钻孔柱状图、综合柱状图、煤岩层对比图的主要内容和编制方法。

【技能目标】 熟悉钻孔柱状图、综合柱状图和煤岩层对比图的内容和编制方法。

【思政目标】 保持认真严谨、一丝不苟、责任担当的学习和工作态度，完成既定煤矿地质图件的编制任务。

任务导入

钻孔柱状图、综合柱状图和煤岩层对比图在矿井设计、建设、生产过程中也起到至关重要的作用。其中，钻孔柱状图是地质勘探工作的原始基础资料，地质工作者经常用它来编制垂直地质剖面图、水平切面图、煤层底板等高线图及储量计算图等；综合柱状图主要用于矿井设计，矿井年度生产计划的制订，煤岩巷掘进速度的预计，确定采掘工艺过程和设备的选型，以及“三下”采煤的岩层移动控制等；煤岩层对比图则用来反映井田内煤岩层沿走向、倾向方向上它们之间的关系及空间变化规律。因此，熟悉这三种图件对矿山的正常开采和管理具有重大意义。

任务分析

钻孔柱状图、综合柱状图和煤岩层对比图同其他地质图件一样，它们的编制均基于井田范围内通过各个勘探工程和井巷工程所揭露的地质资料和通过实测地质剖面得到的煤岩资料，并按照特定的编制方法和原则进行图件的绘制和整饰。因此，需要掌握的知识点有以下两点：

(1) 图件的主要内容。

(2) 图件的编制方法。

相关知识

一、钻孔柱状图

钻孔柱状图是根据钻探过程中所得到的资料，按岩层新老关系进行排列，并将岩层恢复到水平状态后所绘出的一种图纸。其中包含的内容主要有以下几项：

(1) 钻孔口平面坐标、孔口标高、钻孔深度和孔底标高。

(2) 按岩层新老顺序排列的地层单位和岩性组合，包括煤岩层厚度、层间距、岩层接触关系、岩芯长度、煤岩层倾角、煤层底板等高线。

(3) 该钻孔的简易水文地质资料。

(4) 有关钻孔质量评价的其他内容。

图 4-24 所示为某矿 798 号钻孔柱状图。

二、综合柱状图

(一) 主要内容

综合柱状图是根据井田范围内全部钻孔资料和实测剖面资料，经过全面分析，将各岩

798号钻孔柱状图

孔口坐标：纵坐标（X）3885897.57，横坐标（Y）108185.59，高程（H）1 188.39 m。
施工日期：自1979年1月24日至1979年3月1日。终孔深度：50 m。地质鉴定员：×××

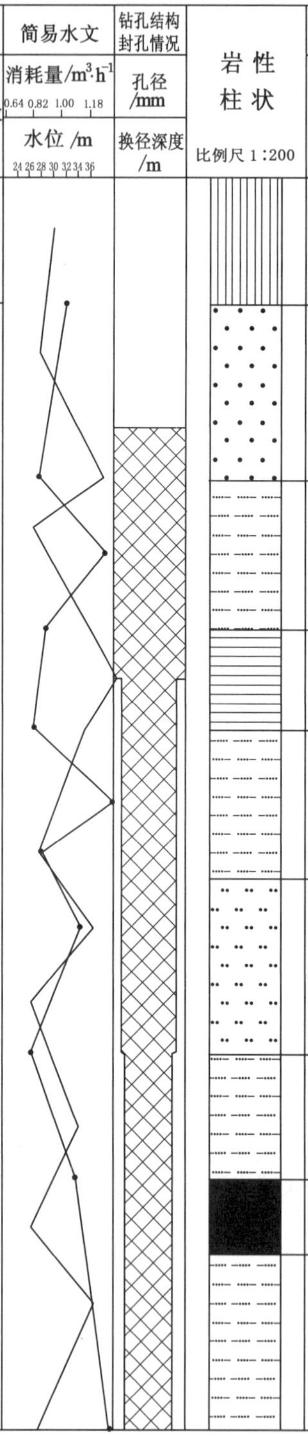

界	系	统	组	段	分层序号	煤层号	累计深/m	层厚/m	采长/m	采取率/%	倾角/(°)	真厚/m	真厚累计/m	岩性描述
新生界Cz	第四系Q				1		5.00	5.00	0.00	0	0.00	5.00	5.00	（略）
古生界Pz	二叠系P	乐平统P_3	上石盒子组		2		12.00	7.00	7.0	100	0.00	7.0	12.0	
					3		18.00	6.00	3.8	63	0.00	6.0	18.0	
		阳新统P_2	下石盒子组		4		22.00	4.00	3.4	85	0.00	4.0	22.0	
			山西组		5		28.00	6.00	5.3	88	0.00	6.0	28.0	
					6		35.00	7.00	7.0	100	0.00	7.0	35.0	
					7		40.00	5.00	3.00	60	0.00	5.0	40.0	
					8	5#	43.00	3.00	2.9	96	0.00	3.0	43.0	
					9		50.00	7.00	6.7	95	0.00	7.0	50.0	

图 4-24　某矿 789 号钻孔柱状图

层、煤层的平均真厚度，按照地层时代的先后生成顺序排列起来绘制而成的柱状图件。它综合反映了井田范围内地层岩性特征、地层接触关系等。综合柱状图的主要内容有：地质年代单位名称、代号及相互关系；地层厚度；简单的岩性描述，各地质时期岩性及其变化；煤层和标志层及有益矿层的层位、岩浆活动等。图 4-25 所示为一地层综合柱状图。

地层单位				煤岩厚度 / m	煤层名称	累深 / m	地层柱状	岩　　性
界	系	统	组	最大—最小 平均				
古生界	二叠系	乐平统	上石盒子组	6.56		124.26		细粒砂岩
				19.74		144.0		青灰色泥岩含铝土质
				11.55		155.55		泥岩
				1.35	四煤	156.9		四煤
				1.47		158.37		砂质泥岩
				0.25	四煤	158.62		四煤
				2.08		160.7		砂质泥岩
				0.25	四煤	160.95		四煤
				10.05		171.00		砂质泥岩局部分紫
		阳新统	下石盒子组	27.7		198.7		浅灰色及深灰色砂质泥岩局部发紫
				3.5		202.2		细粒砂岩
			山西组	22.76		224.96		泥岩砂质泥岩互层
				12.49		237.45		细粒砂岩含云母片及炭质
				3.85—1.85 2.85	二$_2$	240.3		二$_2$煤
				2.8		243.1		泥岩
				2.38—1.0 1.7	二$_1$	244.8		二$_1$煤
				9.0—1.9 5.5		250.3		灰色砂质泥岩含小云母片及植物化石
	石炭系	上石炭统	太原组	7.22—5.35 6.3		256.6		灰黑色硅质灰岩致密坚硬含方解石脉
				0.95—0.4 0.68	一$_4$	257.28		一$_4$煤
				5.62—3.41 4.52		261.8		泥岩中砂岩互层
				1.03—0.45 0.74	一$_3$	262.54		一$_3$煤
				17.62—3.61 10.62		273.16		砂质泥岩中夹 2.7 m厚的深灰色石灰岩含方解石脉
				0.63—0.35 0.49	一$_1$	273.65		
				1.00		274.65		细砂岩
				3.5—2.6 3.2		277.85		深灰色铝土致密坚硬

图 4-25　某综合柱状图

(二) 编制方法

综合柱状图的比例尺一般采用 1∶200 或 1∶500。综合柱状图可以作为地质图的附图，也可单独绘制使用。综合柱状图的编制方法如下：

(1) 根据厚度资料及所要表示内容合理规划图面布局，并确定比例尺。

(2) 按由新到老的顺序，自上而下按比例尺及岩性花纹绘制岩性柱状图，注意上、下单位间的关系。

(3) 按规定绘制两侧有关内容，并做简要文字描述。

(4) 进行图名、线条比例尺和责任表的绘制。

三、煤岩层对比图

(一) 主要内容

煤岩层对比图是将井田内各个勘探工程和井巷工程所揭露的和实测地质剖面的煤、岩资料分别绘制成真厚度柱状图，并按一定次序排列起来，然后把同一地层界线、同一煤层、同一标志层用线相连编绘而成的一种综合地质图件。

煤岩层对比图主要用来反映井田内煤岩层沿走向、倾向方向上它们之间的关系以及空间变化规律，其主要内容如下：

(1) 图面设计的基本内容。包括钻孔柱状、实测剖面柱状、综合柱状以及编号、煤层厚度、夹石厚度、标志层代号、图名、比例尺、图例、标题栏等。

(2) 对比基准线。

(3) 煤岩层对比及连线。

(4) 其他需要注记的内容。如对比柱状排列方式、对比方法、对比结果等。

图 4-26 所示为某矿煤岩层对比图。

(二) 编制方法

煤岩层对比图的编制方法如下：

(1) 选择基准层位。根据井田内钻孔和石门揭露的资料，通过分析，选取一层最稳定的煤层或标志层作为对比的基准层位。

(2) 排列柱状图。以基准层位的底界线作为基准线，然后按一定顺序把区内所有钻孔柱状图、井巷实测柱状图排列在同一水平线上，一般将综合柱状图放在左边。

(3) 分析对比。对煤层厚度和顶底板岩性特征以及岩层间距、岩性、岩相、化石等进行分析对比，初步确定连线层位。

(4) 连线。将对比可靠的同一地层分界线、煤层和标志层用实线连接；不可靠处用虚线连接。钻孔和石门中所见断层，应在对比柱状图的相应位置中绘出。图的右边为该矿的综合柱状图，左边为各钻孔的柱状图，同一标志层或煤层用实线连接，不可靠的煤、岩层用虚线连接。

任务实施

本任务的具体实施需首先广泛搜集井田范围内各个勘探工程和井巷工程所揭露的地质资料和实测地质剖面的煤岩资料，并全面了解钻孔柱状图、综合柱状图和煤岩层对比图所能反映的内容及编制方法，然后，尝试做 2～3 组图件的绘制练习。通过不断练习，强化对钻孔柱状图、综合柱状图和煤岩层对比图的认识和掌握。

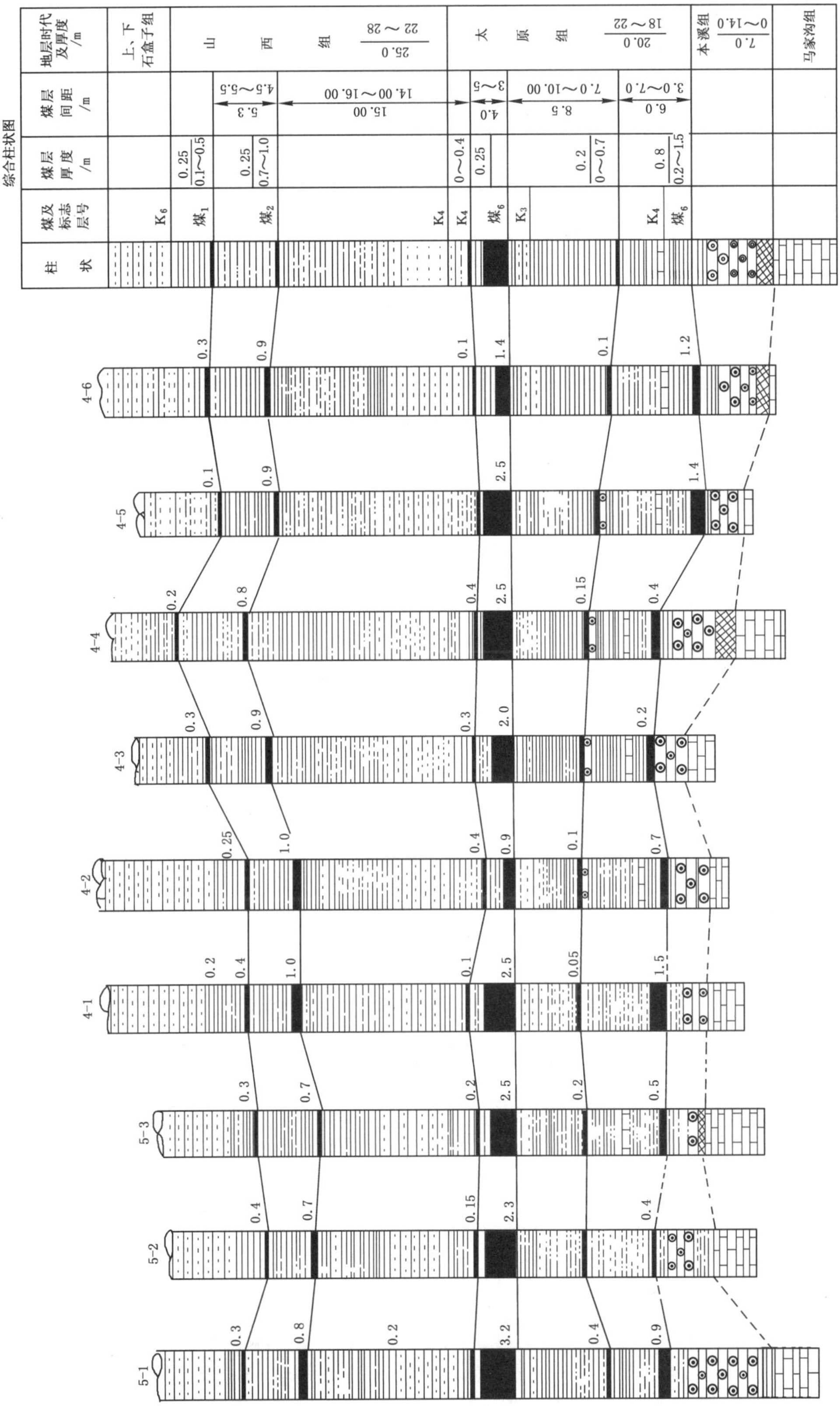

图 4-26　某矿煤岩层对比图

思考与练习

1. 简述煤岩层对比图的内容及特点。

2. 根据所学内容，结合实际资料，试绘制一组钻孔柱状图、综合柱状图和煤岩层对比图。

项目五　采掘工程设计图

采掘工程设计图是根据建设项目的要求，以地质报告和经批准的上阶段设计为依据所绘制的设计图件。采掘工程设计图是矿井投资、建设和生产的重要依据。

任务一　井田开拓方式图

【知识要点】 井田开拓方式图的概念、分类、图示内容；井田开拓方式图的用途；井田开拓方式图的识读方法及要点。

【技能目标】 能够清晰准确识读井田开拓方式图。

【思政目标】 培养以改革创新为核心的时代精神，以坚韧不拔、锐意进取的精神状态熟悉井田开拓方式图识读的基本要点。

任务导入

井田开拓方式图是矿井各设计阶段的主要图件之一，对于矿井建设、项目立项、建设、生产和安全起着重要作用。本任务主要是熟悉井田开拓方式图的概念、种类、图示内容及用途，掌握井田开拓方式图识读方法及要点，并能在生产实践中熟练地使用井田开拓方式图。

任务分析

井田开拓方式是指用于井田开拓的地下巷道在井田内的总体布置方式。由于井田范围，煤层埋藏深度，煤层层数、倾角、厚度以及地质构造等条件各不相同，相应的井田开拓方式也各不相同。井田开拓方式图不仅可以反映井田内煤层的产状和主要地质情况，还可以反映矿井开拓的总体部署和矿井生产系统。作为煤矿生产工程技术人员或管理人员，为更好地使用井田开拓方式图，必须掌握如下知识：

(1) 井田开拓方式图的概念、分类、图示内容。

(2) 井田开拓方式图的用途。

(3) 井田开拓方式图识读方法及要点。

相关知识

一、井田开拓方式图的概念、分类、图示内容

(一) 概念

井田开拓方式图是根据矿井地形地貌条件、井田地质条件、煤层赋存条件、开采技术条

件、装备条件、地面外部条件、设计生产能力等因素，将经多方案比较后设计的开拓巷道布置系统、采区的划分、工作面的布置等利用正投影原理，按一定比例绘制出来的图件。

井田开拓方式图在某种程度上反映了矿井生产条件和技术面貌，它不仅是矿井建设与生产、矿井延深、矿井改造、采区设计的依据，而且还是制定矿井远景规划的重要资料，因此，井田开拓方式图是矿井设计、建设和生产中的基础图件。

井田开拓方式图常用的比例尺为 1∶2 000 和 1∶5 000。

（二）分类

开拓方式主要是指井筒的形式。在开拓方式的构成因素中，井筒形式占有着突出的地位，因此开拓方式常以井筒形式为依据。按照井筒的倾角不同（水平、倾斜、竖直）分为平硐开拓、斜井开拓、立井开拓和综合开拓（平、斜、立井中的任何二或三种形式相结合进行开拓）等四种方式。在各种井筒开拓形式中又有单一水平和多水平之分，在每个水平上又有上山开采、下山开采和上下山开采之分。在多煤层开采的水平大巷中又有分层大巷、分组集中大巷、集中大巷的区分。在上、下山和大巷位置中又有开拓在煤层中和岩层中之分。

为了准确反映井田开拓中巷道布置的空间位置关系，一般要同时绘制开拓方式平面图和剖面图。

井田开拓方式平面图通常采用正投影原理把巷道投影在水平面上，按一定比例绘制。井田开拓方式剖面图通常采用正投影把巷道投影到竖直面上并按一定比例绘制。一般情况下平面图和剖面图采用相同比例同时绘制，通常将平面图和剖面图绘制在一张图上，也可分别绘制在两张图上。

为了反映井巷空间关系，有时也采用轴测投影原理，不按比例进行绘制。因此，井田开拓方式图可分为正投影井田开拓方式图和井田开拓方式示意图（又称井田开拓方式立体示意图）两种。

采用正投影原理绘制的井田开拓方式图，按投影面的不同又分为井田开拓方式平面图、井田开拓方式立面图、井田开拓方式层面图和井田开拓方式剖面图。

对于多水平开拓矿井，在绘制井田开拓方式图时，应将矿井全部开采水平都反映出来，形成矿井总体开拓方式图；在矿井生产过程中，经常仅开采一个水平，为了绘图简便并反映主要内容，常绘制生产水平的井田开拓方式图，称为某水平井田开拓方式图；考虑水平接替，矿井延深时，则绘制现有开采水平和接替水平的井田开拓方式图，称为某水平和某水平井田开拓方式图。

以上不同的方式相结合，形成了矿井多种开拓方式图。图 5-1 所示为某矿井斜井开拓方式平面图；图 5-2 所示为某矿井开拓方式剖面图；图 5-3 所示为某矿井立井多水平开拓方式平面图。

（三）图示内容

矿井井田开拓方式图主要反映以下几个方面的内容：

（1）井田的拐点坐标及边界线，井田的范围，井田边界煤柱线，煤层的露头或风化带，煤层底板等高线，煤层最小可采厚度等厚线，煤层的分叉线或合并线，煤层的尖灭带，主要地质构造情况（如较大断层交面线），向、背斜轴线和火成岩侵入区等。

（2）工业场地的位置，井筒的形式及数目，工业场地保护煤柱范围，井口坐标，井口及井底标高，井筒的方位角、倾角及长度（深度）等。

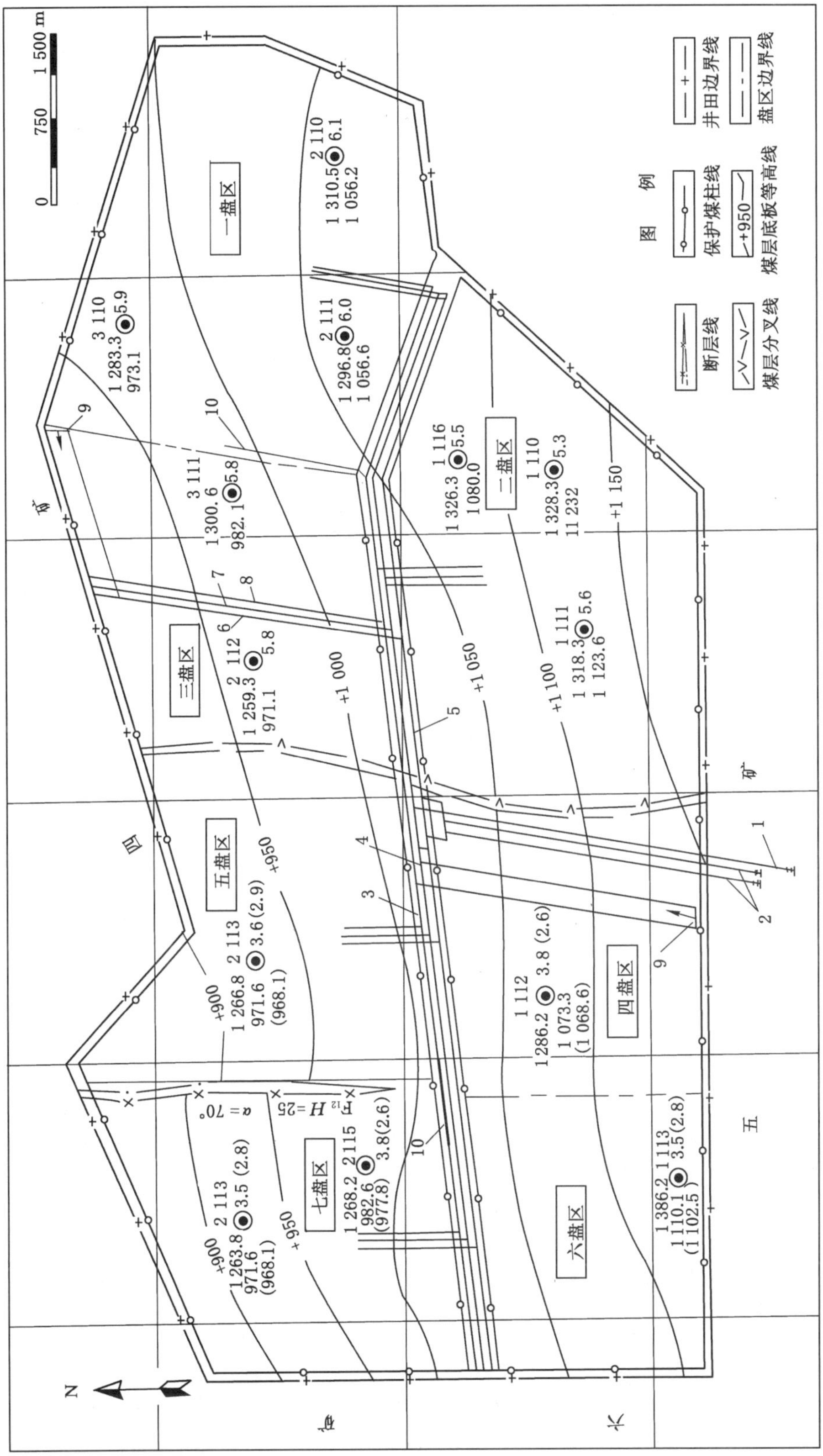

1—主斜井；2—副斜井；3—总回风巷；4—主运输大巷；5—辅助运输大巷；6—轨道上山；7—带式输送机上山；8—回风上山；9—采煤工作面；10—回风井。

图 5-1　某矿井斜井开拓方式平面图

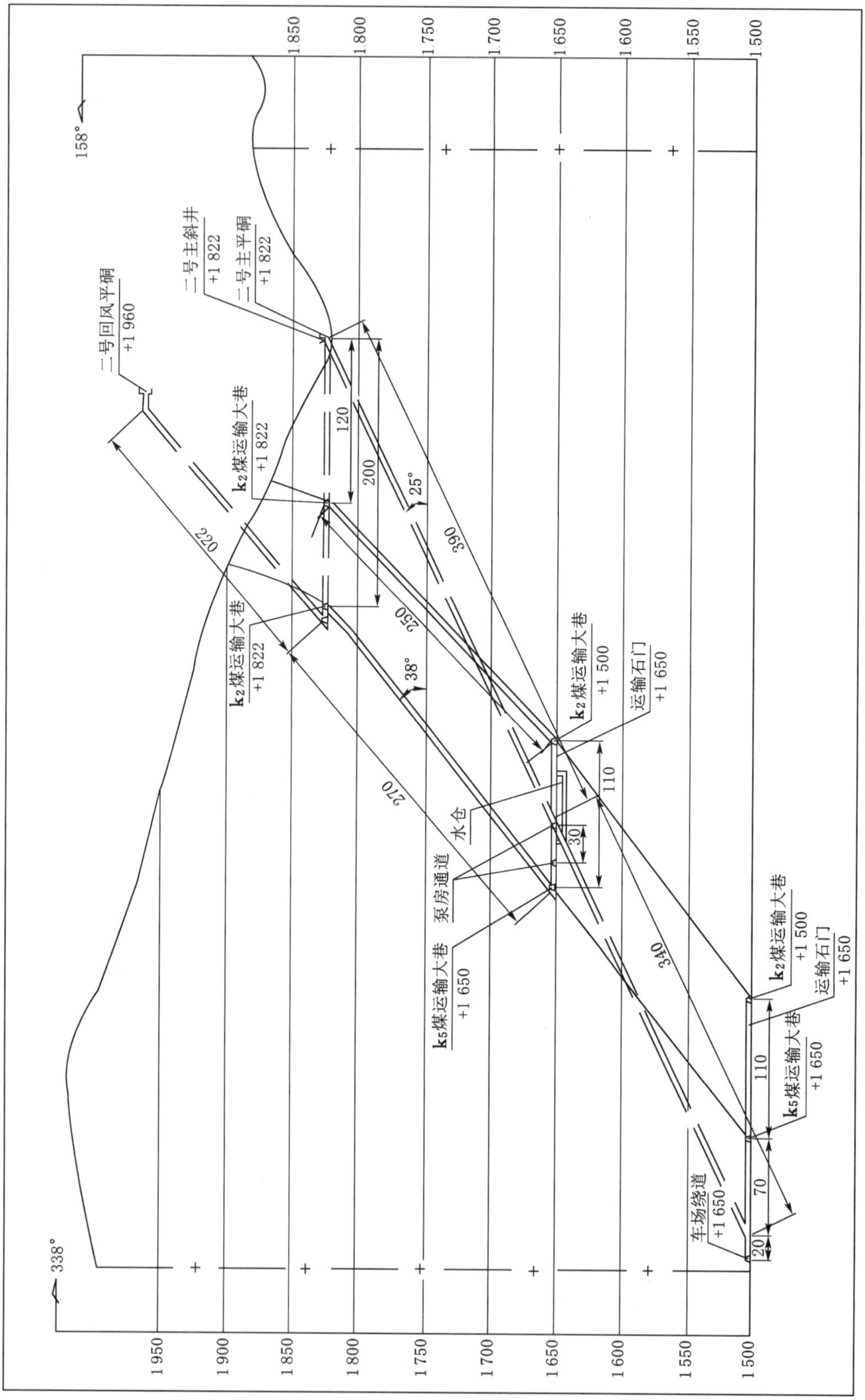

图 5-2 某矿井开拓方式剖面图（单位：m）

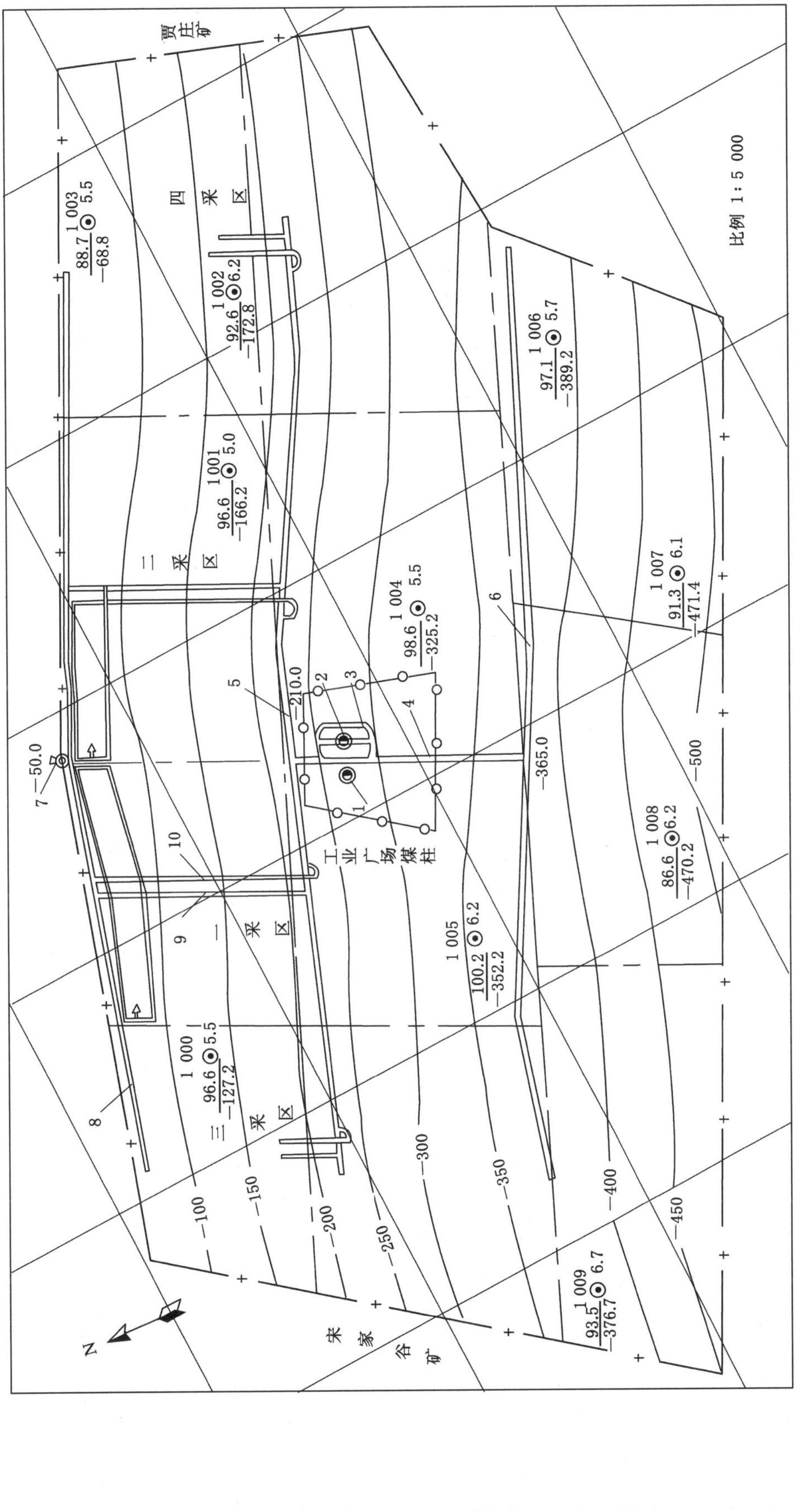

1—主井；2—副井；3—井底车场；4—主石门；5—−210 m水平大巷；6—−365 m水平大巷；7—回风井；8—总回风巷；9—带式输送机上山；10—轨道上山。

图 5-3　某矿井立井多水平开拓方式平面图

(3) 井田内阶段的划分,阶段的范围,开采水平的数目、标高,井底车场的形式、位置,主要大巷的方位、层位、坡度、标高及长度。

(4) 采区划分,井田开采顺序,采区范围及采区上(下)山位置,首采区及首采工作面的位置,采区资源/储量,服务年限及采区接替。

(5) 地面建筑、水体、铁路、重要公路的位置及保护煤柱范围、尺寸,钻孔的位置、编号,见煤钻孔的地面标高,煤层底板标高和煤层厚度。

(6) 井田的四邻关系及井田边界以外 100 m 内邻矿的采掘情况。

二、井田开拓方式图的用途

井田开拓方式图主要用途有以下几个方面:

(1) 了解井筒的位置、形式及数目,主要开拓巷道的布局,阶段的划分,阶段内的布置形式,开采水平的设置,矿井的开采顺序及生产系统。

(2) 进行井巷工程单项施工设计、采区及矿井延深设计等。

(3) 识读、度量巷道长度,进行井巷工程量计算,确定井巷工程材料用量、初期投资费用及建井工期。

(4) 进行生产经营费(巷道维护费、运输费、通风费和排水费等)预算及吨煤成本估算。

(5) 根据矿井开采顺序,制订采区接替、矿井延深计划。

(6) 根据井田开拓方式图,绘制其他矿图,如采区巷道布置图、水平主要巷道平面图、采区车场图、计划图和矿井生产系统图等。

(7) 分析井田开发方案的科学性、合理性及安全性。

三、井田开拓方式图的识读方法及要点

为了能快速清晰识读井田开拓方式图,应按以下顺序识读:

(1) 看图名、坐标、方位和比例尺。图名反映了图件的主要内容,坐标和方位说明了井田的地理位置,比例尺表示图形的实际缩小程度和井田开拓方式图的精度。

(2) 从整体到局部识读井田范围、煤层产状及主要地质构造。在井田开拓方式图上,首先应对井田的范围、煤层产状及主要地质构造有一个大概了解,然后按比例度量或根据井田边界拐点处的坐标计算井田最大、最小、平均走向长度以及井田最大、最小、平均倾斜宽度;根据煤层底板等高线分析井田内煤层各区域的走向、倾向及最大、最小、平均倾角;根据煤层底板等高线及地质符号分析走向、倾向,斜交断层的倾角、落差,褶曲的形态、轴线,火成岩侵入区域,陷落柱范围等。

(3) 从倾斜到走向识读井田的划分方式、水平的设置。首先看井田沿倾斜方向划分阶段的数目、边界位置、竖直高度及开采水平的数目、服务范围、水平的高度,然后看各阶段沿走向划分采区(或盘区、带区)的数目、采区的边界、采区的走向长度、采区范围。

(4) 从地面到井下分析井巷的位置。首先看井筒的形式、数目、位置,井口的坐标,井口、井底的标高,井筒的长(深)度,井筒的方位角、角度;其次看井底车场的形式、位置,大巷的方位,所处的层位、坡度、标高。

(5) 从局部到整体弄清井田的开采顺序、全矿井生产系统。首先搞清楚首采区的位置、阶段内采区的开采顺序、阶段之间的开采顺序、煤层间的开采顺序,然后分析采区、水平及矿井的巷道布置,了解全矿井的提升、运煤、运料、排水、供电及通风等生产系统。

总之,在识读井田开拓方式图时,首先要根据煤层底板等高线及有关地质符号等弄清煤层的产状及井田内主要地质构造情况；然后从倾斜到走向，从地面到井下，平剖结合，搞清井田的开拓方式、阶段划分、水平设置；最后从局部到整体识读全矿井的开采顺序及生产系统。

例如，图 5-3 所示为某矿井田开拓方式平面图，比例尺为 1∶5 000，箭头为指北方向。井田内地质构造简单，煤层赋存稳定，煤层走向大致为 120°，倾向为 210°，煤层厚度平均为 5.6 m。该井田采用立井多水平开拓方式，划分为 3 个阶段，阶段垂高分别为 160 m、155 m、135 m。设立两个开采水平，水平标高分别为－210 m、－365 m，回风巷水平标高为－50 m。第一、第二阶段各划分 4 个采区，第三阶段划分为 3 个采区。井田内开采顺序自上而下，从井田中央向井田边界开采，两个采区同时生产。

任务实施

针对某矿井田开拓方式平面图，对其进行识读并写出识读报告。要求写出井田范围(走向、倾斜长度及井田面积)、煤层产状及地质构造，井筒形式、数目及位置，水平标高，生产系统及开采顺序等。

思考与练习

1. 井田开拓方式图主要反映哪些内容？

2. 简述井田开拓方式图识读顺序。

任务二　采区巷道布置图

【知识要点】　采区巷道布置图的概念、分类、图示内容及用途；采区巷道布置图绘制方法；采区巷道布置图识读方法及要点。

【技能目标】　能够清晰准确识读采区巷道布置图，并能对采区巷道布置图进行使用及绘制。

【思政目标】　能够独立应用采区巷道布置图的识读技能，培养学习的使命感与责任感。

任务导入

采区巷道布置图是采区设计的主要内容之一，是采区方案设计的具体体现，是了解采区地质、巷道布置，分析和解决生产问题的重要工具。学习本任务应了解采区巷道布置图的概念、分类；熟悉采区巷道布置图的图示内容及用途；掌握采区巷道布置图绘制方法及识读方法。

任务分析

采区巷道布置是否合理，直接影响采煤工作面、采区以及矿井的生产效果。因此，作为煤矿生产工程技术人员或管理人员，必须掌握以下知识：

(1) 采区巷道布置图的概念、分类、图示内容。

(2) 采区巷道布置图的用途。

(3) 采区巷道布置图绘制方法。

(4) 采区巷道布置图识读方法及要点。

相关知识

一、采区巷道布置图的概念、分类、图示内容

(一) 概念

采区巷道布置图是根据采区地质条件、煤层赋存条件、开采技术条件、装备条件、采区设计生产能力等因素,将经多方案比较设计的采区巷道系统,用正投影原理按一定比例绘制出来的设计图件。

正确、合理的采区巷道布置,应做到技术上优越,经济上合理,安全生产条件好,有利于集中生产,为新技术、新设备、新方法的推广和使用创造良好的条件。应尽可能简化巷道系统,减少生产环节,减少煤炭损失,提高采区采出率,降低生产经营成本和提高生产效益。

采区巷道布置图常用的比例尺为 1∶1 000 和 1∶2 000。

(二) 分类

按照投影面的不同,采区巷道布置图有以下几种:

(1) 采区巷道布置平面图。它是采用正投影原理把采区巷道投影在水平面上,并按一定比例绘制出的图件,在煤矿开采中被广泛使用。

(2) 采区巷道布置立面图。它是采用正投影原理将采区巷道布置投影到竖直面上绘制出的图件,在开采急斜煤层时被普遍使用。

(3) 采区巷道布置层面图。它是将采(盘)区巷道布置投影到与煤层平行的平面上绘制出的图件,在开采近水平煤层时经常被使用。

(4) 采区巷道布置剖面图。它是沿采区主要巷道剖面绘制的图件。该图件常结合上述三种图件使用,一般不单独使用。

为了准确地反映采区巷道布置的空间位置关系,一般同时绘制采区巷道布置平面图和采区巷道布置剖面图。一般情况下平面图和剖面图采用相同比例绘制,通常绘制在一张图上,也可分别绘制在两张图上。

图 5-4 为某煤矿采区巷道布置平面图,图 5-5 为某煤矿盘区巷道布置平面图。

(三) 图示内容

采区巷道布置图主要反映以下内容:

(1) 采区范围、采区边界线以及采区边界煤柱尺寸。

(2) 采区煤层底板等高线、主要地质构造及钻孔情况。

(3) 区段划分方式、采区巷道布置形式,包括采区上(下)山的数量、位置,采区硐室的形态、位置,区段数量、倾斜长度,区段巷道的布置形式,各种巷道之间的联系方式及区段、采区上(下)山、断层、大巷等保护煤柱尺寸。

(4) 采区各种地质构造、老窑破坏区的位置和范围。

(5) 地面建筑物、铁路、主要公路、水体的位置、范围及保护煤柱尺寸。

(6) 采掘工作面布置及相关关系。

(7) 采区生产系统。

1—1550运输大巷；2—1675回风大巷；3—运输上山；4—专用回风上山；5—轨道上山；6—采区进风石门；7—采区回风石门；8—绞车房；9—采区变电所；10—区段溜煤眼；11—采区煤仓；12—区段回风巷；13—区段运输巷；14，15—掘进工作面。

图 5-4　某煤矿采区巷道布置平面图

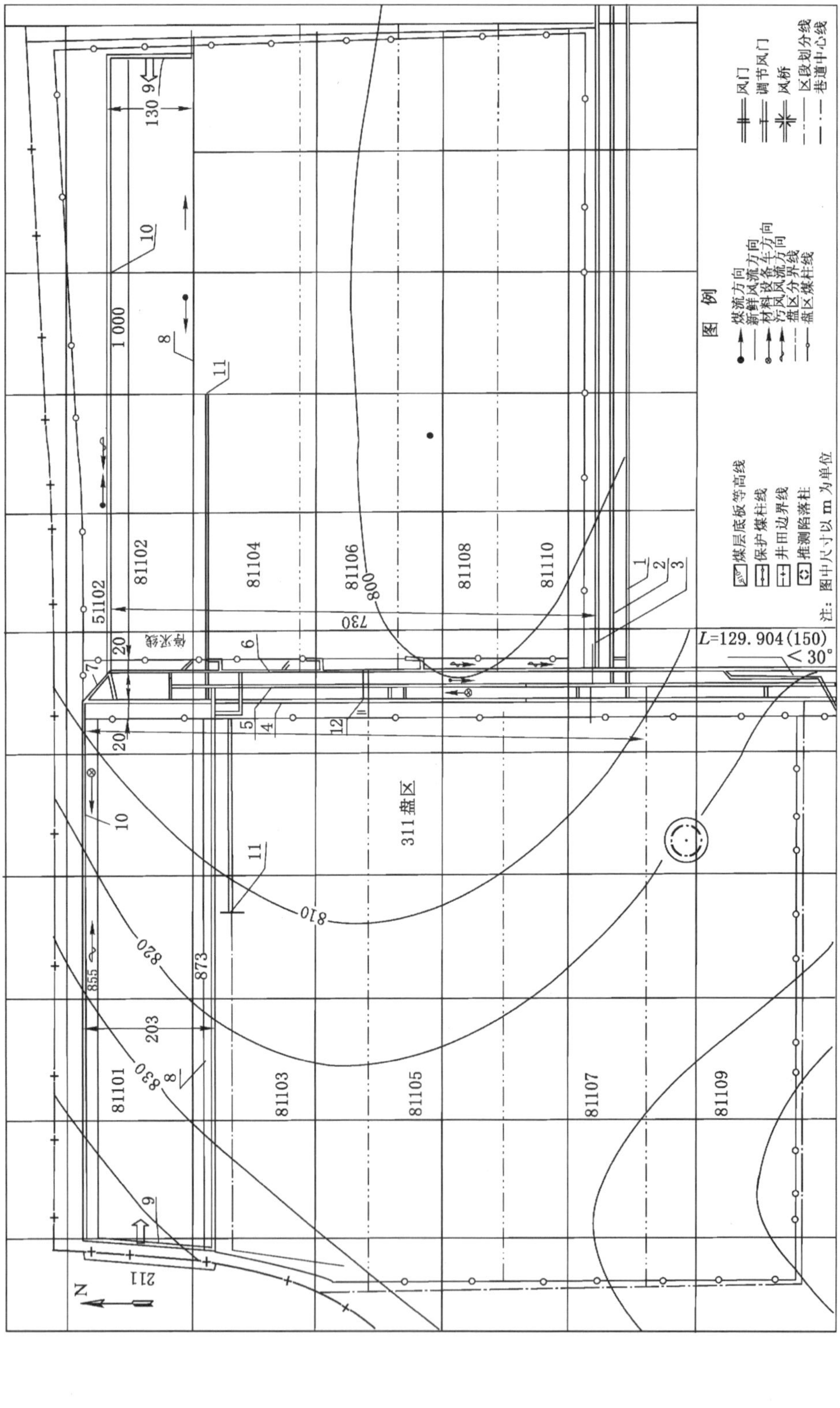

1—轨道运输大巷；2—带式输送机大巷；3—总回风巷；4—盘区轨道巷；5—盘区带式输送机巷；6—盘区回风巷；7—回风井；8—采煤工作面；9—采煤工作面运输巷；10—工作面回风巷；11—掘进工作面；12—盘区变电所。

图 5-5　某煤矿盘区巷道布置平面图

(8) 采区主要巷道尺寸。

二、采区巷道布置图的用途

采区巷道布置图的主要用途如下：

(1) 根据采区布置图进行采区巷道施工。

(2) 进行采区单向工程施工图设计。

(3) 计算采区资源/储量、基础储量、可采储量、设计损失量，确定采区采出率。

(4) 计算采区投产前的工程量，进行采区巷道掘进费用、维护费用及采区运输费用预算。

(5) 进行采区生产的风量计算与分配。

(6) 绘制其他采区图。

三、采区巷道布置图的绘制方法

(一) 绘制的依据

为了能够正确地绘制采掘工程设计图并确保图纸质量，必须依据以下几个方面的资料：

(1) 采区地质报告

由地质部门所提供的精查地质报告是绘制采区巷道布置图最基础的资料。

(2) 采区地质图

采区各煤层底板等高线图、采区主要地质剖面图、采区煤岩层综合柱状图是绘制采区巷道布置图的基础图纸资料。

(3) 矿井的开拓方式图及矿井的生产能力

根据矿井开拓方式图可确定采区的划分方式和采区的范围；根据矿井的生产能力和煤层的赋存情况可确定采区的采煤工艺和生产能力。

(4)《煤矿安全规程》《煤炭工业矿井设计规范》和其他有关法律法规(略)

(二) 绘制方法和步骤

(1) 绘制采区边界线，留设采区边界煤柱。根据所圈定的采区范围，用采区边界线专用符号、煤柱线专用符号绘出采区边界线和采区边界煤柱线。

(2) 绘制出运输大巷和总回风巷。根据井田开拓方式图绘出与采区有关的运输大巷、总回风巷，明确大巷、总回风巷的具体位置，标明大巷底板标高。

(3) 区段划分和采准巷道布置。根据采区设计方案，进行区段划分，确定区段的数目、区段倾斜长度，并在采区巷道布置图上用双点画线绘出区段间的分界线；绘出采区上(下)山、区段巷道；绘出采区上部、中部、下部车场，各种联络巷道及硐室。

(4) 标明通风构筑物。在采区巷道布置图上适当的位置，采用规定符号绘出风门、风桥、调节风窗、密闭等通风构筑物，标明新鲜风流、乏风路线。

(5) 绘制主要位置剖面图。采区主要位置剖面图即沿采区主要上(下)山或盘区上(下)山巷道绘制的剖面图。首先根据采区地质说明书、采区煤层底板等高线图、采区煤层综合柱状图，搞清煤层厚度、煤层群之间的层间距、煤层顶底板岩性和厚度、煤层倾角等，然后在采区巷道布置平面图上标出剖面位置，对照采区巷道布置平面图，绘制出采区主要巷道剖面图。

(6) 采区标注。为了直观地反映采区主要技术参数及巷道布置情况，在采区巷道布置平、剖面图上，应注明采区内有关尺寸、巷道名称及采煤工作面等。

① 采区内有关尺寸有：采煤工作面的长度和推进长度，采区边界煤柱、区段煤柱、采区上(下)山之间煤柱及井上下其他保护煤柱尺寸，采区进风石门和回风石门的长度及标高。

② 巷道名称有：与采区连接的主要运输大巷、总回风巷、石门名称，采区上（下）山名称，采区上部、中部、下部车场名称，采区内各种联络巷道及硐室名称，区段巷道名称或编号。

③ 标注采区内各采煤工作面编号、首采工作面位置。

（7）编绘图例及说明。采区平、剖面图主要内容绘完后，应绘图例及说明部分。图例应尽量采用采矿、地质、测量中规定的标注符号。说明部分主要包括图件设计依据、采区的主要采煤工艺、生产能力及尺寸标注的单位等。说明要做到文字精练，简明扼要。通常说明和图例部分布置在图件的右侧或下方适当位置。

四、采区巷道布置图的识读方法及要点

（1）看图名、坐标、方位和比例尺。

（2）看采区的范围、边界，采区内煤层产状特征及主要地质构造情况。

（3）识读采区内的划分方式、区段的数目和斜长。

（4）识读采区主要巷道的布置方式。首先识读采区上（下）山的数量、位置，区段巷道的布置方式，上部、中部、下部车场的形式、位置，然后搞清各区段巷道与采区上（下）山之间的联系方式，运输大巷、总回风巷的位置以及与采区上（下）山的联系方式。

（5）识读生产系统。在采区巷道布置图上，应形成独立的生产系统。在搞清运煤、运料、通风系统后，其他系统也就自然好识读了。在识读时，应按从里向外或从外向里的顺序识别。

（6）平、剖面图对照识读。首先在平面图上找出剖面位置，然后在剖面图上对应位置找出所需识读的巷道，这样就容易搞清巷道的空间位置及联系方式了。

总之，在识读采区巷道布置图时，应首先搞清采区的范围、采区内煤层赋存及地质情况，然后把平面图与剖面图结合搞清采区内的划分方式、采区巷道布置形式及其联系方式，综合识读采区生产系统。

例如，设某煤矿某采区范围内有 3 层可采煤层，即 7、9 和 12 煤层。其中主采煤层为 9 煤层，最大厚度为 4.40 m，最小厚度为 1.40 m，平均厚度为 2.9 m；最大倾角为 17°，最小倾角为 11°，平均倾角为 14°。

该煤层伪顶和直接顶一般为黏土层，厚度为 3.0 m，局部为粉砂岩，厚度为 4.0 m；底板为细砂岩，局部为黏土岩，厚度为 2.5 m，顶板岩石坚固性好。9 煤层有自然发火倾向，瓦斯涌出量较小，含水性中等，局部较强。

图 5-6 是某学生绘制的该采区的巷道布置平面图和剖面图。该图把采区巷道布置平面图和剖面图安排在一张图纸上，相互对照，能更好地体现各种巷道的空间位置关系。

任务实施

根据某矿采区巷道布置图，对其进行识读并写出识读报告，并说明该采区巷道布置的特点。

思考与练习

1. 采区巷道布置图按照投影面的不同分为哪几种？
2. 简述采区巷道布置图的主要用途。
3. 简述采区巷道布置图上采区标注内容。
4. 简述采区巷道布置图的识读方法。

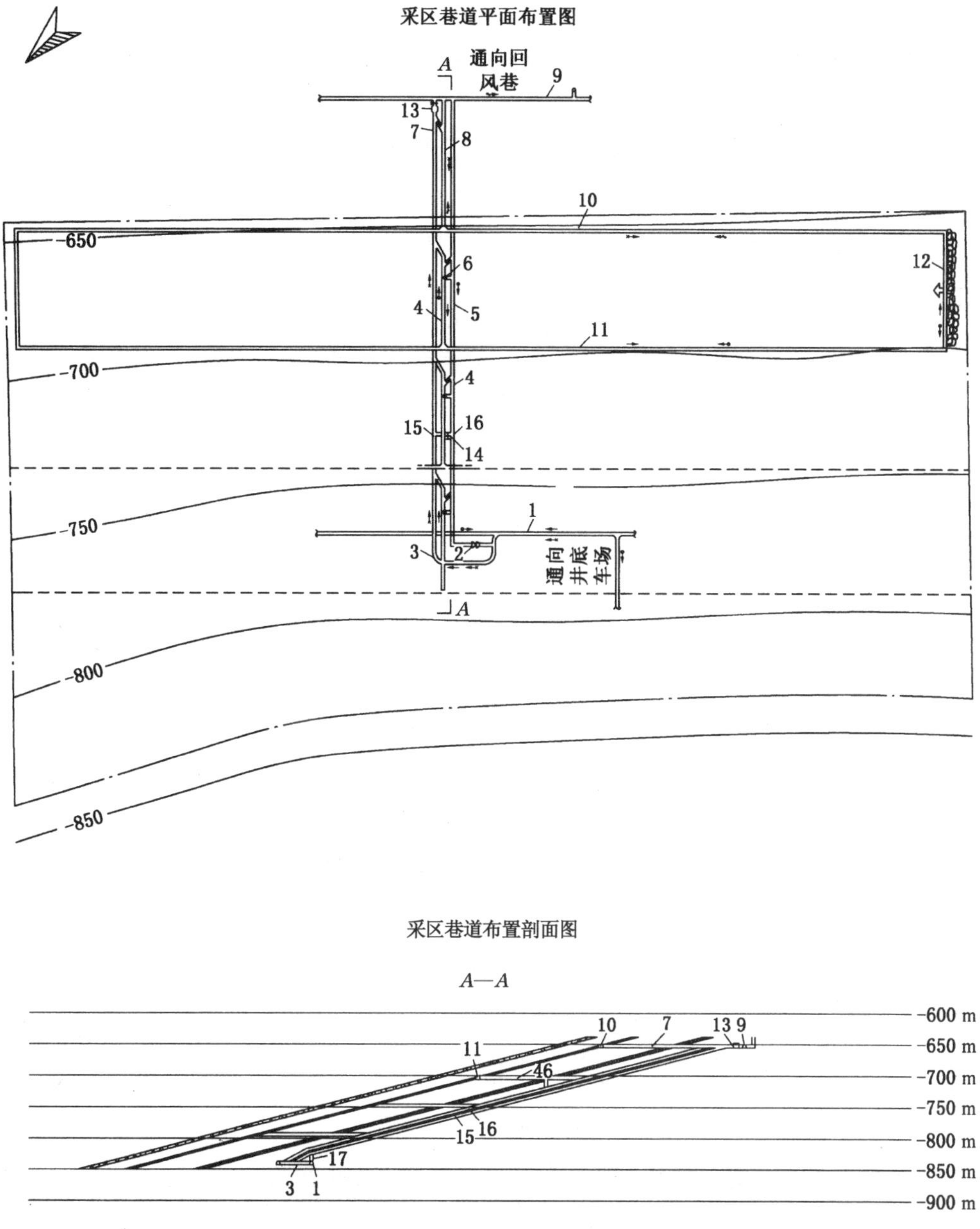

1	运输大巷	8	采区回风石门	15	轨道上山	××××学院××××系	
2	风门	9	回风大巷	16	运输上山	××××专业××级毕业设计	
3	采区下部车场	10	区段回风平巷	17	采区煤仓		
4	采区中部车场	11	区段运输平巷	→	进风路线	比例	××矿采区巷道平、剖面布置图
5	联络石门	12	工作面	←–	回风路线	1:2 000	
6	溜煤眼	13	绞车房	•–	运煤路线	设计人	完成日期
7	采区上部车场	14	变电站	→–	运料路线	指导教师	评阅日期

图 5-6　某采区巷道布置平面图和剖面图

任务三　采煤工作面布置图

【知识要点】 采煤工作面布置图的概念、图示内容；采煤工作面布置图的绘制方法。

【技能目标】 能够清晰准确地确定工作面布置图图示主要内容；能绘制采煤工作面布置图。

【思政目标】 强化突破陈规、敢于创造的思想观念，努力将改革创新放在学习和工作的重要位置。

任务导入

煤矿生产中，采煤工作面布置图是最基本图件，是综合反映采煤工作面正常生产时采、装、运、支、回等设备布置的设计图件。本任务主要是了解采煤工作面布置图的概念，熟悉采煤工作面布置图的图示主要内容，掌握采煤工作面布置图的绘制方法。

任务分析

煤矿生产中，采煤工作面布置图是采煤工作面验收和技术管理的主要依据，因此，在采煤工艺设计和编制采煤工作面作业规程时，都必须绘制采煤工作面布置图。作为煤矿生产工程技术人员或管理人员，应掌握采煤工作面布置图图示主要内容及绘制方法。

相关知识

一、采煤工作面布置图的概念

采煤工作面布置图也称采煤工作面回采工艺图或采煤方法图。它能综合反映采煤工作面正常生产时采、装、运、支、回等设备布置的基本情况，也能反映采煤工作面最大控顶距和最小控顶距时的断面特征。在采煤工艺设计和编制采煤工作面作业规程时，都必须绘制采煤工作面布置图。

采煤工作面布置图常用的比例尺为 1∶50、1∶100、1∶200。

二、采煤工作面布置图的主要内容

(1) 采煤工作面的布置形式及长度。

(2) 煤层的厚度及采高。

(3) 最大控顶距、最小控顶距、端面距。

(4) 采煤工作面的支护及参数。包括采煤工作面支架的形式、种类、布置方式、数目，支柱的排间距、柱间距和顶梁的长度；上端头、下端头及安全出口处特种支架的布置及参数；采煤工作面运输巷、回风巷的超前支护、支护方式及参数。

(5) 采煤工作面采煤、运输方式及相关机械设备的型号、数目、工作空间位置及工作方式。

(6) 采煤工作面循环图表、劳动组织表及主要技术经济指标表。

三、采煤工作面布置图示例

(一) 炮采工作面布置图

图 5-7 为某矿炮采工作面布置图，该工作面采用走向长壁全部垮落采煤法，采高为 1.55 m，工作面长度为 70 m，走向推进长度为 460 m。

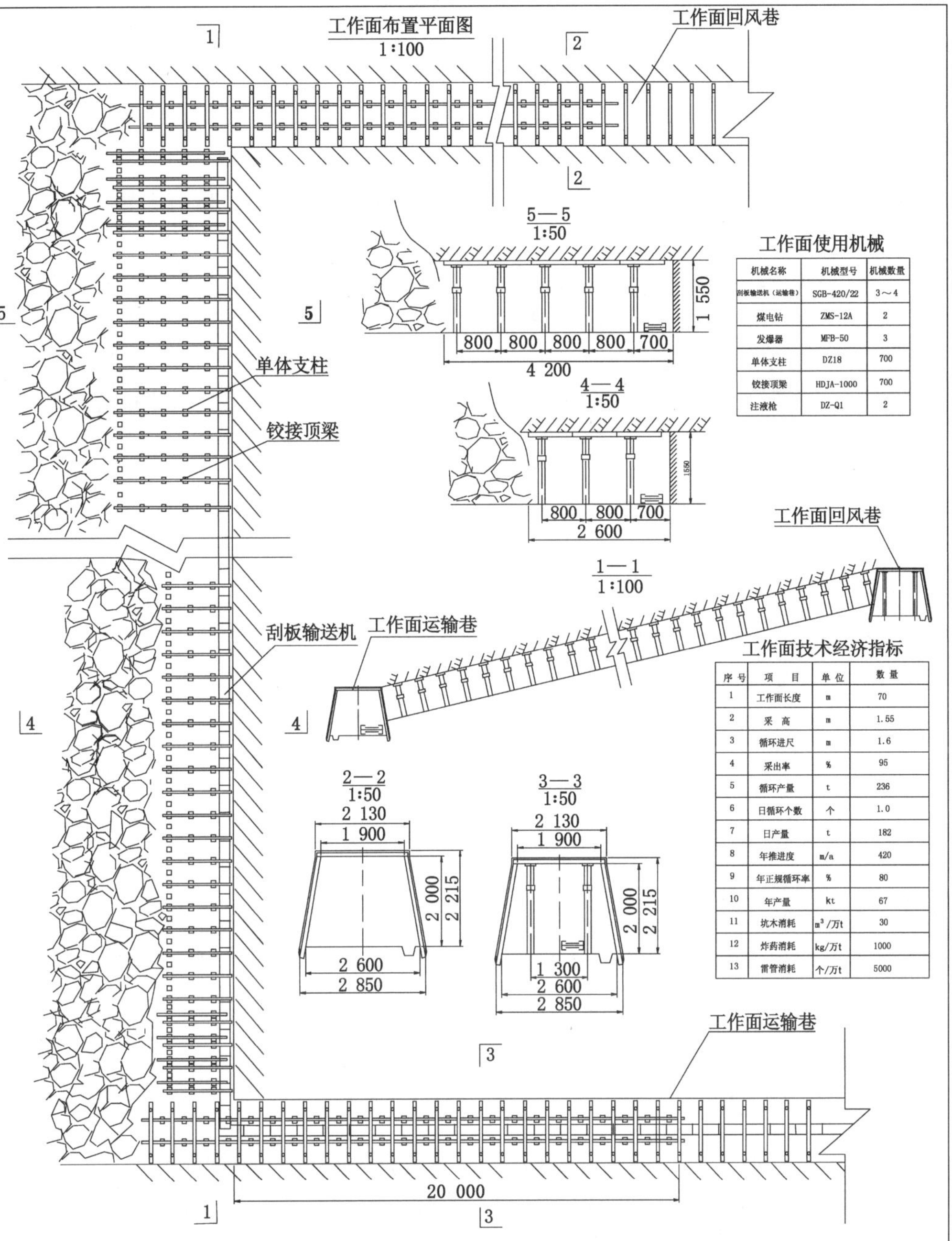

工作面使用机械

机械名称	机械型号	机械数量
刮板输送机（运输巷）	SGB-420/22	3～4
煤电钻	ZMS-12A	2
发爆器	MFB-50	3
单体支柱	DZ18	700
铰接顶梁	HDJA-1000	700
注液枪	DZ-Q1	2

工作面技术经济指标

序号	项目	单位	数量
1	工作面长度	m	70
2	采高	m	1.55
3	循环进尺	m	1.6
4	采出率	%	95
5	循环产量	t	236
6	日循环个数	个	1.0
7	日产量	t	182
8	年推进度	m/a	420
9	年正规循环率	%	80
10	年产量	kt	67
11	坑木消耗	m^3/万t	30
12	炸药消耗	kg/万t	1000
13	雷管消耗	个/万t	5000

炮采工作面循环图表

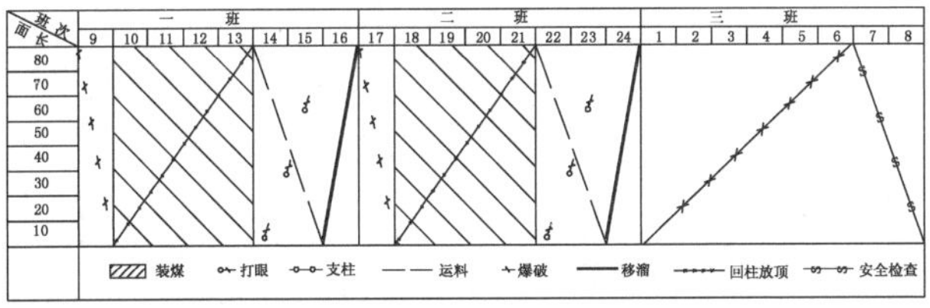

说明：

1. 本图为 C_5 煤层采煤工作面布置标准图，采煤方法为走向壁式采煤法，爆破落煤，全部垮落法管理顶板。
2. 本图单位以 mm 计。

图 5-7 某炮采工作面布置图

工作面使用DZ18型单体液压支柱和HDJA型金属铰接顶梁进行支护，三、五排控顶，最大控顶距为4.2 m，最小控顶距为2.6 m，梁端距为0.2 m。工作面采用正悬臂齐梁直线柱布置，排距为0.8 m，柱间距为0.7 m，铰接顶梁长为0.8 m。机头、机尾使用2.6 m长工字钢各8根，即“四对八梁”作为端头支护。工作面循环进尺为0.8 m。采煤工作面落煤后，边挂金属铰接顶梁，边移输送机、支柱。

工作面上下平巷采用工字钢棚子进行支护，棚间距为1.0 m，超前工作面20 m范围内采用加强支护，采用两排单体支柱进行加强支护。

（二）普通机械化采煤工作面布置图

图5-8为某普采工作面布置图，该工作面长度为152 m，工作面采高为2.0 m。工作面采用滚筒采煤机采煤，顶板管理采用单体液压支柱支护和切顶支柱放顶，采用全部垮落法管理顶板，最大控顶距为4.15 m最小控顶距为3.15 m。工作面采用“三、四排管理”，即最大控顶距采用四排支柱，最小控顶距采用三排支柱。放顶步距、循环进尺均为1.0 m。工作面单体支柱排距为1.0 m，柱距为0.6 m。上、下端头采用单体液压支柱加工字钢长梁支护形式，即“四对八梁”支护，梁长为2.6 m。运输巷和回风巷采用单体液压支柱加铰接顶梁支护形式，加强支护段长均不小于30 m。

采煤机进刀方式采用人工开切口直接推入法进刀，上、下切口长度均为4 m，宽度为0.8 m。割煤方式采用双向割煤往返进两刀，采煤机上行、下行均割煤。

工作面采用液压千斤顶推移输送机，每隔2 m设置一对千斤顶，两个千斤顶之间相距1 m。

（三）综合机械化采煤工作面布置图

图5-9为某综采工作面布置图，该图由一个层面图、两个剖面图和四个图表构成。工作面长度为152 m，煤层厚度为4.6～4.8 m，倾角平均为13°，煤层赋存稳定，结构简单，无夹石，煤质中硬，密度为1.4 t/m^3。直接顶为4～5 m厚灰黑色粉砂岩，节理发育，易垮落。基本顶为白色中粒砂岩，泥钙质胶结，厚度为8～11 m。直接底为0.5 m厚粉砂岩。

工作面采用单一走向长壁垮落采煤法，使用MXA-300/4.5型双滚筒采煤机，4.7 m一次采全高，双向割煤，往返一次进两刀，截深为0.6 m。使用SGZC-764/320型侧卸式双中心链刮板输送机运煤。

工作面布置BY3600-25/50型二柱掩护式液压支架102架，采用带压擦顶移架方式，最大控顶距为4.3 m，最小控顶距为3.7 m。由于采高大、煤层倾角偏大，在工作面头部、中部及尾部支架增设防滑、防倒装置。工作面上、下端头巷道末端，采用丛柱切顶挡矸，割煤后，工作面端头、端尾采用液压支架伸缩梁及护帮板作临时支护。工作面运输巷、回风巷超前20 m，采用QDZ-20/35型单体液压支柱配合铰接顶梁进行加强支护。运输巷平行巷道设三排，输送机侧两排之间间距为1.35 m，另一侧排间距为1.4 m，柱距为0.6 m；回风巷平行巷道设两排，排间距为1.4 m，柱距为0.6 m。

采煤工作面采用“三八制”作业方式，两班生产，一班检修，生产班出勤23人，检修班出勤26人，日出勤72人。生产班每班割三刀煤，每日进度为3.6 m，日产量为3 403 t，月进度为86.7 m，月产量为10.44万t。

四、采煤工作面布置图的绘制方法

采煤工作面布置图一般按层面图进行绘制，由一个层面图、两个剖面图及几个图表组

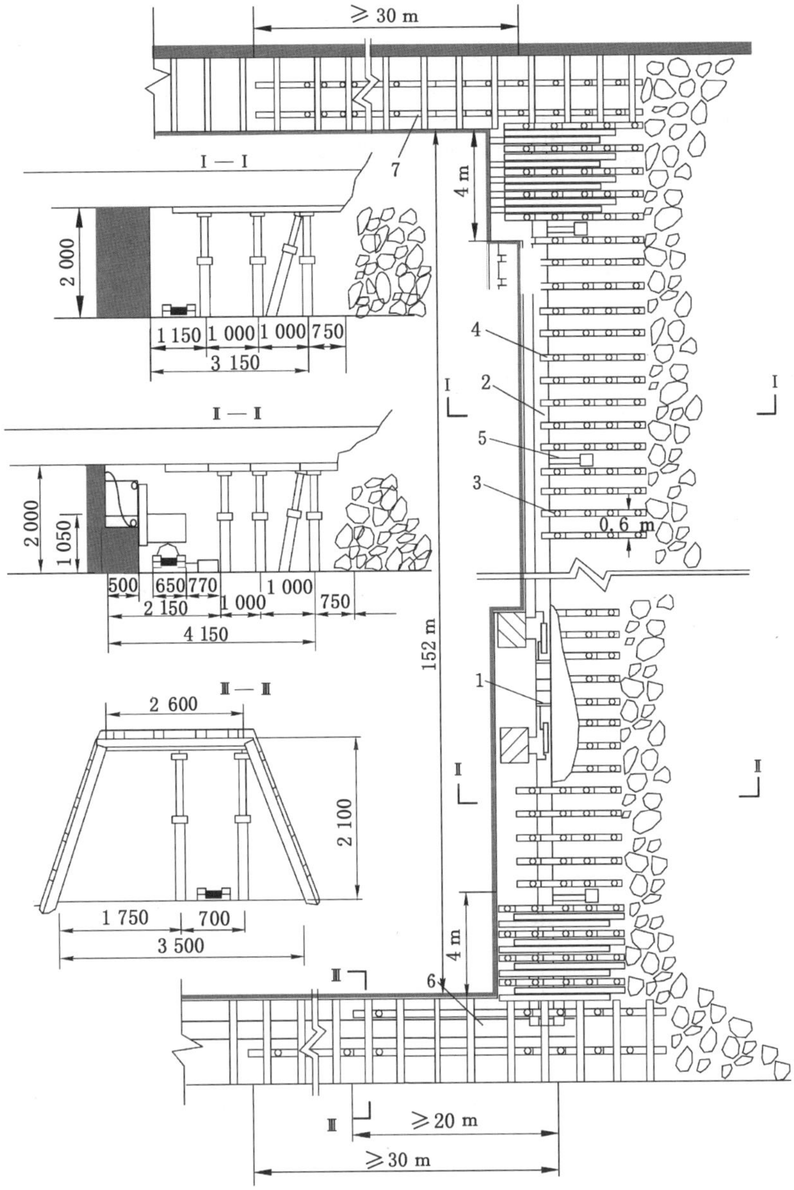

1—采煤机；2—工作面刮板运输机；3—单体液压支柱；4—铰接顶梁；5—推移输送机千斤顶；
6—平巷输送机；7—超前加强支护。

图 5-8 某普采工作面布置图

成。其绘制方法如下：

(1) 根据图幅尺寸及比例，将边框打好，标题栏绘出、填好。

(2) 布局图幅。为保证图件美观、比例适当及避免返工，需根据图纸大小及要反映的内容先确定层面图的位置及大小，然后根据剖面图的比例及数目，安排剖面图的位置区域，再将表的位置画出。

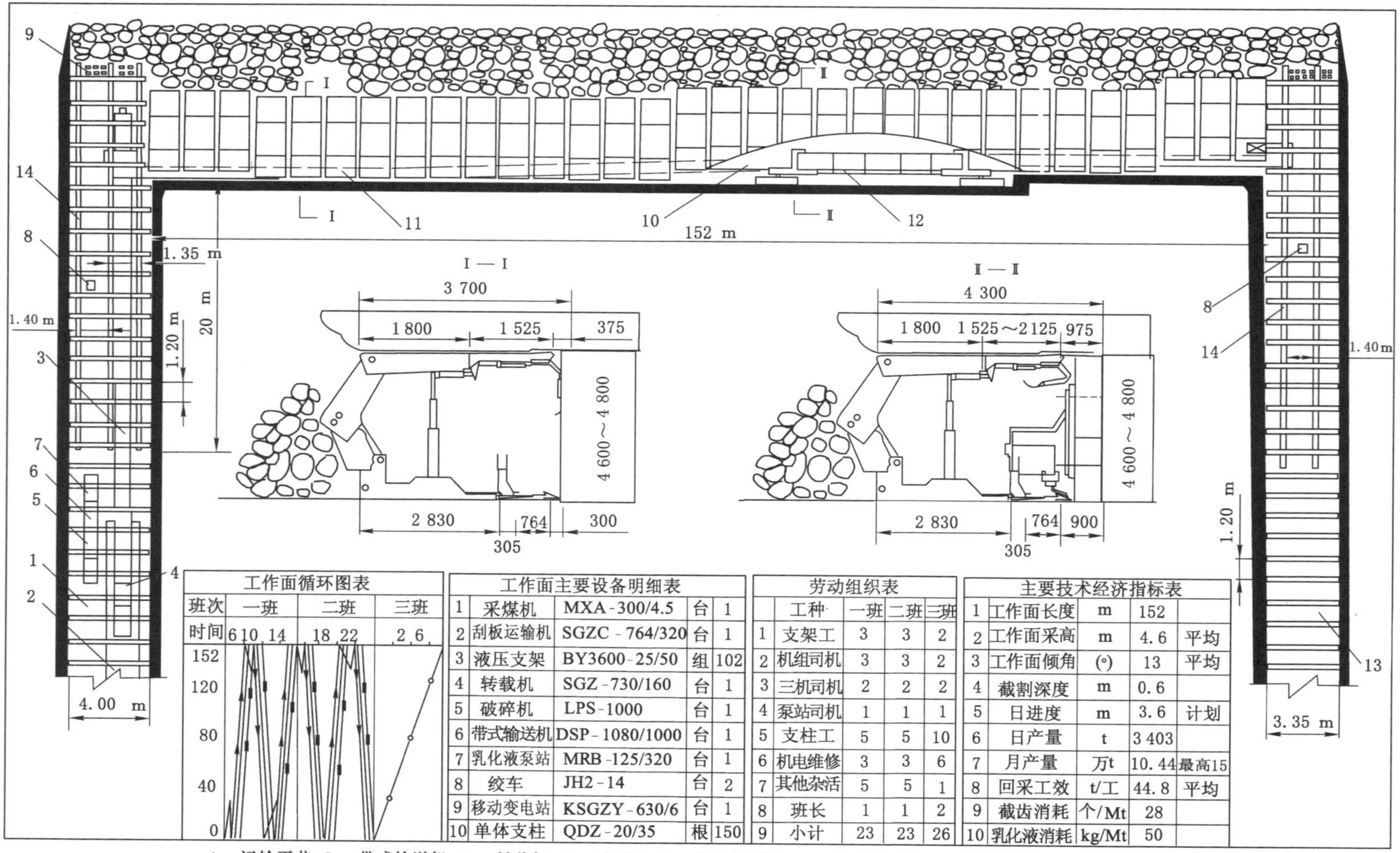

工作面循环图表			
班次	一班	二班	三班
时间	6 10 14	18 22	2 6
152			
120			
80			
40			
0			

工作面主要设备明细表				
1	采煤机	MXA-300/4.5	台	1
2	刮板运输机	SGZC-764/320	台	1
3	液压支架	BY3600-25/50	组	102
4	转载机	SGZ-730/160	台	1
5	破碎机	LPS-1000	台	1
6	带式输送机	DSP-1080/1000	台	1
7	乳化液泵站	MRB-125/320	台	1
8	绞车	JH2-14	台	2
9	移动变电站	KSGZY-630/6	台	1
10	单体支柱	QDZ-20/35	根	150

劳动组织表				
	工种	一班	二班	三班
1	支架工	3	3	2
2	机组司机	3	3	2
3	三机司机	2	2	2
4	泵站司机	1	1	1
5	支柱工	5	5	10
6	机电维修	3	3	6
7	其他杂活	5	5	1
8	班长	1	1	2
9	小计	23	23	26

主要技术经济指标表				
1	工作面长度	m	152	
2	工作面采高	m	4.6	平均
3	工作面倾角	(°)	13	平均
4	截割深度	m	0.6	
5	日进度	m	3.6	计划
6	日产量	t	3 403	
7	月产量	万t	10.44	最高15
8	回采工效	t/工	44.8	平均
9	截齿消耗	个/Mt	28	
10	乳化液消耗	kg/Mt	50	

1— 运输平巷；2— 带式输送机；3— 转载机；4— 破碎机；5— 乳化液泵站；6— 移动变电站；7— 磁力开关；8— 绞车；9— 丛柱；
10— 刮板运输机；11— 液压支架；12— 采煤机；13— 回风平巷；14— 超前支护。

图 5-9 某矿综采工作面布置图

(3) 绘制层面图。首先按比例绘制出采煤工作面长度，工作面运输巷、回风巷宽度及部分巷道长度，以反映巷道的设备布置及加强支护段的支护方式，若图幅有限，可在不重要的位置用断开线断开。再选择具有代表性的某时间内工作面的状态(如工作面在回柱过程中，工作面出现最大和最小控顶距时)，将支架、采煤机、刮板运输机等机械设备的外形轮廓尺寸按比例绘制在采煤工作面的相应位置上。最后将上、下端头和安全出口的支护形式，运输巷、回风巷的机电设备布置情况，原有的支护方式及加强支护形式绘制出来。

(4) 绘制剖面图。先在采煤工作面层面图上，沿采煤工作面最大控顶距和最小控顶距的位置分别作剖面线，标明剖切方向。然后按比例分别绘制出最大、最小控顶距剖面图。在剖面图上要按比例绘制出液压支架、采煤机、刮板运输机的位置及外形轮廓尺寸，采煤工作面煤层的厚度及采高、煤层顶底板及采空区矸石冒落情况。

为清楚地反映采煤工作面机械设备的外形尺寸及设备配套关系，采煤工作面剖面图采用的比例尺一般比采煤工作面层面图的大，常用比例尺有 1∶20、1∶25、1∶50。

(5) 绘制图表。按照采煤工作面的采煤系统与采煤工艺，绘制出采煤工作面作业循环图表、劳动组织表及主要技术经济指标表。

(6) 尺寸标注。在采煤工作面层面图上应标明工作面的长度，超前支护的距离，支柱的柱距，截深或循环进尺；上、下端头及安全出口的支护规格；采煤工作面运输巷、回风巷的支护规格，加强支护的支护规格；机采工作面还应标出上、下缺口的长度和深度等。在剖面图上应标明机电设备的外形尺寸，设备间的配套尺寸，最大、最小控顶距，排距，端面距，截割深度或循环进度，煤层厚度，采高等。

需要注意的是，采煤工作面布置图是一张反映工作面生产状况的动态图，不同时间工作面的形态、支架的布置、机械设备及工人操作的空间位置是不同的。在绘制时要选择同一时间的工作面情况，不能将不同时间内工作面的内容、支架布置情况、机械设备的相互位置绘在同一图上。同时，层面图、剖面图、循环作业图表及劳动组织表等，在空间上、时间上要对应一致。

任务实施

根据某矿采煤工作面布置图，对其进行识读并写出识读报告，并编制工作面作业循环图。

思考与练习

1. 采煤工作面的支护及参数主要包括哪些内容？
2. 简述采煤工作面布置图的主要内容。
3. 简述采煤工作面布置图的绘制方法。

项目六　采掘工程生产图

采掘工程生产图是生产单位在采掘工程设计图的基础上，根据地质资料和测量资料绘制的反映采掘工程实际情况的图件。采掘工程生产图不但能反映井下采掘工程、煤层产状和主要地质构造的情况，而且还能据此解决生产中的许多技术问题。因此，采掘工程生产图是煤矿生产建设必不可少的重要资料。

采掘工程生产图主要反映矿井采掘工程的成果和现状，是一种动态图。随着矿井采掘工程的进行，需按时间（逐旬或逐月）不断地进行测量、填绘、补充和修改图件内容。

采掘工程图是依据正投影原理绘制而成的。按其投影面的不同，煤矿生产中常用的采掘工程图可分为以下三类：

（1）采掘工程平面图，指采掘工程在水平面上的投影图，包括煤层采掘工程平面图、水平主要巷道平面图、井底车场平面图等。

（2）采掘工程立面图，指采掘工程在竖直面上的投影图。在急倾斜煤层中，常绘制采掘工程立面图。

（3）采掘工程层面图，指采掘工程在平行于煤层层面上的投影图，如采煤工作面布置图。

任务一　采掘工程平面图

【知识要点】 采掘工程平面图的概念、图示内容；采掘工程平面图的识读方法；采掘工程平面图的绘制方法；采掘工程平面图的应用。

【技能目标】 能够清晰准确识读采掘工程平面图；能够绘制采掘工程平面图。

【思政目标】 学习采掘工程平面图理论知识、绘图技能，培养耐心细致的工作作风、一丝不苟的工匠精神和遵守行业规范的科学态度，增强文化自信和民族自豪感。

任务导入

采掘工程平面图是煤矿企业生产、组织、管理中必不可少的主要图件之一。本任务主要是了解采掘工程平面图的概念、图示内容；掌握采掘工程平面图的识读方法、绘制方法及应用。

任务分析

采掘工程平面图是了解地质和采掘情况，分析和解决煤矿生产问题的重要工具。因此，作为煤矿生产工程技术人员或管理人员，必须掌握如下知识：

（1）采掘工程平面图的概念、图示内容及用途。

（2）采掘工程平面图的识读方法。

（3）采掘工程平面图的绘制方法。

(4) 采掘工程平面图的应用。

相关知识

一、采掘工程平面图的概念、图示内容

(一) 概念

采掘工程平面图是将开采煤层或开采分层内的实测地质情况和采掘工程情况,采用正投影的原理投影到水平面上,按一定比例绘制出的图件。采掘工程平面图是反映煤层内巷道布置和回采情况的图纸。如图 6-1 所示为某煤矿采掘工程立体示意图,图中表示了一些井巷和一个采区的采掘情况。图 6-2 为图 6-1 所示的采掘情况用正投影的方法,投影到水平面上,按比例绘出的采掘工程平面图,这张图是分煤层绘制的。目前生产矿井多按采区绘制,比例尺一般为 1∶1 000 和 1∶2 000。

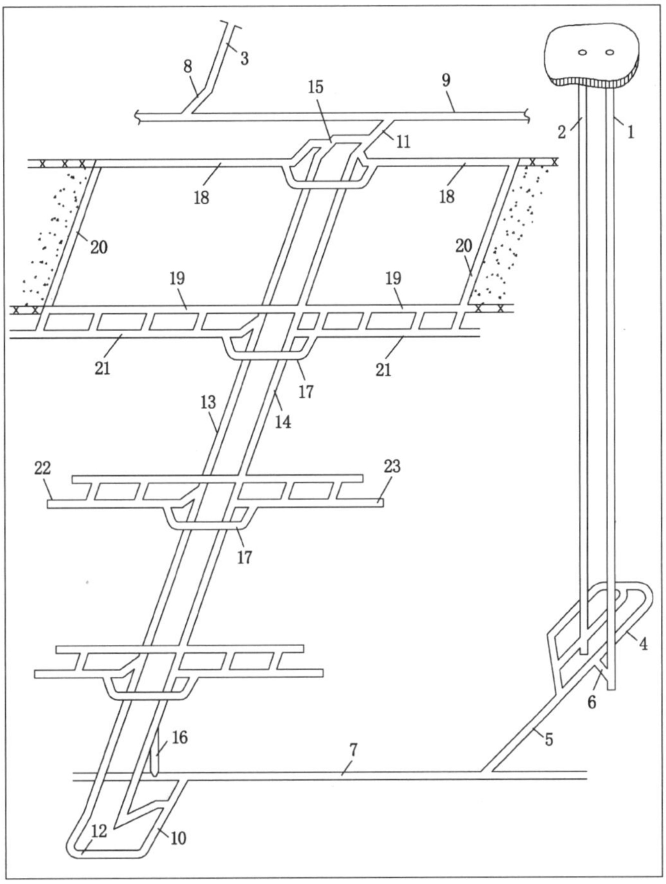

1—主立井;2—副立井;3—风井;4—井底车场;5—主石门(1950);6—井底煤仓;7—运输大巷(1950);8—主回风石门(2150);9—回风大巷(2150);10—采区进风石门(1950);11—采区回风石门(2150);12—采区下部车场;13—轨道上山;14—运输上山;15—采区上部车场;16—采区煤仓;17—中部车场绕道;18—区段回风巷;19—区段进风巷;20—工作面切眼;21—二区段回风巷;22、23—掘进迎头。

图 6-1　某煤矿采掘工程立体示意图

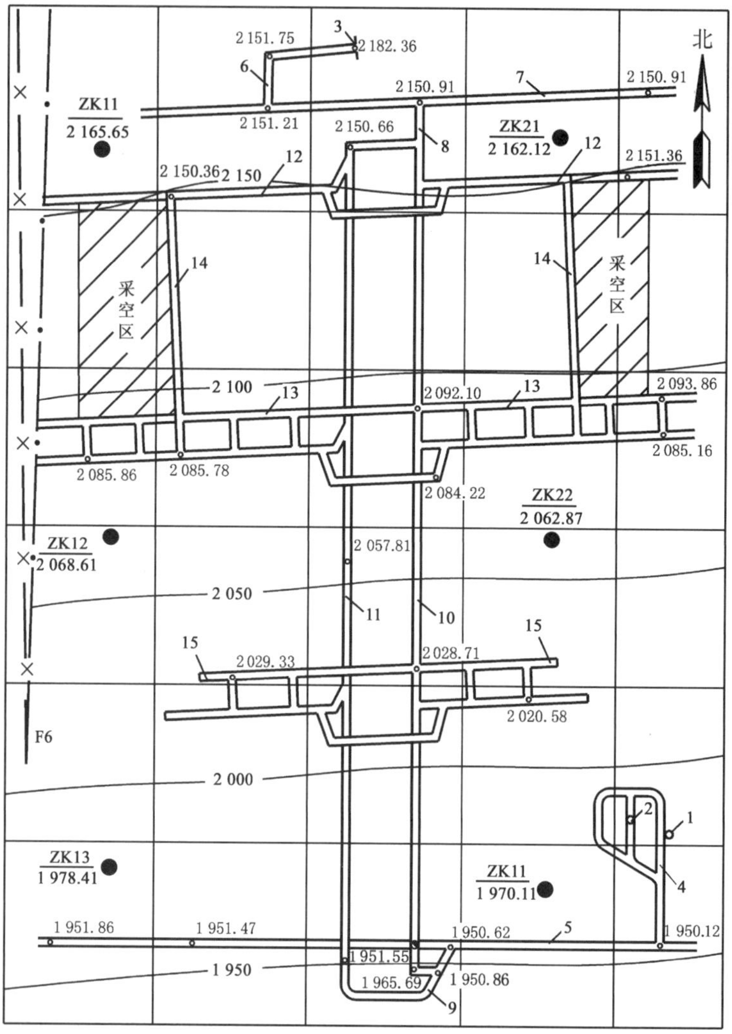

1—主立井；2—副立井；3—风井；4—井底车场；5—运输大巷(1950)；6—主回风石门(2150)；
7—回风大巷(2150)；8—采区回风石门(2150)；9—采区下部车场；10—运输上山；11—轨道上山；
12—区段回风巷；13—区段进风巷；14—工作面切眼；15—掘进迎头。

图 6-2　某煤矿采掘工程平面布置图

从采掘工程平面图上，可以了解煤层产状变化、地质构造特征以及煤层的采掘情况，也可以利用采掘工程平面图绘制其他矿图。因此，采掘工程平面图是煤矿企业生产、组织、管理中必不可少的主要图件之一。

(二) 图示内容

在采掘工程平面图上，主要反映以下内容：

(1) 井田或采区范围、技术边界线、保护煤柱范围、煤层底板等高线、煤层最小可采厚度等厚线、煤层露头线或风化带、较大断层层面线、向斜背斜轴线、煤层尖灭带、火成岩侵入区和陷落柱范围等。

(2) 本煤层内及与本煤层有关的所有井巷。其中主要巷道要注明名称、方位，斜巷要注明倾向、倾角，井筒要注明井口、井底标高，巷道交岔、变坡等特征点要注明轨面标高或底板标高。

(3) 采掘工作面位置。需注明采掘工作面名称或编号、采掘年月，并在适当位置注明煤层平均厚度、倾角，绘出煤层小柱状图。

(4) 井上、下钻孔、导线点、水准点位置和编号，钻孔还要注明地面、煤层的底板标高，煤层厚度，导线点、水准点要注明坐标、标高。

(5) 采煤区、采空区、丢煤区、报损区、老窑区、发火区、积水区、煤与瓦斯突出区的位置及范围。

(6) 地面建筑、水体、铁路及重要公路等位置、范围。

(7) 邻矿名称及井田边界以外 100 m 以内邻矿采掘工程和地质情况。

二、采掘工程平面图的识读方法及要点

(一) 识读方法

为了从地下开采煤炭，必须从地面向地下煤层开掘一系列的井巷，这些井巷按其用途可分为开拓巷道、准备巷道和回采巷道；按其空间形态可分为水平巷道、倾斜巷道和竖直巷道；按其在煤岩层的位置可分为煤层巷道、岩层巷道和煤岩层巷道。这些井巷有些是相交的，有些是相错的，有些又是平行的。这些不同形式的巷道分布在井下不同的空间位置上，就形成了一个纵横交错的巷道网。

识读采掘工程平面图，应具备判断巷道在空间的形态、位置和相互关系的基本知识。

1. 竖直巷道、倾斜巷道、水平巷道的识别

(1) 立井、暗立井等属于竖直巷道。图 6-3 表示一圆形断面的立井，图上方为立井纵剖面图，图下方为立井平面图。图中“一号井”为井名，+53.610 表示井口标高，−234.810 表示井底标高，箭头向里表示进风井（箭头向外表示出风井），两标高的差即立井的深度，$H=53.610-(-234.810)=288.420$ (m)。

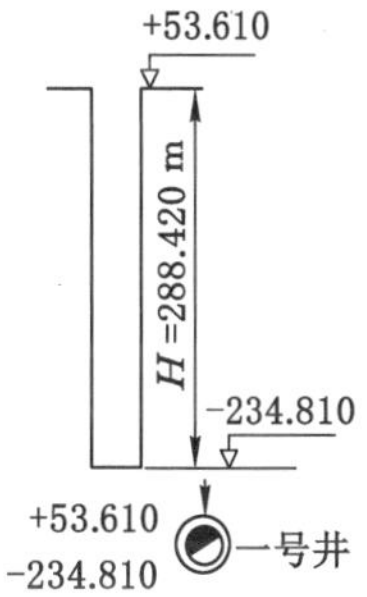

图 6-3　立井

在平面图上，钻孔和立井的符号相似，容易混淆，看图时要注意它们的区别。通常来说，在采掘工程平面图上，立井和井下巷道是联系在一起的，而钻孔是孤立的。图 6-4 为常见几种钻孔符号，图 6-4(a)所示为见煤钻孔（图中+43.5、−76.3 分别为钻孔的孔口和孔底标高，96-11 表示钻孔号，1.8 表示见煤厚度）；图 6-4(b)所示为无煤钻孔；图 6-4(c)所示为注浆钻孔。

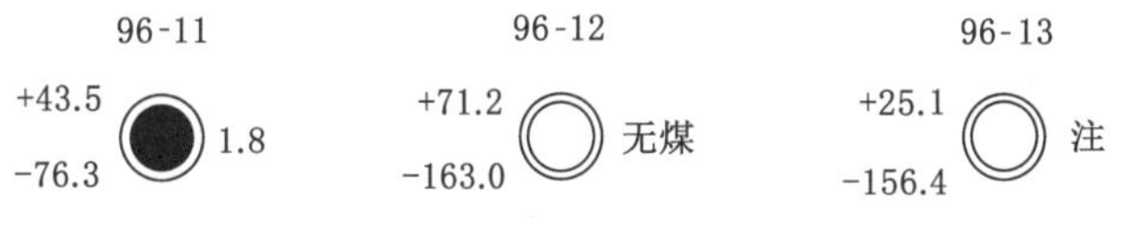

(a) 见煤钻孔　(b) 无煤钻孔　(c) 注浆钻孔

图 6-4　钻孔

(2) 斜井、暗斜井和上（下）山等巷道属于倾斜巷道，其特点是倾斜角度较大。平硐、石门、运输大巷、回风大巷、工作面运输巷等属于水平巷道。所谓水平巷道，并不是绝对的水平，为了运输和排水的需要，需有一定的坡度，一般为 3‰～5‰。

斜井和平硐在采掘工程平面图上都用专用符号来表示。井下其他巷道是倾斜巷道还是水平巷道的辨别方法，一是根据巷道名称判断，二是根据巷道底板标高来判断。如图 6-5 所示为某斜巷与平巷平面图，图 6-5(a)中注明了各巷道的名称，可以从所注明的"1"为上山来辨别该巷道为倾斜巷道，"2"和"3"为大巷可知这两条巷道为水平巷道。图 6-5(b)中并没有注明巷道的名称，但注明了巷道底板的标高数值，如果一条巷道中各点的标高数值相差较大，则可判定该巷道为倾斜巷道；如果一条巷道中各测点标高数值相差很小，则可判定该巷为水平巷道。图 6-5(b)中 C、D 两点标高数相值差很小，则可判定该巷道为水平巷道。

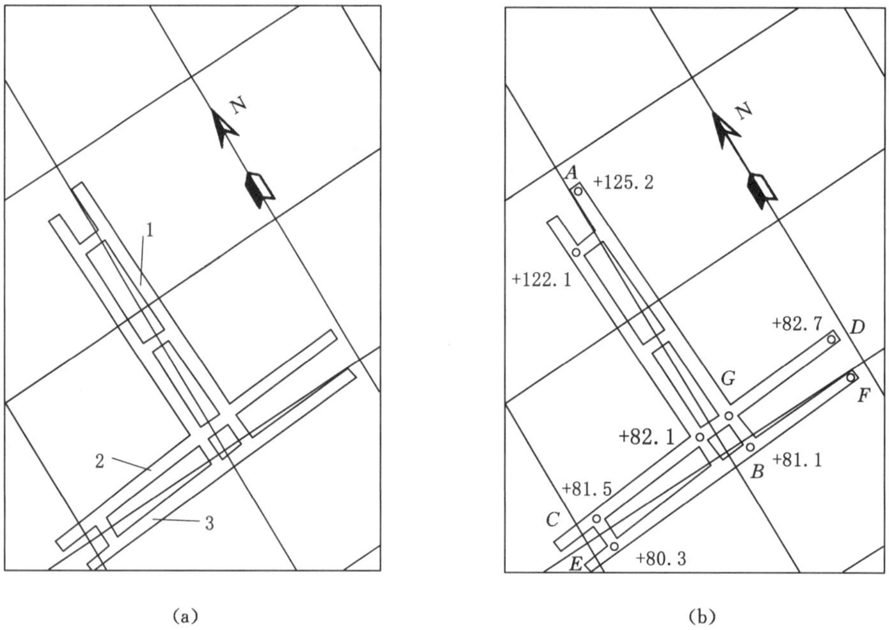

1—轨道上山；2—轨道大巷；3—运输大巷。

图 6-5　某斜巷与平巷平面图

2. 煤巷、岩巷的识别

巷道断面中，煤层占到 4/5 以上的巷道称为煤巷。这类巷道在采区中较多，如上(下)山、区段平巷、开切眼等。有时运输大巷、总回风巷也在煤层中开掘。巷道断面中，岩层占到 4/5 以上的巷道称为岩巷。这类巷道多为矿井的开拓巷道，如立井、斜井、平硐、主要石门、井底车场、主要运输大巷等。一些为厚煤层服务的上(下)山或区段集中平巷，有时也为岩巷。巷道断面中，岩层占到 1/5～4/5 的称为半煤岩巷。这类巷道是在薄煤层或中厚煤层开采中，采区上(下)山巷道、区段平巷在煤层中开掘断面高度不够时，视情况进行挑顶或卧底而掘成的巷道。

在采掘工程平面图上，一般可根据巷道名称来辨别是煤巷还是岩巷，如煤层上山、工作面运输平巷、开切眼等属于煤巷。主井、石门、井底车场、采区下部装车站等属于岩巷。有时可通过图例来识别煤、岩巷。但在多数情况下，为了准确识读煤、岩巷，还是应根据巷道标高和煤层底板标高来识别，有时还需考虑巷道的高度及煤层的厚度。在同一点上，巷道标高和煤层底板标高大致相同，则说明巷道是在煤层中开掘的。在掘进工作面中，煤层占 4/5 以上的巷道为煤巷，岩层占 4/5 以上的巷道为岩巷，煤层占 1/5 以上而小于 4/5 的为半煤岩巷。

图 6-6(a)所示为巷道在煤岩层中的位置立体示意图，图 6-6(b)为其相应的采掘工程平面图，在图中绘出了煤层底板等高线和巷道，并给出了巷道各关键点的标高。在＋215 m 高程的水平面上开水平巷道，*AB* 段平巷和煤层走向一致，其巷道标高大致和煤层底板标高大致相等，由此可以判断，该巷为一沿煤层走向开掘的煤层平巷；从 *B* 到 *E* 段平巷，其巷道标高逐渐低于相同点煤层底板标高，可以看出这段巷道为从煤层到底板岩层的一段石门；从 *A* 到 *C* 段平巷，其巷道标高逐渐高于相同点煤层底板标高，故该巷为一段从煤层到顶板岩层的石门；同理，*CD* 段巷道是在煤层顶板岩层内开掘的与煤层走向一致的岩石平巷。

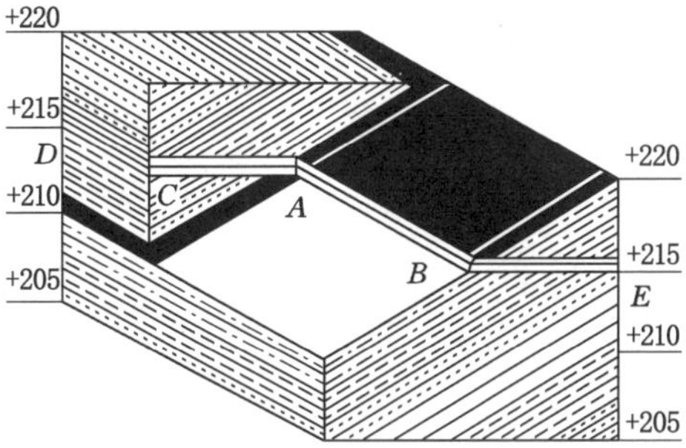

(a)

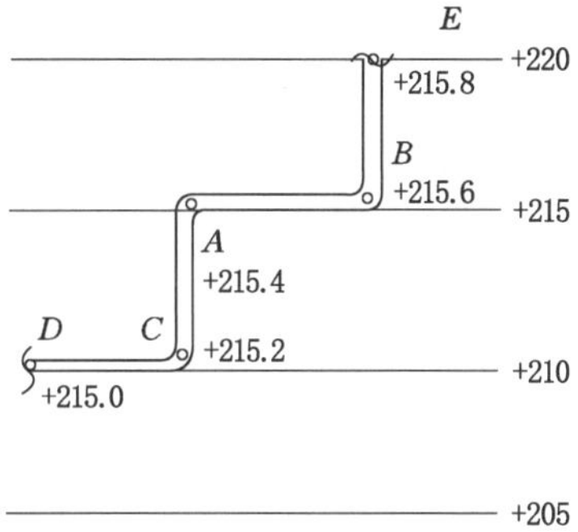

(b)

图 6-6　巷道在煤岩层中的位置

为清晰地表示巷道位置，岩巷和煤巷用不同的符号来表示，这样就可通过图例来识别煤、岩巷。

3. 巷道相交、交错或重叠识别

井下各种巷道在空间上的相互位置关系有三种情况：相交、交错和重叠。反映在采掘工程平面图上主要有以下特点：

(1) 相交巷道是指两条方向不同，在某一位置交于一处的巷道。两条相交巷道在交点处的高程相等。图 6-7 所示的回风大巷 6 与采区回风石门 4 交于 *A* 点，交点处标高为＋150.91 m。

(2) 交错巷道是指两条方向和高程均不同，在空间上相互错开的巷道。这时，表示在采掘工程平面图上两条巷道相交，但交点处高程不等。如图 6-7 所示，图中轨道上山 1 和车场绕道 5 相交于 *B* 点，但是轨道上山 1 处的标高为 137.78 m，而车场绕道 5 处的标高为 150.31 m，两巷在 *B* 处的标高相差 12.53 m，故轨道上山 1 与车场绕道 5 为交错巷道。

在采掘工程平面图上，有时两条巷道看上去平行，但两条巷道倾向不同，或两条巷道虽然倾向相同，但倾角不等，则这两条巷道也是交错的。如图 6-8 所示，主斜井 1 和采区上山 2 平行，倾向相同，但倾角不等，所以彼此交错；采区上山 2 和暗斜井 3 平行，但倾向相反，彼此也是交错的。

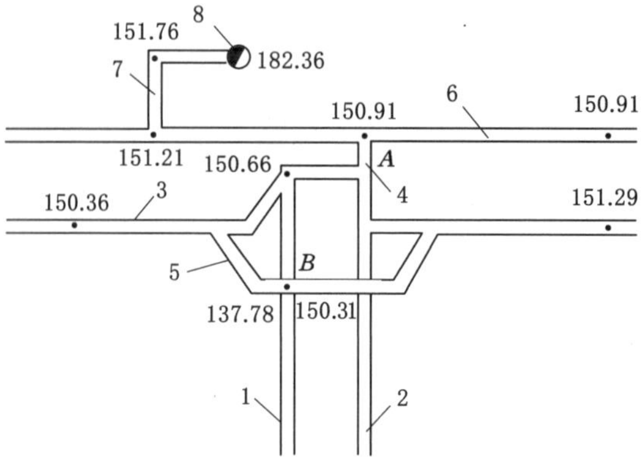

1—轨道上山；2—运输上山；3—区段回风巷；4—采区回风石门；
5—车场绕道；6—回风大巷；7—主回风石门；8—风井。

图 6-7　巷道相交与交错

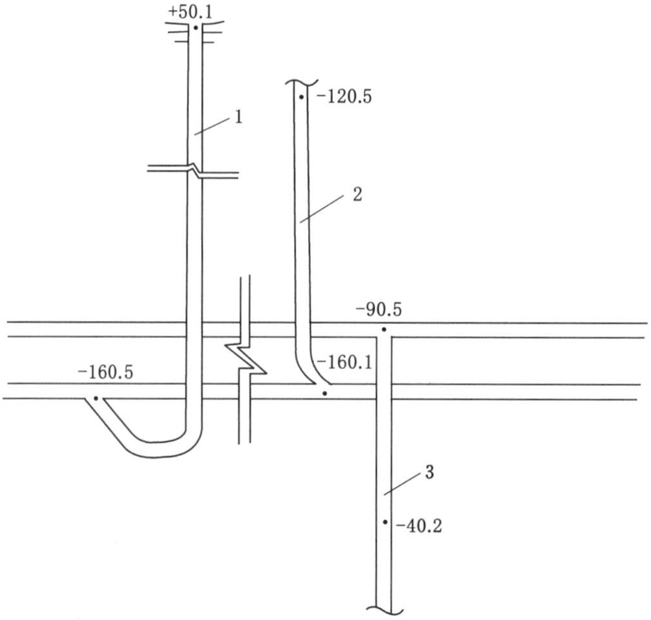

1—主斜井；2—采区上山；3—暗斜井。

图 6-8　巷道交错

(3) 重叠巷道是指标高不同、位于同一竖直面内的巷道。反映在采掘工程平面图上，两条巷道重叠在一起，但标高相差较大。如图 6-9 所示，图(a)为重叠巷道立体示意图，图(b)为其平面图。从图(b)中可以看出，石门 3 与轨道上山 5 重叠在一起，从巷道底板标高来看，上山在石门上方。

综上所述，在采掘工程平面图上，两条巷道是相交、交错，还是重叠，主要应根据巷道标高来识别。此外，在用双线表示巷道时，两巷道相交，交点处线条断开，如图 6-7 中 *A* 点；两

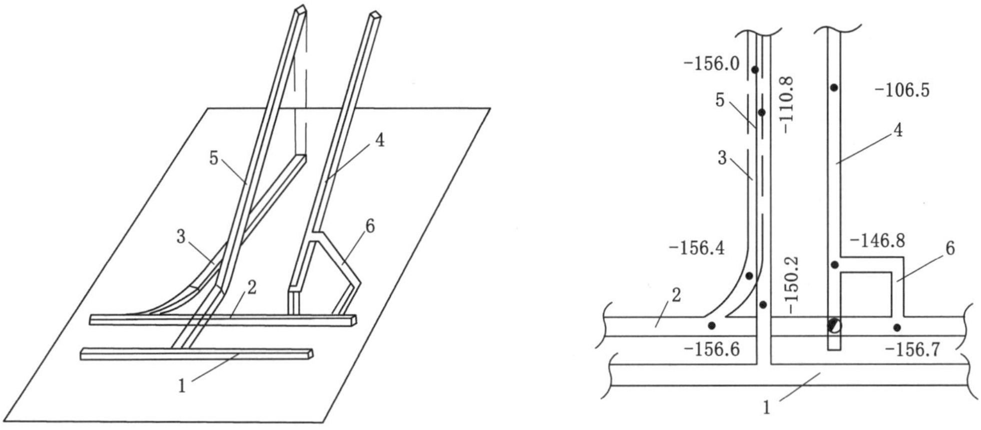

(a) 重叠巷道立体示意图　　　　(b) 重叠巷道布置平面图

1—运输大巷；2—总回风巷；3—石门；4—运输上山；5—轨道上山；6—进风行人斜巷。

图 6-9　重叠巷道图

巷交错，上部巷道连续而下部巷道中断，如图 6-7 中 B 点；两巷重叠，位于上部的巷道用实线表示，位于下部的巷道用虚线表示，如图 6-9(b)所示。

（二）识读步骤

（1）看清图名、坐标、方位、比例尺及编制时间。

（2）了解采区或采煤工作面的范围、边界以及四邻关系。

（3）搞清煤层产状及主要地质构造。

（4）识读全矿井、采区或采煤工作面巷道布置。

（5）掌握采掘情况。

（6）平面图和剖面图结合起来识读。

（三）识读举例

例如，图 6-10 所示是采用一对斜井开拓的采掘工程平面图(部分)，箭头指向为指北方向。该矿浅部区域已开采完毕，为防止其采空区积水造成危害，留设了隔水煤柱。煤层赋存较稳定，走向为 86°～90°，倾向为 176°～180°，平均倾角为 23°，煤层平均厚度为 2.0 m，中间有 0.1～0.15 m 的夹矸，地质构造简单，仅在一采区西部边界有一 F_6 断层。

该矿采用斜井采区式开拓。副井井口标高为 990.6 m，倾角为 23°，在 700 m 水平布置井底车场，沿煤层的走向在煤层底板岩层内开掘 700 m 水平运输大巷。在井田的上部边界 950 m 水平沿煤层底板开掘总回风巷、回风石门并与风井连通。

图 6-10 所示的两个采区，运输上山和轨道上山均开掘在煤层底板，区段石门进入煤层，沿煤层走向开掘区段运输巷和回风巷，将区段运输巷和回风巷用切眼连通，形成采煤工作面。每个采区布置三个区段，区段平均垂高为 83 m，采用单一长壁后退式采煤方法。

二采区一区段西侧工作面已采至采区中央停采线，东部工作面正在生产。采区内有两个掘进工作面，一个开掘三区段东侧回风平巷，另一个开掘三区段西侧工作面回风巷。一采区同时有两个采煤工作面生产，两个掘进工作面正准备三区段工作面回风巷。图纸还用实线和虚线分别反映煤层层面巷道和岩石巷道等情况。

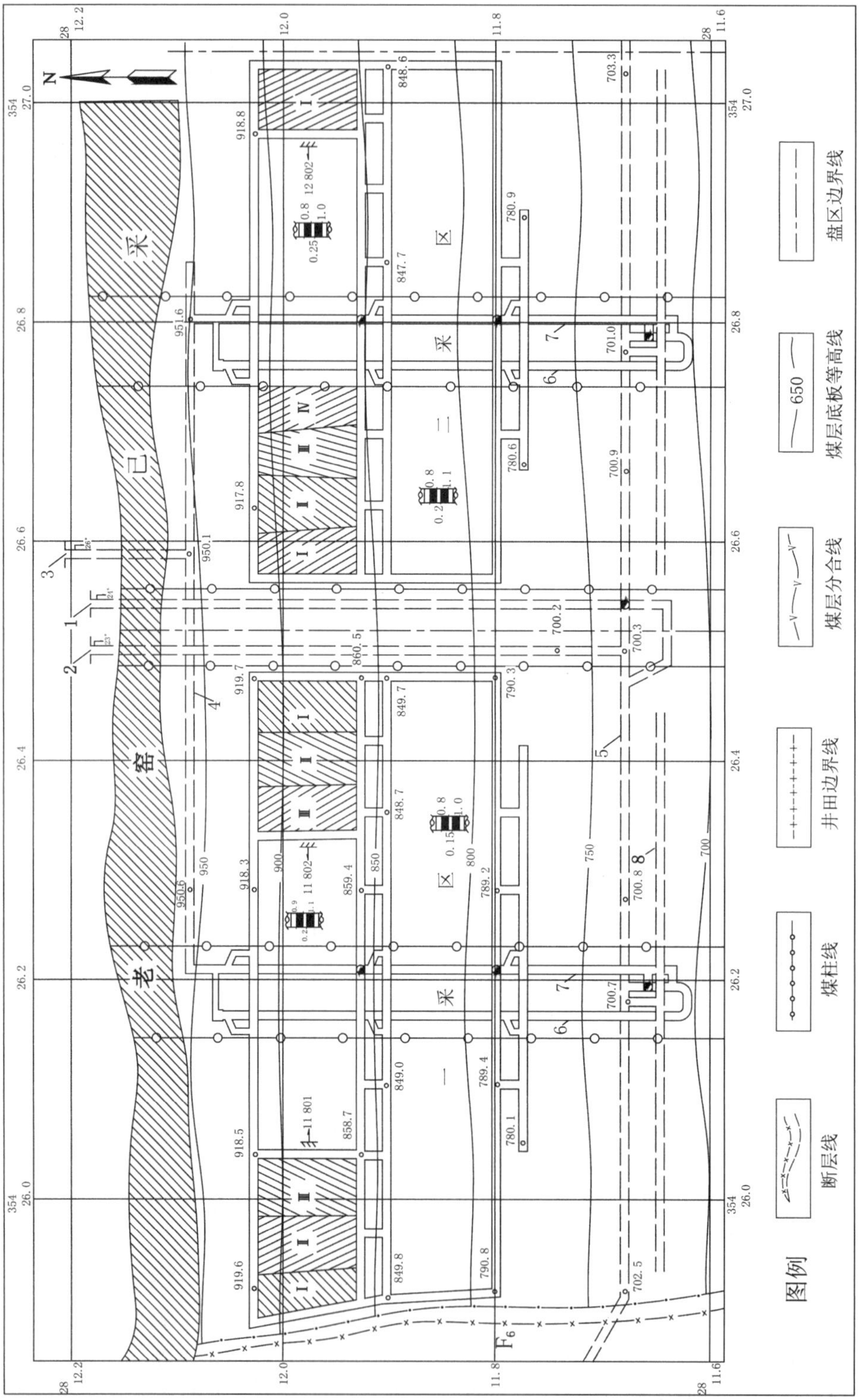

1—主斜井；2—副斜井；3—风井；4—950回风大巷；5—700运输大巷；6—轨道上山；7—运输上山；8—轨道大巷。

图 6-10 某矿采掘工程平面图（部分）

再如，识读采煤工作面煤层采掘工程平面图。图 6-11 所示为某采煤工作面采掘工程平面图(局部)，比例尺为 1∶2 000。从图中可以看出，煤层赋存稳定，构造简单，有一小断层 F_1，煤层平均厚度为 2.2 m，煤层倾角为 18°～20°。图中注明了巷道各特征点底板标高及某年 2、3 月份的采煤位置等。

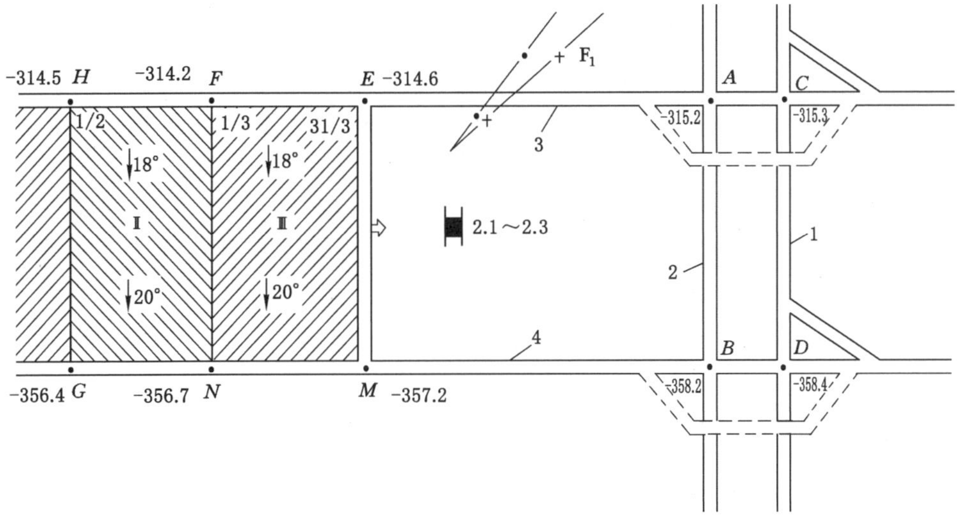

1—轨道上山；2—运输上山；3—工作面回风巷；4—工作面运输巷。

图 6-11 某采煤工作面采掘工程平面图(局部)

三、采掘工程平面图的绘制依据及方法

(一) 绘制依据

在绘制采掘工程平面图时，应依据以下两个方面的资料进行：

(1) 采掘工程设计图。采掘工程设计图是按照设计所绘制的图件，在施工过程中一般不允许做较大改动，其中的地质资料和设计的技术方案是绘制采掘工程生产图的依据。

(2) 生产过程中实际测绘的地质资料和采掘情况。采掘工程平面图是反映生产过程的动态图，应以实测为准。因此，在生产过程中揭露的地质情况以及测绘的采掘工程进尺，是绘制采掘工程生产图的基础资料。

(二) 绘制方法

采掘工程平面图的绘制方法和步骤如下：

(1) 绘出井筒。在煤层底板等高线图上，绘制出实测的井筒位置及方位。

(2) 绘出运输大巷、总回风巷、井底车场及硐室。从井筒起依次将实测的运输大巷、总回风巷、井底车场及硐室绘出，根据巷道类别采用相应的图形符号绘制，并标注测点编号及巷道底板标高。

(3) 绘出采区内的各种巷道、硐室及采空区。根据所测定的采区巷道参数(位置、长度、方位)，绘制出采区上(下)山及区段巷道，标明各段巷道的底板标高，再结合采区各单项工程的施工方案，绘出采区上(下)山与运输大巷及总回风巷、区段巷道与采区上(下)山之间的各种联络巷道。其中包括采区石门、下部车场、中部车场、上部车场、采区煤仓、采区变电所、采

区绞车房、行人通风联络巷等。

(4) 标注井巷名称及有关参数。开拓井巷的主要参数有井筒井口坐标、标高，井筒方位角、倾角、长度(深度)，大巷长度、方位及坡度等；采区主要参数，如采区走向、倾斜长度、采煤工作面长度、停采线位置、采区边界煤柱宽度、区段煤柱宽度、采区上(下)山之间及两侧煤柱宽度、相邻采区的名称等。标明采区内现有采煤工作面的名称、位置，掘进工作面的名称、位置，注明生产队组名称、月进度、采掘时间等。

综上所述，一幅完整的采掘工程平面图包含内容较多，在绘制时，每一方面、每一细节均应考虑周全，并力求准确，否则将给矿井生产和管理带来不良后果，甚至造成严重损失。

四、采掘工程平面图的应用

采掘工程平面图是了解地质和采掘情况、分析和解决煤矿生产中所遇问题的重要工具。其主要用途如下：

(1) 了解与分析采掘工程情况，合理解决生产中的问题。从采掘工程平面图上可以了解全矿井或某个采区的生产现状，指导组织协调矿井安全生产工作，及时解决生产中遇到的问题。

(2) 了解地质构造情况，进行采掘工作的地质预报。根据采掘工程平面图，可以了解井田、采区和采煤工作面内的地质构造情况，对采掘工作面前方的地质构造进行预测预报，以便及时采取相应的安全技术措施，保证采掘工作的正常进行。

(3) 利用采掘工程平面图，确定诸多参数。在矿井生产过程中，经常利用采掘平面图进行一些工程量计算，如确定某一点的位置，巷道的方位、长度、坡度，某一点的平面坐标及高程，井田某范围的煤层产状、采出煤量、开采损失量、矿井"三量"等。

下面以图 6-11 为例，简述在采掘工程平面图上计算巷道的长度、倾角和煤炭产量的方法。

① 计算巷道长度及倾角：图 6-11 的比例尺为 1∶2 000，试计算运输上山 AB 段的巷道长度及倾角。应首先用比例尺求得 AB 段的水平距离为 $d_{AB}=105$ m，从图中知 A、B 两点的高差，则 AB 实际倾斜长度为：

$$L_{AB}=\sqrt{d_{AB}^2+h_{AB}^2}=\sqrt{105^2+43^2}=113.46\ (\mathrm{m})$$

计算 AB 段的倾角 δ：

$$\tan\delta=\frac{h_{AB}}{d_{AB}}=\frac{43}{105}=0.409\ 5$$

$$\delta=22°16'$$

② 计算煤炭产量：试计算 3 月份该工作面的煤炭产量。其计算步骤如下：首先求出采煤工作面 3 月份采煤的水平面积 S'。用比例尺在图上量得采煤工作面月进尺分别为 $FE=50$ m，$NM=52$ m，采煤工作面的水平投影长 $FN=100$ m，$EM=104$ m，则 3 月份采煤的水平面积 S'为：

$$S'=\frac{FE+NM}{2}\times\frac{FN+EM}{2}=\frac{50+52}{2}\times\frac{100+104}{2}=5\ 205\ (\mathrm{m}^2)$$

由图可知煤层的倾角分别为 18°～20°，则其平均倾角 δ 为：

$$\delta=\frac{18°+20°}{2}=19°$$

采煤工作面实际采煤面积 S 为：

$$S=\frac{S'}{\cos\delta}=\frac{5\ 202}{0.945}=5\ 504.8\ (\mathrm{m}^2)$$

煤层的平均厚度 M 为：

$$M=\frac{2.1+2.3}{2}=2.2\ (\mathrm{m})$$

则采煤工作面 3 月份的产量 Q 为：

$$Q=SM\gamma C=5\ 504.8\times 2.2\times 1.4\times 0.97=16\ 446\ (\mathrm{t})$$

式中 γ——煤的密度，取 $\gamma=1.4\ \mathrm{t/m^3}$；

C——采煤工作面采出系数，取 $C=0.97$。

矿井煤炭产量通常是根据运出地面的煤炭数量或地面装车数量来统计的，有时需要在采掘工程平面图上进行计算，以便检核。

全矿某月的煤炭产量为全矿所有的采煤工作面总出煤量和掘进工作面总出煤量之和。

(4) 为绘制其他矿图提供依据。采掘工程平面图是根据实测资料绘制的，所以在采掘工程平面图上，根据实测煤层底板标高绘制煤层底板等高线图，能较真实地反映煤层情况。另外，采掘工程平面图是绘制各种系统图的基础图件。

任务实施

任选一张某矿正在使用的全矿采掘工程平面图做识读练习，并按以下提纲写识读报告：全矿煤层产状及其变化情况，主要地质构造情况，井筒、水平主要巷道和采区巷道的布置情况，各巷道的形态、空间位置及相互关系，全矿采掘工作面分布情况，全矿运输系统及通风系统。

思考与练习

1. 采掘工程平面图主要反映哪些内容？采掘工程平面图有哪些用途？

2. 图 6-12 所示为某矿的采掘工程平面图的部分巷道。图中字母表示巷道在该测点的编号，数字表示该测点的高程，高程点省略了小数点后的位数。图中两测点之间的坡度变化是均匀的。

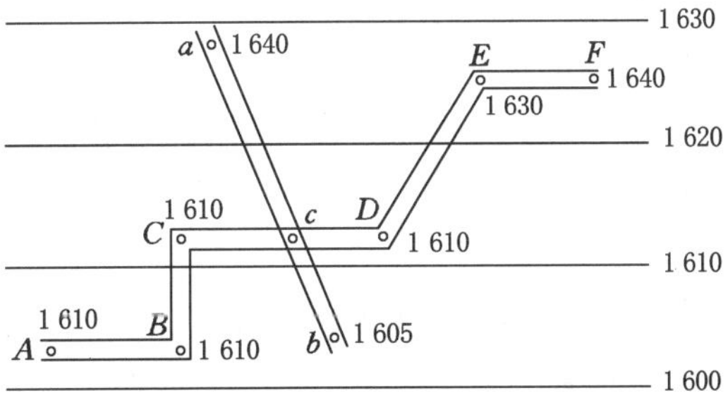

图 6-12 矿采掘工程平面图的部分巷道

(1) 试判断图中 AB、CD、EF 巷道和煤层的位置关系。

(2) 绘制剖面图，判断巷道 DE、ab 和煤层的位置关系，并在采掘工程平面图上用字母标出巷道和煤层的交点。

(3) 过 E 点在采掘平面图上绘制一条和巷道 ab 相交的水平巷道。

(4) 试判断巷道 ab 中的 c 点和巷道 CD 的位置关系。若二者不相交,两巷道在这点的高程分别是多少?

任务二　采掘工程立面图

【知识要点】 采掘工程立面图的概念、图示内容及用途;采掘工程立面图的识读方法及要点。

【技能目标】 能够清晰准确识读采掘工程立面图。

【思政目标】 掌握采掘工程立面图的特殊性,解决生产问题,正确对待人生发展中的顺境与逆境,培养知难而进的意志和毅力。

任务导入

在开采急斜煤层时,因煤层倾角很大,采用平面投影时,往往使煤层沿倾斜方向的长度产生很大变形,造成煤层底板等高线密集、巷道拥挤甚至重叠,给图上注记、填绘以及识图带来诸多不便。为弥补这些不足,除绘制采掘工程平面图外,还需绘制采掘工程立面图。本任务主要是了解采掘工程立面图的概念、图示内容及用途;掌握采掘工程立面图的识读方法及要点。

任务分析

采掘工程立面图是投影到竖直面上的,能直观地反映沿煤层倾斜巷道在竖直方向的位置及相互关系。因此,作为煤矿生产工程技术人员或管理人员,应掌握采掘工程立面图的概念、图示内容、用途、识读方法及要点。

相关知识

一、采掘工程立面图的概念、图示内容及用途

(一) 概念

采掘工程立面图是将井下巷道和地质情况,采用正投影的方法,投影到竖直面上,按一定比例绘制出来的图件。如图 6-13 所示,急斜煤层的采掘工程立面图比平面图清楚得多。

为了看图方便,采掘工程立面图的比例尺应与所对应的采掘工程平面图的一致,常采用比例尺为 1∶1 000 和 1∶2 000。

(二) 图示内容

采掘工程立面图主要反映以下内容:

(1) 井田、采区和采煤工作面的范围、边界和地质情况。

(2) 井田、采区主要巷道布置及其相对位置,特别是巷道竖直方向的关系。

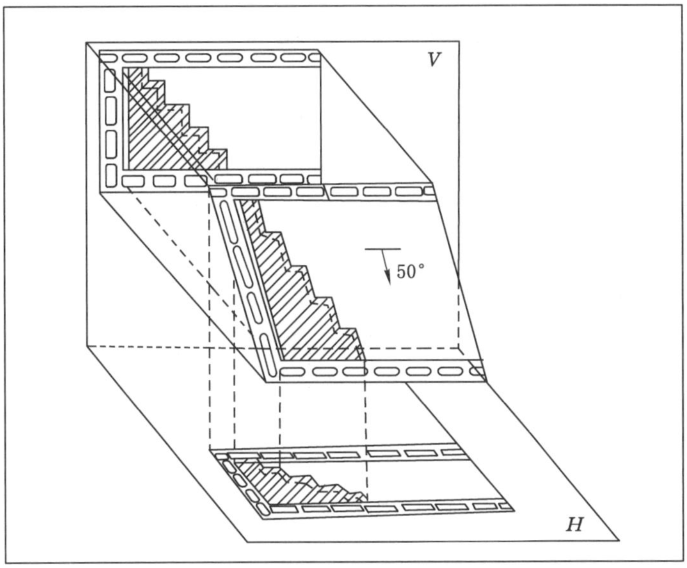

图 6-13　采掘工程立面投影示意图

(3) 采掘工作面的名称(或编号),相应的采掘位置,采掘年、月等。

(4) 井田四邻矿井名称及井田以外 100 m 内邻近区域的采掘和地质情况,特别是井田上、下边界外的采掘情况。

(三) 用途

采掘工程立面图的用途基本与采掘工程平面图相同,只是投影关系有所不同,采掘工程立面图能直观地反映沿煤层倾斜巷道在竖直方向的位置及相互关系。

采掘工程立面图的主要用途是:了解本煤层或邻近煤层采掘工程的空间位置关系,掌握采掘进度,协调采掘关系,安排年度生产计划、材料用量计划及绘制其他矿图。

二、采掘工程立面图的识读方法及注意事项

(一) 识读方法

(1) 看清图名、走向及比例。在采掘工程立面图上,没有经纬网和指北方向,但标明了竖直投影面的走向,这样,便可知图上哪些巷道是水平的,哪些巷道是竖直的或倾斜的。

(2) 看图上高程,确定井田或采区的范围。在采掘工程立面图上,较直观地反映了井田或采区的范围,即上、下边界的高程。

(3) 了解井巷在竖直面上的位置及相互关系。在采掘工程立面图上,井巷在竖直面上的位置及相互关系,要比采掘工程平面图清楚得多。

(4) 看井巷的联系方式及生产系统。在看井巷的联系方式时,经常结合平面图及剖面图。一般由开拓巷道到准备巷道,再到回采巷道,搞清井巷的联系方式、位置及用途,然后便知矿井生产系统。

(5) 看采掘工作面的布置及位置情况。在采掘工程立面图上,找出采掘工作面的位置,了解采掘工作面的布置情况,掌握采掘进度及其关系。

（二）识读注意事项

由于采掘工程立面图是投影到竖直面上的，它与采掘工程平面图又有所不同，在识读时应注意以下几个方面：

(1) 煤层底板等高线(即煤层走向线)在采掘工程平面图上会出现弯曲，而在采掘工程立面图上投影为直线，不能反映煤层沿走向和倾向的变化，也反映不出煤层的倾角变化。采用采掘工程立面图识读所反映矿井和采区巷道布置时，要结合采掘工程平面图所反映的煤层走向的变化和地质构造参数及变化情况。

(2) 空间水平的巷道，在平面图上是弯曲的，而在立面图上也是一条直线，不能反映水平方向的弯曲变化情况。可结合主要巷道所在的水平绘制该水平的切面图来反映该水平上的巷道布置及联系关系，一般需绘制运输大巷、回风大巷及主要硐室及工作面所在的水平巷道布置。

(3) 同一水平的一组巷道，在平面图上反映出巷道的水平间距，而在立面图上则重叠在一起，反映不出巷道之间的水平间距，需要结合水平切面图来识读。

(4) 垂直于走向的倾斜巷道，反映在采掘工程立面图上，两巷道看似平行却是交错的，这就需要结合剖面图来识读。

(5) 断层的交面线在立面图上仅为一条线，其落差、产状反映不出来。

因此，在识读采掘工程立面图时，应结合剖面图及采掘工程平面图。

（三）识读举例

如图 6-14 所示，图(a)为某采区急倾斜煤层采掘工程立面图，图(b)为相应的剖面图。图中较清楚地反映了各巷道与煤层竖直方向的位置及相互关系。

该采区一翼走向长为 300 m，阶段垂高为 165 m，沿倾斜划分为三个区段，采区进风石门 1 和采区回风石门 2 分别布置在 1 700 m 和 1 865 m 水平。在采区回风石门 2 和采区进风石门 1 间沿煤层开掘溜煤眼 4，在溜煤眼两侧距溜煤眼各 12 m 处沿煤层开掘运料眼 3 和行人眼 5。各上山眼之间每隔 25 m 左右开掘一条水平联络巷 16。区段回风巷 6 和区段运输巷 7 沿煤层走向开掘至采区边界后，由下向上做开切眼 8，形成采煤工作面。另外，在运输平巷 7 上方 4 m 距离开掘溜煤小眼 13，溜煤小眼间距 5 m。

从图 6-14 中还可以看出：该采区第一区段已开采完毕，目前第二区段已采至中部，工作面采用伪倾斜柔性掩护支架支护。另外绘出了收作眼 9 的位置及巷道布置方式，架头移动轨迹线 11 和架尾移动轨迹线 10，用箭头标明了采区的运煤和通风系统。

如图 6-15 所示为某矿急斜煤层的采掘工程图(局部)。从图中可以看出：该矿采用立井开拓，现设两个开采水平，水平标高分别为－25 m 和－110 m。在每一开采水平设有井底车场，然后用阶段石门进入煤层，沿煤层走向在煤层中开掘运输大巷，至采区后垂直于走向沿煤层倾斜方向在煤层中开掘上山眼。

从图 6-15 中还可以看出：煤层走向为 120°，倾向为 210°，煤层平均倾角为 65°，煤层平均厚度为2.0 m左右，中间含夹矸。工作面采用倒台阶采煤方法，图中－25 m 水平部分已开采完毕，目前正在进行－110 m 水平的开采工作。

另外，主、副井地面标高为＋65.3 m；小立井地面标高为＋40.1 m，井底标高为＋27.2 m。

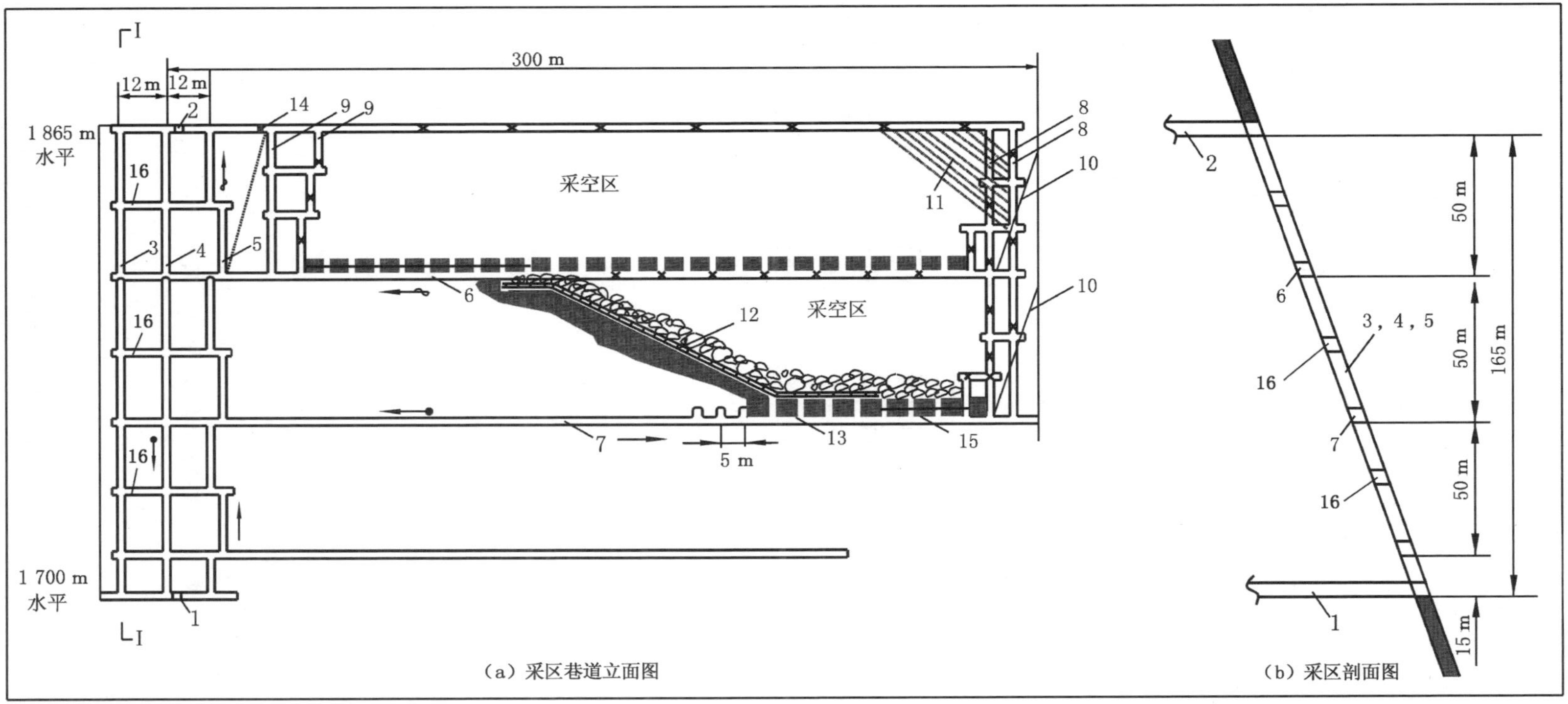

1—采区进风石门；2—采区回风石门；3—运料眼；4—溜煤眼；5—行人眼；6—区段回风巷;7—区段运输巷;8—开切眼;9—收作眼;
10—架尾移动轨迹线;11—架头移动轨迹线;12—采煤工作面;13—溜煤小眼;14—密闭墙;15—小眼临时封闭;16—水平联络巷。

图 6-14　某采区采掘工程立面图及剖面图

图中标明了工业广场保护煤柱边界线。

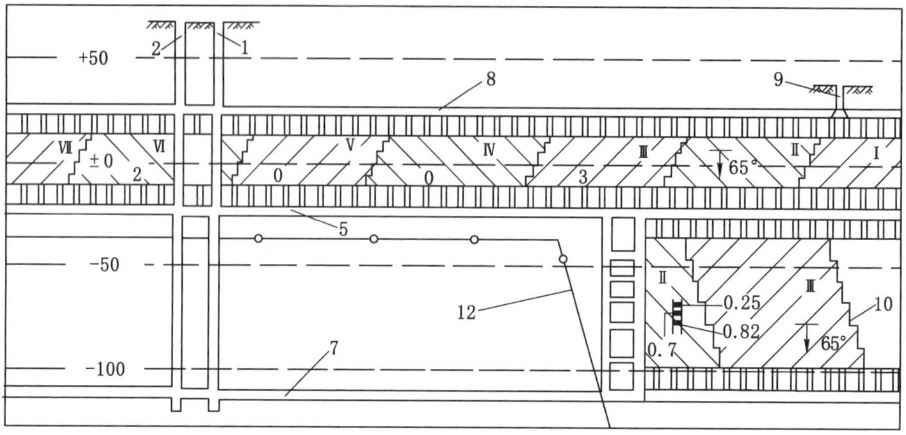

(a) 立面图

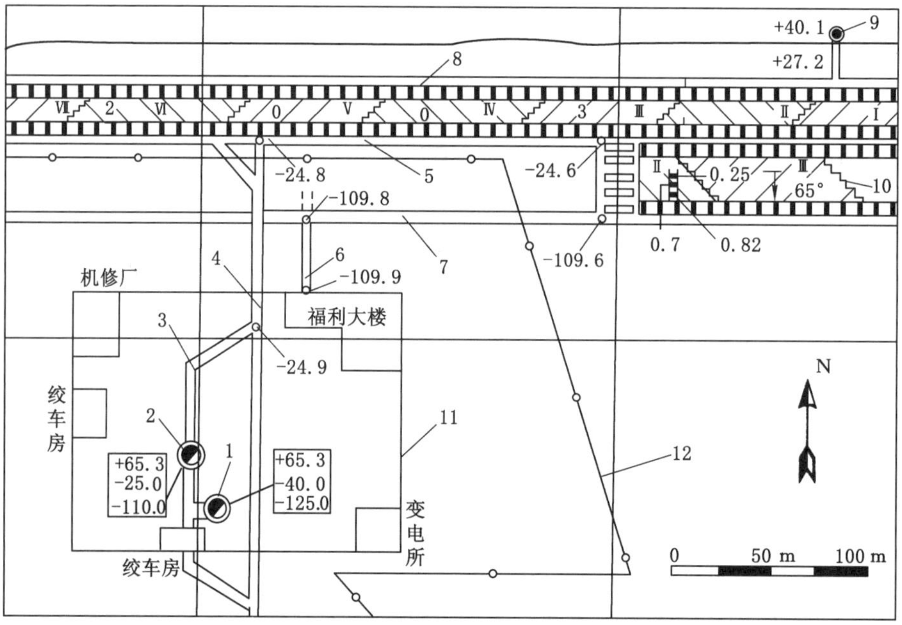

(b) 平面图

1—主井；2—副井；3—井底车场；4——25 m 石门；5——25 m 水平大巷；
6——110 m 石门；7——110 m 水平大巷；8—回风大巷；9—小立井；
10—工作面；11—工业广场边界线；12—工业广场保护煤柱。

图 6-15　某矿急倾斜煤层采掘工程图(局部)

任务实施

任选一张某矿正在使用的采掘工程立面图做识读练习，并写出识读报告。

思考与练习

1. 采掘工程立面图主要反映哪些内容？采掘工程立面图有哪些用途？

2. 采掘工程立面图主要用在什么条件下？采掘工程立面图不能反映煤层、巷道的哪些主要参数和关系？

3. 简述采掘工程立面图的识读方法及要点。

4. 在采掘工程立面图上，能否辨别出煤层走向和水平巷道方向的变化情况？为什么？

任务三　采掘工程层面图

【知识要点】　采掘工程层面图的概念、图示内容及用途；采掘工程层面图的识读方法及要点。

【技能目标】　能够清晰准确识读采掘工程层面图。

【思政目标】　认识采掘工程层面图的重要性，融入安全生产、职责、采掘衔接、工程质量等意识，培养爱国情怀、社会责任感、大国工匠精神。

任务导入

采掘工程层面图是采掘工程图件中经常使用的图件之一。本任务主要是了解采掘工程层面图的概念、图示内容及用途；掌握采掘工程层面图的识读方法及要点。

任务分析

在开采近水平煤层时，由于煤层倾角很小，绘制采掘工程层面图和采掘工程平面图差异很小，为减少绘图时的换算，使识读更为直观，运用上更为方便，常采用层面图；在开采急斜煤层时，平面图、立面图变形较大，给识读和运用上带来不便时，也常采用层面图。因此，作为煤矿生产工程技术人员或管理人员，为在工作中更好地使用采掘工程层面图解决生产问题，必须掌握如下知识：

(1) 采掘工程层面图的概念、图示内容及用途。

(2) 采掘工程层面图的识读方法及要点。

相关知识

一、采掘工程层面图的概念、图示内容及用途

(一) 概念

采掘工程层面图是将井下某层面(一般为煤层面)的巷道和地质情况，采用正投影的方法，投影到与该煤层层面相平行的平面上，按一定比例绘制出的图件，如图 6-16 所示。

图 6-17 所示为某采区的采掘工程层面图，图中表示了采区内沿煤层开掘的各种巷道，可以由比例尺直接得出倾斜巷道和水平巷道的长度、煤层沿倾斜和走向的尺寸，以及煤层层面的真实面积。

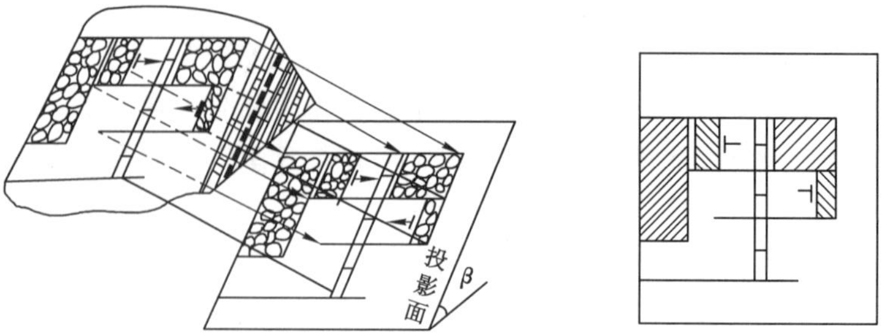

(a) 层面投影示意图　　(b) 采掘工程层面图

图 6-16　采掘工程层面投影示意图

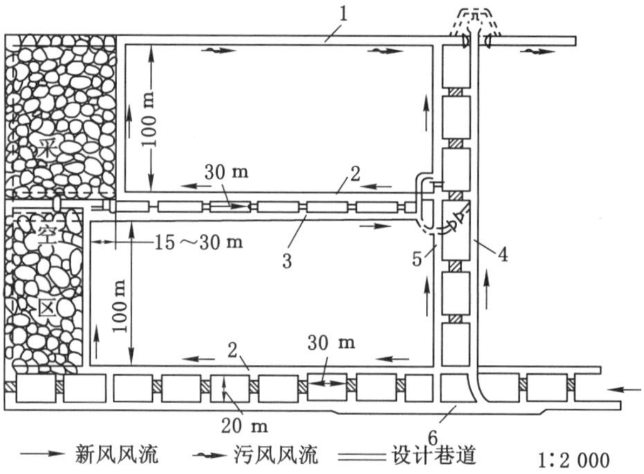

1—区段回风巷;2—区段运输巷;3—轨道中间巷;4—轨道上山;5—运输上山;6—大巷装车场。

图 6-17　某采区采掘工程层面图

(二) 图示内容

采掘工程层面图主要反映以下内容:

(1) 煤层的产状及主要地质构造情况。

(2) 层面主要技术参数。

(3) 层面中井巷布置及开掘情况。

(4) 层面的采掘情况。

(5) 其他所要反映的层面情况,如发火区、积水区、瓦斯突出区、丢煤区、报损区、采空区、老窑区等的位置及范围。

(三) 用途

采掘工程层面图的主要用途有以下几个方面:

(1) 掌握采掘情况,进行采掘部署,协调采掘关系。

(2) 采掘工程量计算。可直接按比例量出煤层巷道的长度,进行掘进工程量的计算。

(3) 地质预报。根据地质构造情况,可进行地质构造预测预报,以便制定相应的安全技术措施，确保采掘工作正常进行。

(4) 绘制层面其他矿图，如层面通风系统、运输系统图等。

二、采掘工程层面图的识读方法及要点

(1) 看方位、经纬网、图名、比例。

(2) 了解采掘工程层面图的范围、边界及各采区分布情况。

(3) 分析煤层地质构造及各区域煤层特征。

(4) 识读井田开拓布置、采区布置及采掘工作面布置。

(5) 看清采掘工程层面图中的井田、采区及采煤工作面的主要技术参数。

图 6-18(见下页)所示为某矿某盘区采掘工程层面图，从图中煤层底板等高线及巷道布置可以看出该盘区为下山盘区，煤层赋存稳定，煤层大致为东西走向，倾向大致北西，煤层厚度在 3.80～4.10 m 之间，在盘区内沿煤层走向有一落差为 5 m 的正断层。

盘区内共设计布置 11 个采煤工作面，8301、8302、8304、8306 工作面已回采，开采时间在图中已经注明。盘区内现有两个采煤工作面生产，分别为 8303 和 8308 工作面，生产队组分别为综一队和普二队；有两个掘进队在准备 8305 和 8310 工作面，生产队组分别为机掘二队和机掘一队，每队各分两个小组同时掘进运输平巷和回风平巷。从图中可以看出各队组所在的位置和时间。盘区各种巷道均为煤巷，并标明了运煤、运料及通风系统。

任务实施

任选一张某矿正在使用的采掘工程层面图做识读练习，并写出识读报告。

思考与练习

1. 采掘工程层面图主要反映哪些图示内容？采掘工程层面图有哪些主要用途？

2. 简述采掘工程层面图的识读方法及要点。

任务四　其他采掘工程图

【知识要点】 水平主要巷道布置平面图、井底车场平面图、井筒断面图、采掘工程计划图的概念、图示内容、用途、识读方法及要点。

【技能目标】 能够清晰准确识读水平主要巷道布置平面图、井底车场平面图、井筒断面图、采掘工程计划图。

【思政目标】 传承注重细节、追求完美、一丝不苟、精益求精的工匠精神，认识到矿图在矿山企业生产中的重要地位，养成良好的职业道德观。

任务导入

水平主要巷道布置平面图、井底车场平面图、井筒断面图、采掘工程计划图是矿井经常使用的图件。本任务主要是了解这些采掘工程图的概念、图示内容及用途；掌握这些采掘工程图的识读方法及要点。

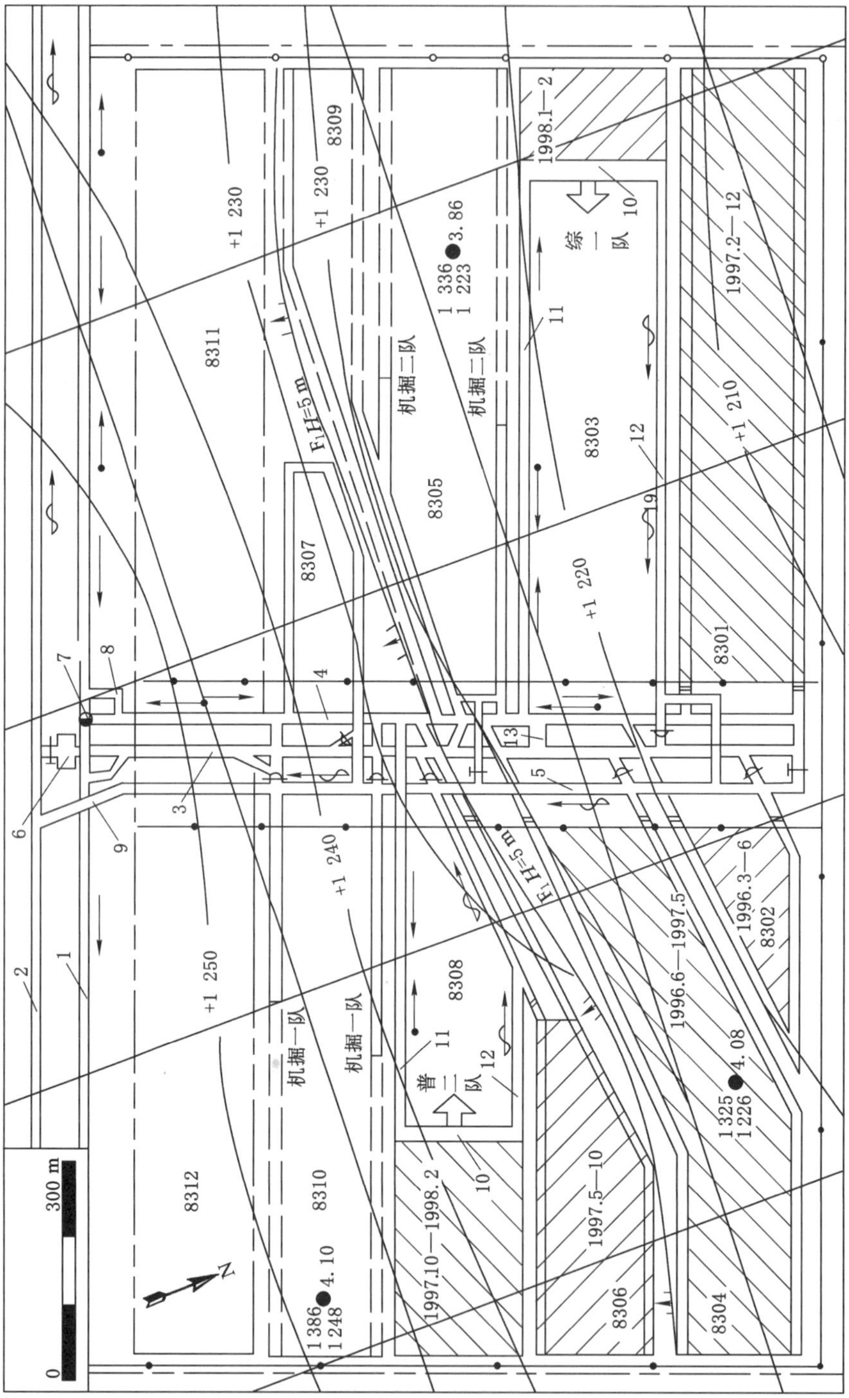

1——运输大巷;2——总回风巷;3——轨道下山;4——带式输送机下山;5——回风下山;6——绞车房;7——盘区煤仓;
8——进风行人巷;9——回风绕道;10——采煤工作面;11——运输平巷;12——回风平巷;13——盘区变电所。

图 6-18　某盘区采掘工程层面图

任务分析

水平主要巷道布置平面图、井底车场平面图、井筒断面图、采掘工程计划图也是煤矿生产建设必备的基本矿图。因此，作为煤矿生产工程技术人员或管理人员，应掌握这些矿图的概念、图示内容、用途、识读方法及要点。

相关知识

一、水平主要巷道布置平面图

(一）概念

矿井按开采水平的数目可分为单水平开拓和多水平开拓。将矿井某一开采水平内的主要巷道和地质构造情况，用正投影的方法投影到水平面上，并按一定比例绘制成的图件，称为水平主要巷道布置平面图。具体就一个矿井而言，每个开采水平都需要布置一套完整的开拓巷道，其中包括主井、副井、井底车场、主要运输石门、运输大巷、总回风巷、主要回风石门、回风井等。

如图6-19所示，图(a)为某矿两个开采水平主要巷道立体示意图，该矿由一对竖井开拓。图(b)所示为该矿－250 m开采水平主要巷道平面图。

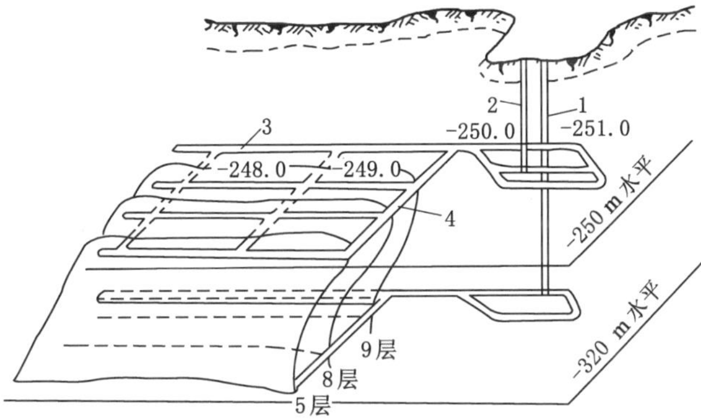

(a) 立体示意图

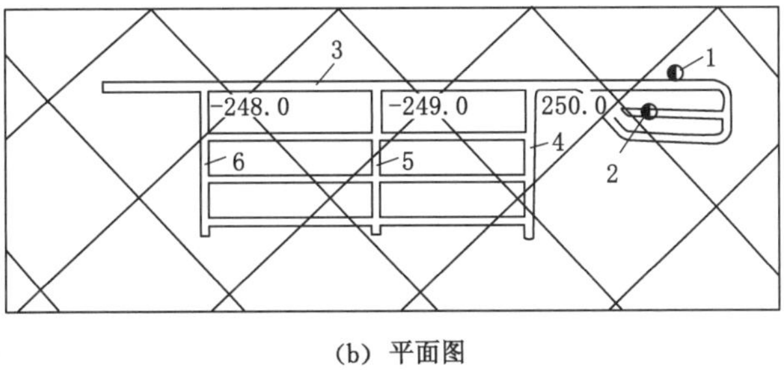

(b) 平面图

1—主井；2—副井；3—运输大巷；4—一石门；5—二石门；6—三石门。

图6-19　某矿－250 m水平主要巷道布置平面图

该矿井采用立井开拓，主井已掘至－320 m水平，在每一个开采水平都布置井底车场。在煤层底板开掘运输大巷，然后分别从各采区的石门进入各煤层，再沿煤层掘煤层平巷，以形成该水平的生产系统。

水平主要巷道平面图的比例尺一般采用1∶1 000、1∶2 000或1∶5 000。

（二）图示内容

水平主要巷道布置平面图主要反映以下内容：

(1) 开采水平内的主要巷道和硐室。包括为该水平服务的井底车场、运输石门、运输大巷、回风石门、总回风巷及开采水平间的联络巷等。

(2) 开采水平内的煤层赋存和地质构造情况。

(3) 重要的安全设施。如永久性防水闸门、水闸墙、防火门、永久性风门等。

(4) 井田边界、主要保护煤柱的边界线以及井田边界线以外100 m内邻矿的采掘情况。

(5) 永久导线点、水准点和巷道交岔点、变坡点以及大巷流水坡度等。

（三）用途

水平主要巷道布置平面图主要用途如下：

(1) 了解开采水平内主要巷道布置和煤层采掘情况。

(2) 了解煤层沿走向的变化，指导巷道的设计和施工。

(3) 了解开采水平内主要断层和褶曲分布状况，分析确定本水平巷道延伸方向。

(4) 为绘制矿井主要巷道综合平面图和剖面图提供资料。

（四）识读方法及要点

由于水平主要巷道平面图属于采掘工程平面图的一种，可按采掘工程平面图的有关规律来辨识各种巷道空间的位置。

(1) 看方位、经纬网、图名、比例。

(2) 看水平内的主要巷道。重点看清石门、运输大巷和井底车场等井巷的位置。另外弄清交岔点、变坡点等特征点的标高及井巷的坡度。

(3) 看清水平内的主要硐室、主要安全设施。现场管理人员必须搞清主要硐室位置，以便矿井发生灾害时，迅速有效地采取相应措施。主要硐室有主要变电所、主要水泵房和爆炸材料库等。

(4) 看巷道之间的联系方式。主要搞清主副井、井底车场、大巷之间以及大巷与采区的联系方式；水平与水平之间的联系方式。

(5) 看安全出口的位置。

二、井底车场平面图

（一）概念

井底车场是由连接环绕井筒的若干巷道和井筒附近的各种硐室组成的，是联系井上下的总枢纽。

将井底车场内所有的巷道和硐室，用正投影的方法，投影到一个水平面上，并按一定比例绘出的图纸，称为井底车场平面图。井底车场形式很多，图6-20所示为一个用箕斗提升的主井、用罐笼提升的副井井底车场的平面图，这种井底车场又称刀把式井底车场。

井底车场平面图比例尺一般采用1∶200或1∶500。

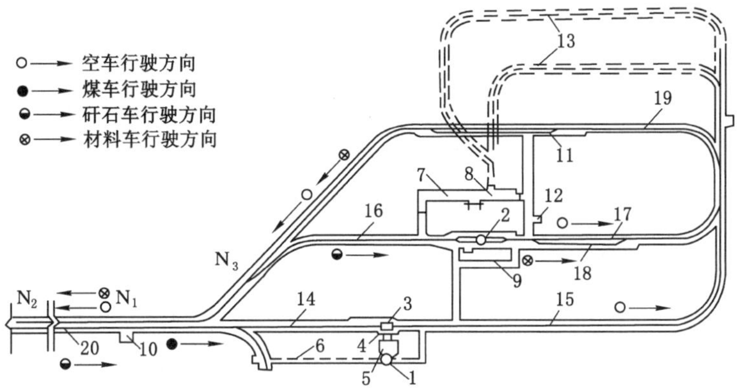

1—主井；2—副井；3—翻笼硐室；4—煤仓；5—箕斗装载硐室；6—清理井底斜巷；7—中央变电所；8—水泵房；9—等候室；10—调度室；11—人车停车线；12—工具室；13—水仓；14—主井重车线；15—主井空车线；16—副井重车线；17—副井空车线；18—材料车线；19—绕道；20—调车线；N_1、N_2、N_3—道岔编号。

图 6-20 刀把式井底车场平面示意图

（二）图示内容

井底车场平面图的主要内容如下：

(1) 井底车场内的各井口位置，各巷道、硐室和水闸门、水闸墙、防火门等的位置；轨道的坡向和坡度；曲线巷道的要素；巷道交岔和变坡处的轨面(或底板)高程；泵房内各台水泵的位置和排水能力、扬程和功率；水仓位置和容量等。

(2) 永久导线点和水准点位置、点号和高程。

(3) 附有主要硐室和巷道的大比例尺断面图，图上绘出了硐室和巷道的衬砌材料和厚度、轨道与排水沟的位置，并标注了有关尺寸。

（三）井底车场平面图的识读

识读井底车场平面图，要注意看清重、空车的运行线路，看清井底车场内各巷道和硐室的位置及相互关系，看清井底车场内巷道及运输线路的坡度变化情况等。

1. 井底车场内调车系统

在井底车场内，重、空车的运行线路如图 6-20 所示。了解井底车场内调车系统，必须具备有矿井生产知识。

2. 装载系统及其硐室结构

由图 6-20 和图 6-21 可看出，煤车内的煤炭，进入井底车场，经翻笼硐室 3 翻入井下煤仓 4，通过箕斗装载硐室 5 被装入箕斗，经主井 1 提升到地面。

翻笼硐室、井下煤仓、装载硐室及主井的相互位置关系如图 6-21 所示。图(a)为翻笼硐室附近的平面图，图(b)为沿Ⅰ—Ⅰ的剖面图，将两个图对照看，就可以看清各硐室之间的位置关系。

3. 排水系统及硐室结构

图 6-20 所示的井底车场内的排水系统，如图 6-22 所示。矿井涌水经井底车场巷道内的水沟流入水仓 3，由水泵房 2 中的水泵送入排水管路，经管子道 4、副井 1 由副井

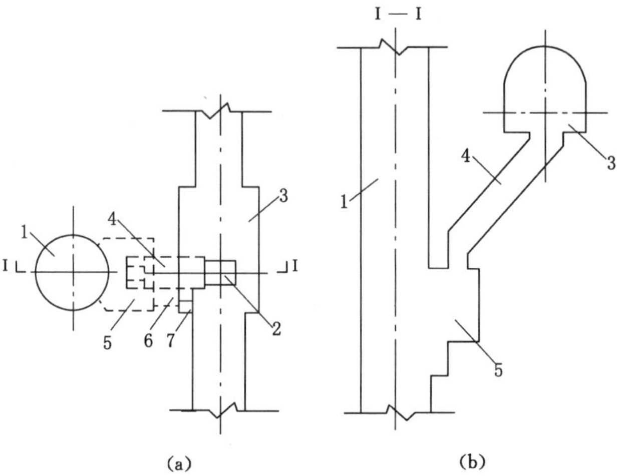

1—主井;2—翻笼口;3—翻笼硐室;4—煤仓;5—箕斗装载硐室;6—人行道;7—行人立井。

图 6-21 翻笼硐室附近平面图

排出地面。水仓由低于井底车场标高的两条独立巷道组成,其中一条清理煤泥时,另一条可正常使用。水仓的一端设在井底车场巷道内水沟标高的最低点,另一端和水泵房相连。

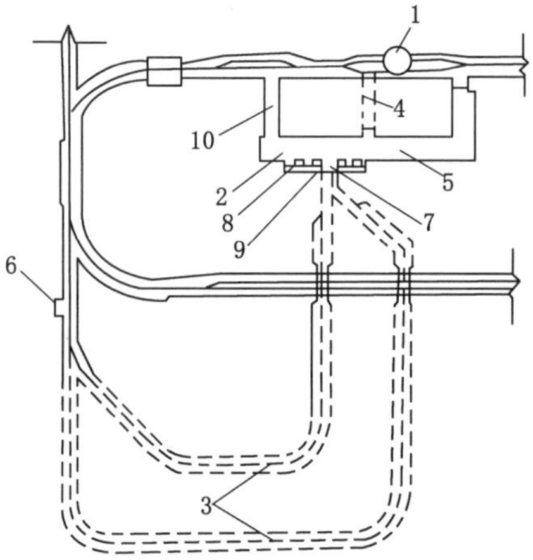

1—副井;2—水泵房;3—水仓;4—管子道;5—中央变电所;6—清理绞车硐室;

7—配水井;8—吸水小井;9—配水巷;10—通道。

图 6-22 排水系统平面图

水泵房附近各硐室和巷道之间的位置关系较为复杂。如图 6-23 所示,水泵房一般与中央变电所联合布置在副井附近,主要由水泵房主体硐室 2、吸水井 8、配水巷 9、配水井 7 和管子道 4 所组成。水泵房的一头经通道 10 与车场巷道相通,另一头经管子道 4 与副井 1 相连。

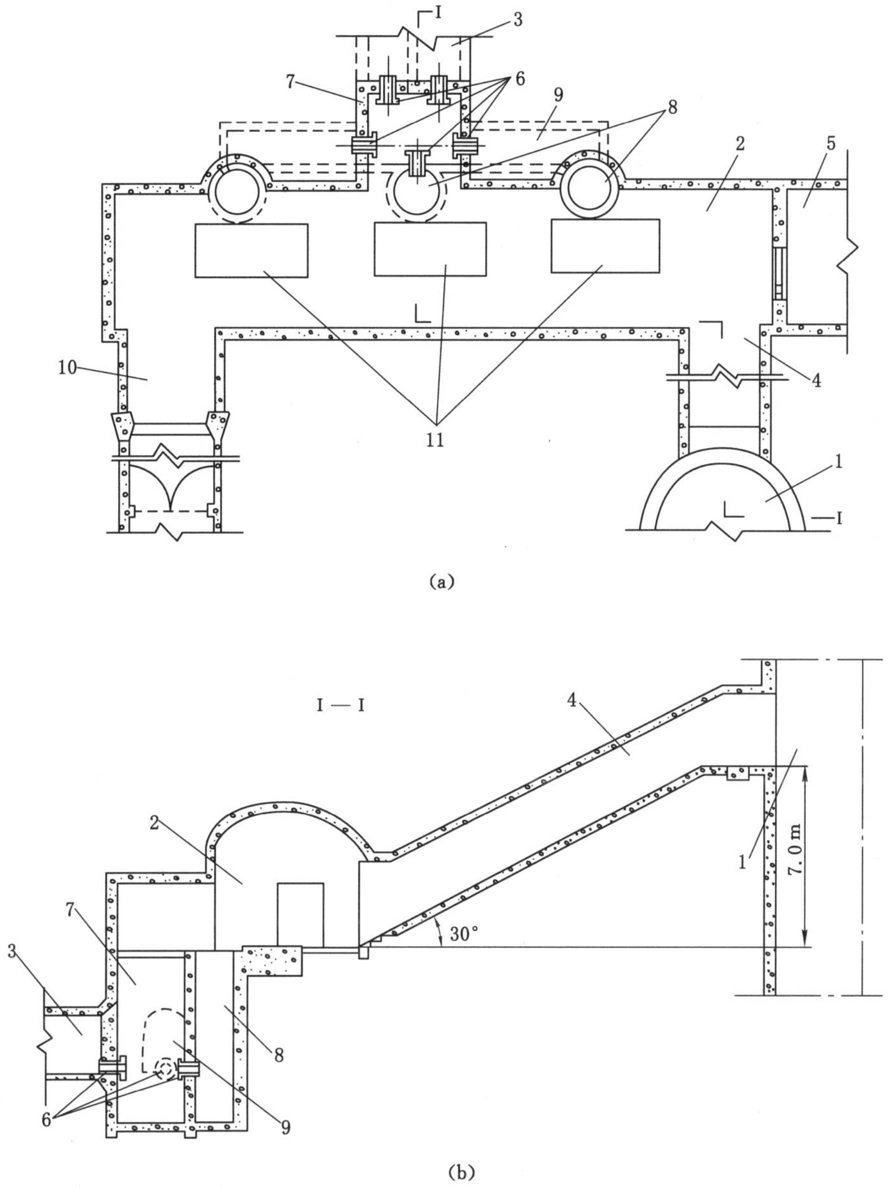

1—副井；2—水泵房主体硐室；3—水仓；4—管子道；5—中央变电所；6—水井口；7—配水井；8—吸水井；9—配水巷；10—通道；11—水泵基座。

图 6-23　水泵房附近各硐室巷道的平面图

4. 井底车场内线路的坡度

井底车场巷道线路的坡度，对矿车在车场内的运行状况和车场内矿井涌水的流通都有重要的影响。图 6-24(a)所示为井底车场线路平面示意图。图上注记 1、2、3 等表示坡度的变化点。图 6-24(b)所示是线路坡度图，绘出了坡度各变化点的相对标高、各段线路的长度和坡度值。

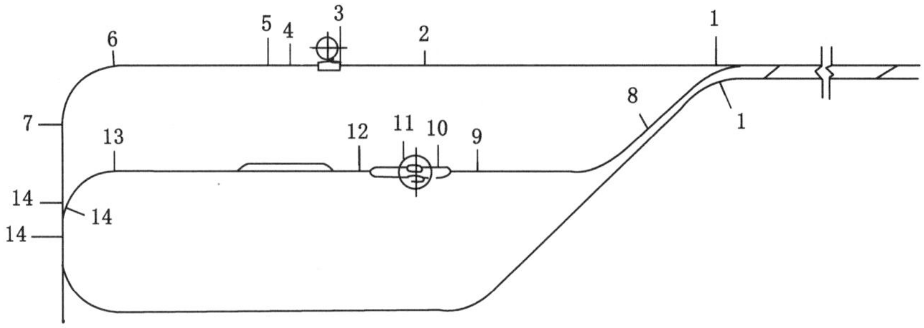

(a)

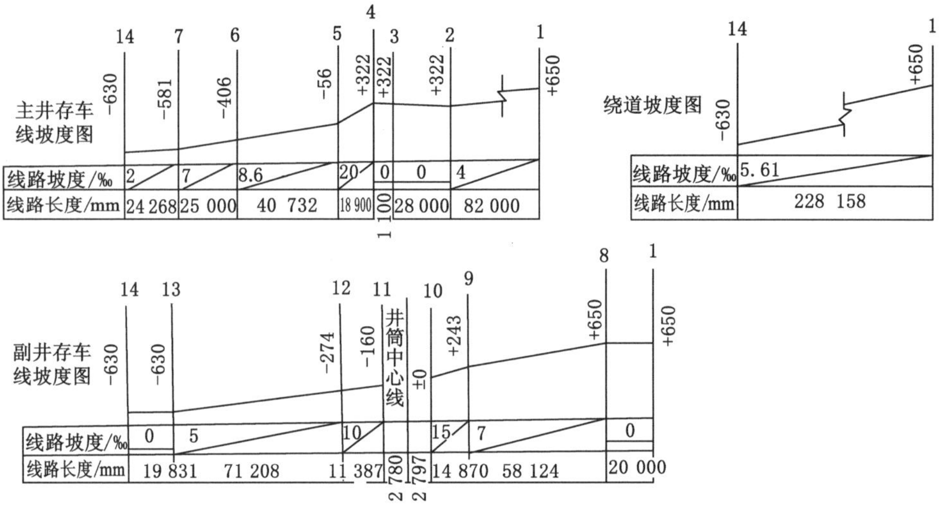

(b)

图 6-24　井底车场线路平面示意图

三、井筒断面图

(一) 概述

根据井筒施工过程中实测的资料和数据绘制的反映井筒内部设施装备和井筒穿越岩层情况的综合性图纸,称为井筒断面图,包括井筒垂直剖面图和横断面图,如图 6-25 所示。井筒断面图的比例尺一般采用 1∶200 或 1∶500。

(二) 图示内容

(1) 井壁支护材料和衬砌厚度,壁座的位置和厚度,掘砌的月末位置。

(2) 穿越岩层的柱状描述(岩层名称、厚度、距地表的深度和岩性简况,开凿过程中的涌水量和其他水文资料等)。

(3) 地表(锁口)、井底和各中间连通水平的高程注记。

(4) 井筒竖直程度。

(5) 附井筒横断面图,图上绘出井筒内主要设施及井筒提升方位、井口坐标。

(6) 附表中列出井筒中心坐标,井筒直径、深度、井口和井底高程,井筒提升方位,井筒开工与竣工日期以及施工单位等。

主井断面图
比例尺 1:200

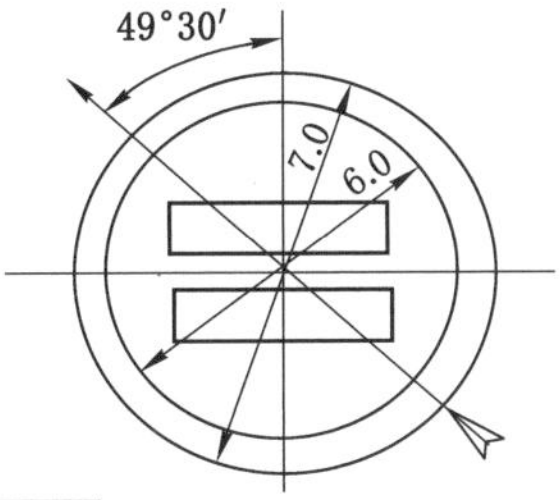

井筒中心坐标
X=3 218 650.41
Y=67 630.20

涌水量/m³·h⁻¹	深度/m	垂直厚度/m	岩石名称
	20	20	表土
	50	30	黄土
50	55	5	黄土砂层
	73.5	18.5	细砂层
	86	12.5	粗砂层
130	136.5	50.5	黏土页岩
	145	8.5	砂质页岩
	146.8	1.8	煤
	148.8	2	砂质页岩
	151.3	2.5	煤
	157.8	6.5	砂质页岩
140	169.4	1.6	煤
	177.7	8.3	砂岩
…	…	…	…
	290.5	13.6	黏土岩
	305.7	15.2	砂岩
	308.8	3.1	煤
	314.6	5.8	砂质页岩
210	316.5	1.9	煤
	322.8	5.3	砂岩
	326.4	3.6	黏土岩

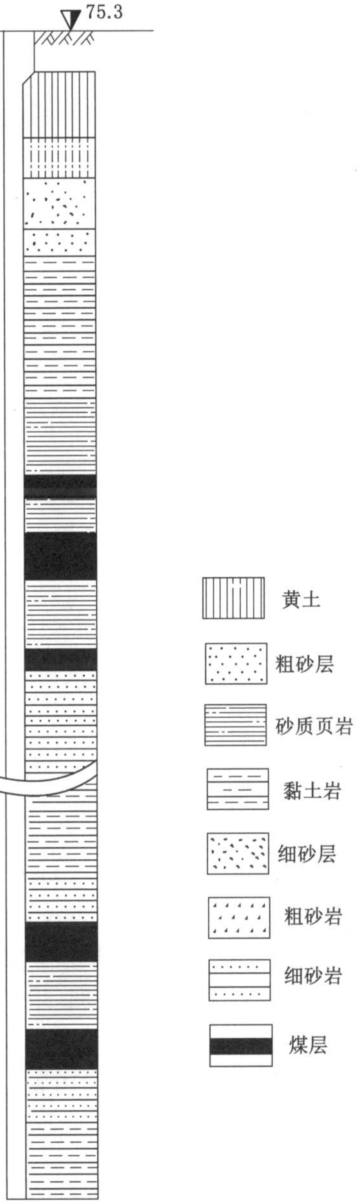

图 6-25　某矿井井筒断面图

（三）用途

井筒断面图主要为矿井开采提供井筒情况的地质资料，为井筒延深设计、井筒设备安装和井筒维修提供资料依据。

四、采掘工程计划图

（一）概念

采掘工程计划图是在现行采掘工程平面图、水平主要巷道布置平面图的基础上，根据市场对矿井的煤炭产量和质量提出的要求，依据矿井设计资料、生产技术和地质条件以及矿井的实际管理情况绘制出的下一时期（一般为一年及以上）的采掘布置情况的图件。采掘工程计划图又叫采掘工程发展规划图，它是保证矿井采掘平衡、稳定高产、指挥和安排生产的重要图件之一。

在矿井生产过程中，采煤和掘进是矿井生产的两个基本环节，要想采煤必须先进行掘进，掘进为采煤做准备，即“采掘并举，掘进先行”。只有将采、掘合理安排，使采掘关系平衡，才可保证矿井正常生产，创造出更好的经济效益。因此，需很好地安排矿井采掘计划。采掘计划图是采掘计划的直观体现。

采掘工程计划图可分为开采计划图和巷道掘进工程计划图。开采计划图又分为采煤工作面年度生产计划图、采煤工作面较长期（5～10 a）规划图和采区接替规划图；巷道掘进工程计划图可分为年度计划图、较长期巷道掘进规划图和水平接替规划图。按巷道类别又分为回采巷道掘进计划图、准备巷道掘进计划图和开拓巷道掘进计划图。

（二）图示内容

采掘工程计划图反映的主要内容如下：

(1) 矿井现有采煤、掘进工作面的类型、数目、位置。

(2) 年度内各采、掘队组逐月、逐季工作地点、计划进度（或进尺）及接替关系等。

(3) 采煤工作面、采区、水平的接替。

（三）用途

采掘工程计划图的主要用途如下：

(1) 用于编制年度产量计划和采掘设备投资预算。

(2) 用于安排和组织采煤和掘进工作。

(3) 了解计划年内（各时期）的计划产量和巷道掘进进尺。

(4) 了解采区内工作面的计划接替情况。

(5) 了解采掘队组进度或进尺，指挥生产。

(6) 检查、验收各队组采掘任务完成情况。

(7) 用于检查分析水平之间、采区之间的接替关系。

（四）识读方法

(1) 看清图名、比例。按照图名，搞清采掘工程计划图是哪一水平、哪一煤层或哪一采区的采掘计划图，了解计划年内（各时期）采掘安排情况。

(2) 了解现行采掘情况。通过采掘工程计划图，了解掌握现行采煤、掘进工作面的位置、数量和开采情况等。

(3) 了解采掘面接替情况。了解主采煤层工作面的接替关系，以及保证主采面的接替关系，然后再逐一了解其他采掘工作面接替情况。

(4) 看采掘协调关系。按照采煤工作面、采区、水平的接替关系和时间，了解采煤工作面、采区、水平的准备情况。要确保其正常接替，使其采掘关系协调。在现生产采区内，提前10～15 d完成接替工作面的掘进及设备安装工作；在现有开采水平，每个采区减产前1～1.5个月内完成接续采区和接替工作面的掘进和设备安装工作；现有水平内，同采采区总产量开始递减前1～1.5 a，完成下一开采水平的基本井巷工程和安装工程。

图6-26所示为某矿采掘工程计划图的一部分。由图例可知，实线表示已开掘井巷，虚线表示待开掘井巷，运输大巷1、总回风巷2已掘至305盘区，305盘区下部车场5、进风行人巷6、盘区煤仓7已掘出，轨道上山11、带式输送机上山12已掘出一部分。

303盘区8301、8302、8303采煤工作面已开采。采煤一队、二队分别在8304、8305采煤工作面进行回采，从图上可推断出时间为2002年9月。采煤一队2003年工作面衔接关系为8304—8307—8308，采煤二队2003年工作面衔接关系为8305—8306—8309。图中标明了2003年各采煤工作面的逐月开采计划。

在该图中2003年安排了三个掘进队施工，队组分别为掘进一队、二队、三队。2003年1月掘进一队同时开掘8308工作面运输平巷和8310工作面回风平巷，接着开掘8308工作面切眼，于2003年6月30日与8308工作面回风平巷贯通；之后在7月份开掘8310工作面运输平巷和8312工作面回风平巷，可推断到2004年1月中旬8310工作面巷道掘进工作完毕。掘进二队2003年1月同时开掘8309工作面运输平巷和8311工作面回风平巷；之后在6月下旬开掘8309工作面切眼，于7月底和8309工作面回风巷贯通；后在8月份开掘8311工作面运输平巷，12月份开掘8311工作面切眼。掘进三队2003年开掘305盘区轨道上山11和带式输送机上山12，至2003年底305盘区准备巷道掘进完毕。

图6-27所示为某矿2012年度采掘工程计划(工作面接替计划)图。由说明可知，实线表示已开掘井巷，虚线表示待开掘井巷。运输大巷、总回风巷已掘至一采区、二采区上山口位置，并和上山相连形成系统。

一采区采用双翼开采，现有采煤一队、二队分别在1701、1702采煤工作面进行回采，从采掘计划说明及图中可推断出2012年3月之前将结束1701和1702工作面。采煤一队2012年工作面衔接关系为1701—1703—1705，采煤二队2012年工作面衔接关系为1702—1704—1706，图中标明了2012年各采煤工作面的逐季度开采计划。

任务实施

任选某矿正在使用的水平主要巷道布置平面图、井底车场平面图、井筒断面图、采掘工程计划图各一张做识读练习，并写出识读报告。

思考与练习

1. 简述水平主要巷道布置平面图、井底车场平面图、井筒断面图、采掘工程计划图的图示主要内容及主要用途。

2. 简述水平主要巷道布置平面图、井底车场平面图、井筒断面图、采掘工程计划图的识读方法及要点。

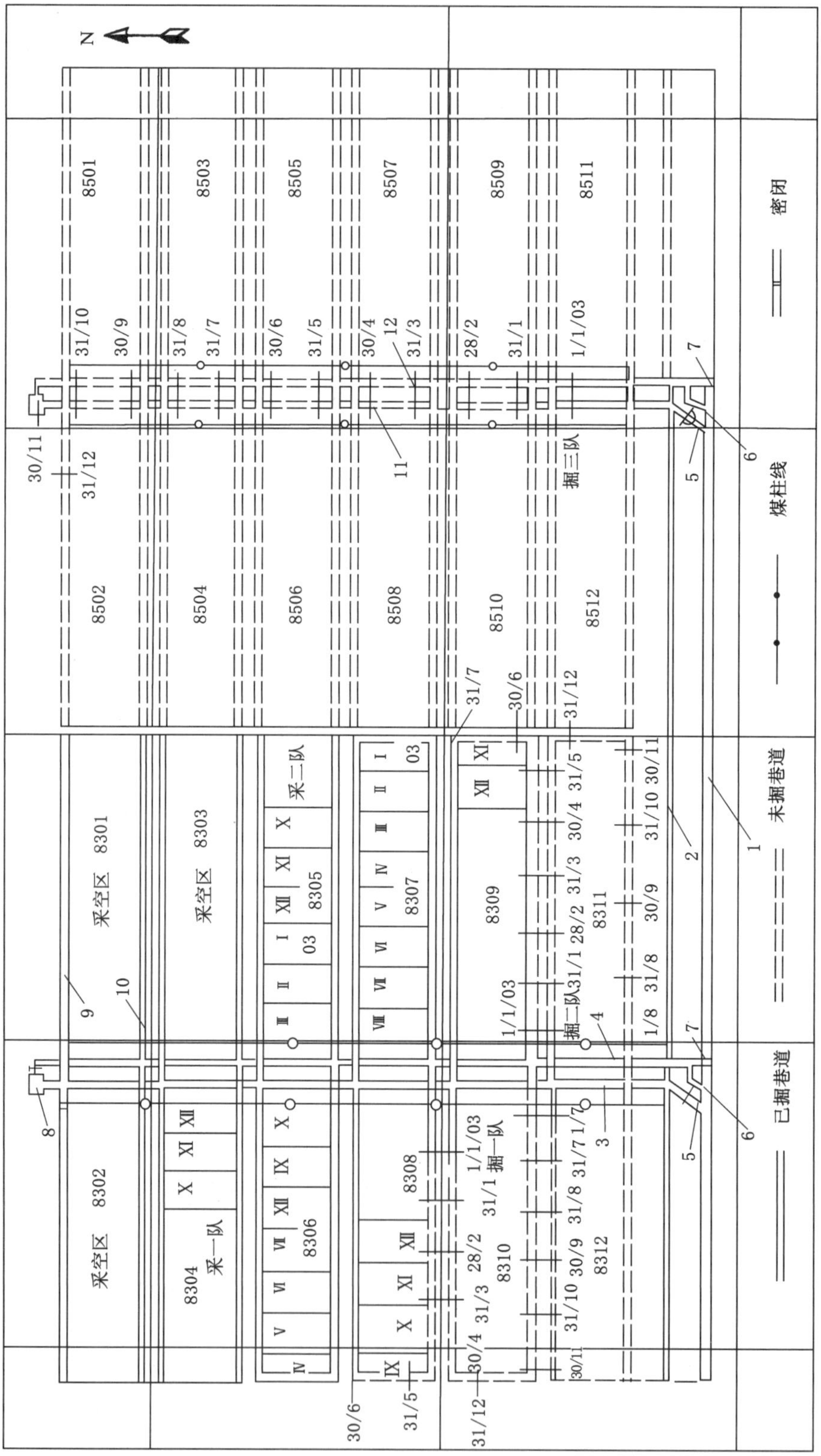

1—运输大巷；2—总回风巷；3—303盘区轨道上山；4—303盘区带式输送机上山；5—盘区下部车场；6—进风行人巷；
7—盘区煤仓；8—绞车房；9—区段回风巷；10—区段进风巷；11—305盘区轨道上山；12—305盘区带式输送机上山。

图6-26　某矿采掘工程计划平面图（部分）

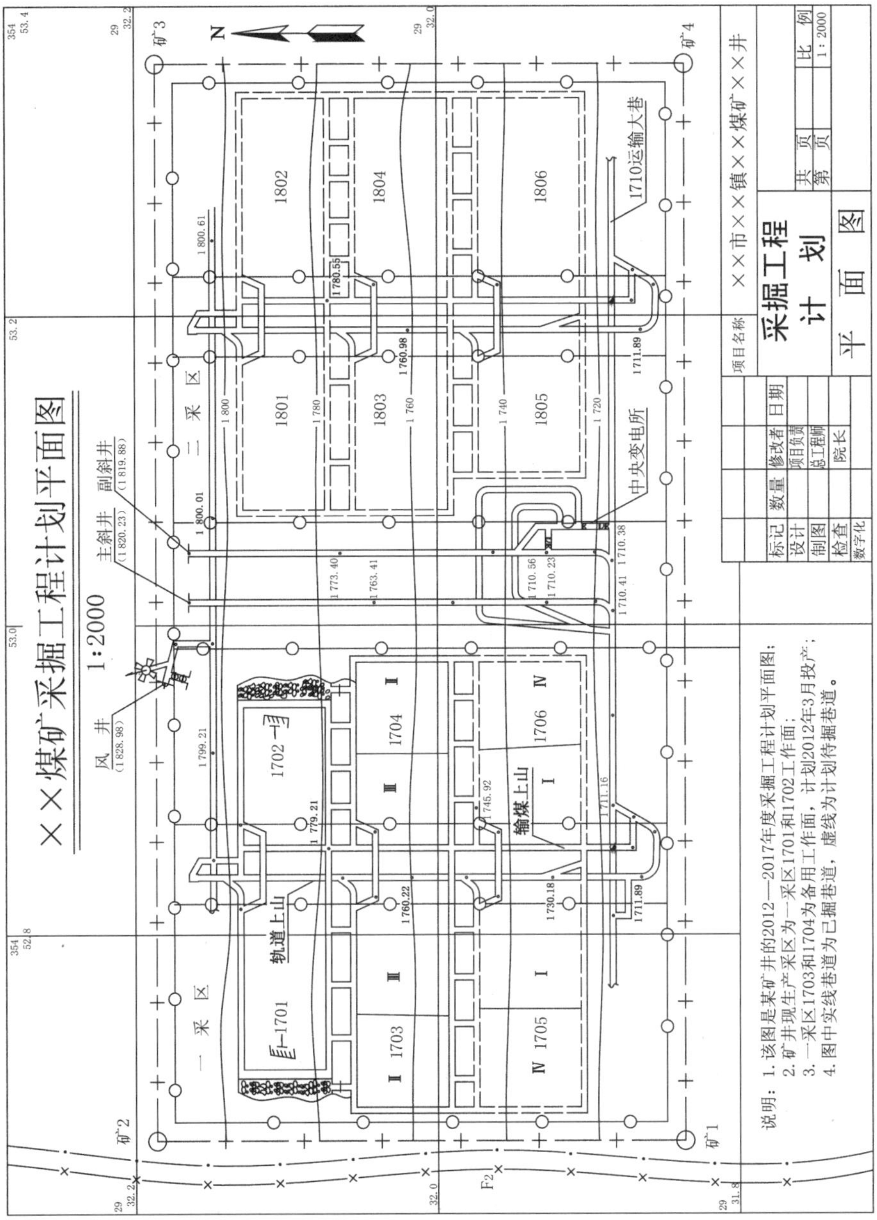

图 6-27 某矿 2012年度采掘工程计划平面图

项目七　矿井其他矿图

任务一　井上下对照图

【知识要点】 井上下对照图的绘制方法;井上下对照图的识读。

【技能目标】 掌握井上下对照图的绘制方法,能正确识读井上下对照图,并应用于课程实训。

【思政目标】 立足我国能源资源禀赋,不断深入推进能源革命,推动我国从能源大国向能源强国转变,能源生产和消费方式实现清洁、低碳、安全、高效的历史性变革,步入高质量发展轨道。

任务导入

矿井生产管理工作中,通过井上下对照图可以了解地面情况和井下采掘工程情况的相对位置关系,为地面建设规划、井下开采设计和施工服务。

任务分析

井上下对照图是一种复合图,它是以井田区域地形图为基础绘制的,利用采掘工程测量资料填绘各开采水平的主要巷道和采掘范围。井上下对照图的编绘工作是由测量工程人员和地质工程人员共同负责编制完成的。

相关知识

一、概述

采用水平正投影的方法将井下主要巷道投影到井田区域地形图上所得的图纸称为井上下对照图。

井上下对照图主要包含以下内容:

(1) 井田区域地形图所规定的内容。

(2) 各个井口(包括废弃不用的井口和小窑开采的井口)的位置。

(3) 井下主要开采水平的井底车场、运输大巷、主要石门、主要上(下)山、总回风巷和采区内的主要巷道、开采的工作面及编号。

(4) 井田技术边界线、保护煤柱围护带和边界线。

井上下对照图主要用于了解和掌握地面和井下的对照情况及回采对地面的影响,为井田范围内的规划、设计提供依据。

井上下对照图的比例尺一般为 1∶2 000 或 1∶5 000。

二、井上下对照图的绘制方法

从井上下对照图的概念可知，井上下对照图是一种复合图，它是以井田区域地形图为基础绘制的。绘制时，首先在透明纸或聚酯薄膜上描绘井田区域地形图，标出井口位置、工业广场建筑物、道路、河流和其他地面重要建筑物等；然后用相同比例尺，对好网格相应的坐标，将主要巷道填绘上去，即得井上下对照图。如图 7-1 所示，图(a)为井田区域地形图的一部分，图(b)为相应的三个开采水平的主要巷道平面图的一部分，按上述方法将图(a)和图(b)综合绘制在一起，则可得井上下对照图(c)。随着井下采掘工程的不断变化，井上下对照图也必须按一定时间，及时将井下采掘情况填绘上去。

三、井上下对照图的识读

识读井上下对照图时，应着重看清以下三方面的位置关系：

(1) 地面的地物、地貌，特别是通过矿区的河流、铁路，位于矿区内的湖泊、桥梁、工厂、村庄和其他重要建筑物等。

(2) 煤层埋藏情况，如煤层露头，煤层的层数、厚度、走向、倾向和倾角等。

(3) 井下的采掘工程情况，如井下开采水平的数目、主要巷道的布置、采煤工作面和掘进工作面的位置、采空区的范围及处理方法等。

例如，图 7-1(c)所示为某矿井上下对照图的一部分，矿区北部地势较高，有两个小山，由北向南地势渐趋平缓。有一条大河自东北向西南进入矿区。矿区中西部有三个村庄。该矿井共开采三个煤层，地面上有第二煤层的露头线，煤层走向大致为东西方向，向南倾斜，倾角为 28°～40°，煤层平均厚度为 5 m。矿井采用多水平、集中岩石运输大巷和采区石门开拓，第一、二水平正在回采，第三水平处于开拓准备阶段。

四、井上下对照图的应用

井上下对照图的主要用途是用来了解地面情况和井下采掘工程情况的相互位置关系，为地面建设规划、井下开采设计和施工服务。如在制定矿区规划时，应考虑将地面工厂、铁路和其他重要建筑物安置在井下采动影响范围之外；在进行井下开采设计时，井口位置的选择、井下巷道的布置、煤柱的留设、顶板管理方法的选择等，也要考虑地面具体情况。有了井上下对照图，解决这些问题就方便多了。现举例说明井上下对照图的应用。

1. 确定地表移动范围

由于井下采动所引起的岩层移动和地表沉降，可能使地表的铁路和重要建筑物遭受破坏，还可能使地面河流或湖泊之水随地表塌陷而涌入井下，造成重大灾害，因此，必须准确地确定受到采动影响地表移动的范围，以便采取必要措施。

图 7-2 所示是某矿局部地区井上下对照图。地面有一个村庄，在井下－20～－60 m 和－60～－100 m 等高线间分别布置了正在采煤的工作面，现在要知道开采这两个工作面后，村庄是否会有危险。为此，就必须确定由于煤炭采出所引起的地面移动范围。

其作图步骤如下：

(1) 在井上下对照图上画出剖面线Ⅰ—Ⅰ、Ⅱ—Ⅱ和Ⅲ—Ⅲ的位置，如图 7-2 所示，沿此三条线作地表和煤层的垂直剖面图。

(2) 在Ⅰ—Ⅰ、Ⅱ—Ⅱ和Ⅲ—Ⅲ剖面图的上部开采边界点上(如Ⅰ—Ⅰ、Ⅱ—Ⅱ的 5′点，

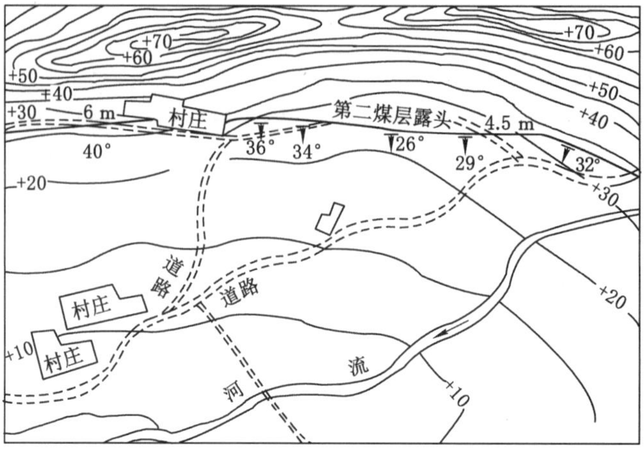

(a) 井田区域地形图

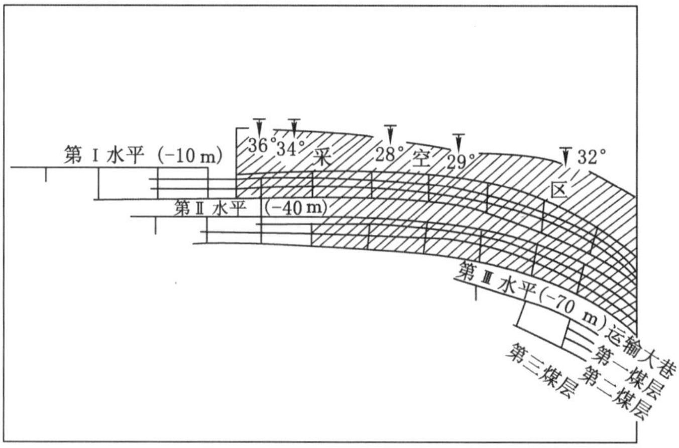

(b) 开采水平主要巷道综合平面图

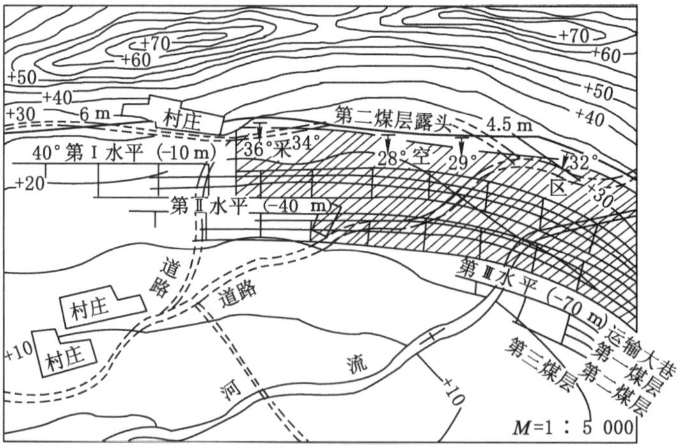

(c) 井上下对照图

图 7-1 某矿井上下对照图(局部)的绘制

Ⅲ—Ⅲ的 6′点），按上山移动角 γ 作直线与地表相交，分别得到 A'、B'、C'三点。图中的上山移动角 γ 与煤层厚度、开采深度、上覆岩层的性质等因素有关。

(3) 将 A'、B'、C'投影到水平线上，得 A、B、C 三点。

(4) 将三个剖面图上的 A、B、C 三点分别转画到井上下对照图的三个剖面线上，得平面图上的 A、B、C 三个点。

(5) 过井上下对照图上的 A、B、C 三点作虚线，即为地表受岩层移动影响的范围。

由图 7-2 可知，村庄位于地表移动范围以外，井下开采不会危及村庄的安全。

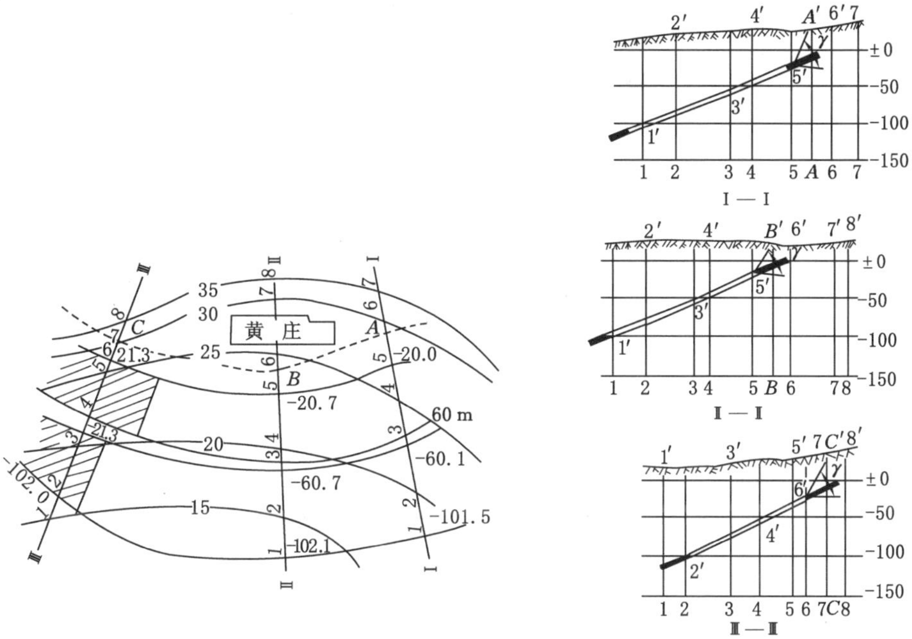

图 7-2 某矿局部地区井上下对照图

2. 确定井下开采深度

在井上下对照图上，可同时知道地面某点标高 $H_{上}$和煤层底板标高 $H_{下}$，则该点的开采深度 H 为：

$$H = H_{上} - H_{下}$$

如图 7-2 中Ⅰ—Ⅰ线上 5 点处的开采深度为：

$$H = 27.5 - (-20.0) = 47.5\ (\mathrm{m})$$

利用这种方法，可确定排水钻孔、灌浆灭火钻孔等各种钻孔的深度。

3. 考虑铁路下、建筑物下和水体下采煤的问题

在铁路下、建筑物下和水体下进行开采工作，由于岩层的塌陷会造成地表的沉降，为了使地表发生的沉降不会引起铁路、建筑物的破坏和水体的水导入井下，需要在开采方法、开采顺序和开采时间上采取适当的措施，有时还要在建筑物的结构上采取措施。井上下对照图是研究“三下”采煤问题的基础资料之一。

图 7-3 所示为某矿局部地区的井上下对照图。地面有一条大致纵贯东西的铁路和一条公路，并有一座铁桥，桥下 238 m 处有厚为 1.3～2.2 m 的煤层。为了使开采所引起的岩层

移动不会引起地表铁路和大桥发生超出允许范围的变形，已在铁路下方沿铁路走向布置了长壁采煤工作面，并在开采工艺上采取了适当的措施。

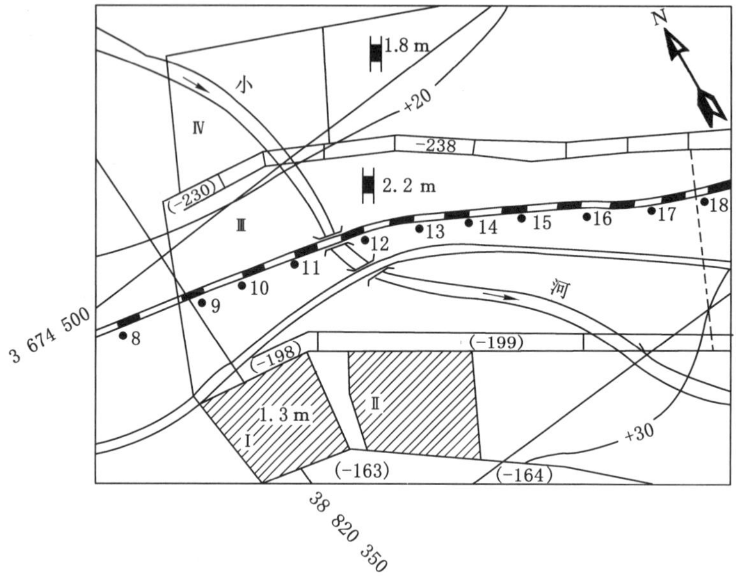

图 7-3　某矿局部地区井上下对照图

4. 确定钻孔的位置

在进行钻探、井下注浆灭火、排水或处理井下灾害事故中，往往需要向井下打钻，此时准确地定出钻孔的位置是极其重要的。这一工作也需借助井上下对照图来解决。

任务实施

结合具体煤矿井上下对照图，说出地面地物、地貌与井下巷道、硐室及采煤工作面上下位置关系，并利用井上下对照图及该矿区地表与岩石移动参数绘出某工作面开采影响范围。

思考与练习

1. 如何绘制井上下对照图？
2. 井上下对照图有哪些主要内容？

任务二　保护煤柱图

【知识要点】　保护煤柱的设计；矿井保护煤柱图的绘制。

【技能目标】　根据矿井地质资料进行保护煤柱的设计；能绘制矿井保护煤柱图。

【思政目标】　在保护煤柱图识读与应用中，培养良好的学习习惯，学会通过图纸解决生产问题，肩负起时代赋予的光荣使命。

任务导入

保护煤柱是指留在井下不予采出的、目的是保护其上方岩层内部和地表的保护对象不受开采影响的煤体。

由于煤矿地下开采范围大、开采层数多而开采深度有限，开采的影响一般都能发展到地表，波及上覆岩层与地表的一些与人类生产和生活有密切关系的对象，如湖泊、河流、铁路、公路、民用住宅和工业厂房、管道、农田水利设施以及井下工程等，使工农业生产不能正常进行，居民的居住安全得不到保证。因此，必须采取措施进行防护，以减小或者完全避免地下开采的有害影响。留设保护煤柱就是其中的措施之一。

任务分析

在矿井建设、生产过程中，反映保护煤柱的具体留法及尺寸大小的相关图纸，都是保护煤柱图，如井田边界煤柱图、工业场地保护煤柱图、井筒保护煤柱图、铁路保护煤柱图等。

相关知识

一、概述

为使井田范围内的地表铁路、建筑物和水体免受地下开采影响，划定煤层开采边界的综合性图纸，称为保护煤柱图。保护煤柱有多种，如工业广场保护煤柱、铁路保护煤柱、村庄保护煤柱、井筒保护煤柱等。矿井主要保护煤柱图是确定矿井开采边界、进行矿井改扩建和指导生产的重要依据。

主要保护煤柱图的比例与采掘工程平面图一致，一般为 1∶2 000 或 1∶5 000。

二、留设保护煤柱的方法及其作图步骤

留设保护煤柱的方法有竖直剖面法和垂线法，前者为最常用方法。现举例说明不同类型保护对象留设保护煤柱的作图方法和步骤。

(一) 立井井筒保护煤柱的留设

某矿井地质开采条件及冲积层和基岩移动角详见表 7-1，井筒保护煤柱如图 7-4 所示。

表 7-1　某矿矿井地质开采条件、冲积层和基岩移动角

井筒垂深 H/m	煤层厚度 /m	煤层倾角 /(°)	φ /(°)	γ /(°)	δ /(°)	冲积层厚度 h/m
280	2	20	45	70	60	25

(1) 通过立井井筒中心沿煤层倾斜方向和走向分别作剖面Ⅰ—Ⅰ和Ⅱ—Ⅱ，按Ⅰ级保护建筑物在井筒周围留 20 m 宽的围护带，在剖面图上得 m、n、k、l 点。

(2) 根据冲积层和基岩的移动角值，绘出保护煤柱的边界线，在剖面Ⅰ—Ⅰ上得 m_1、n_1 点，在剖面Ⅱ—Ⅱ上得 k_1、l_1、g、h 各点。

(3) 将 m_1、n_1、k_1、l_1、g、h 各点投影到平面图上，得 m_2、n_2、k_1'、l_1'、g'、h'点，连接$k_1'g'$、

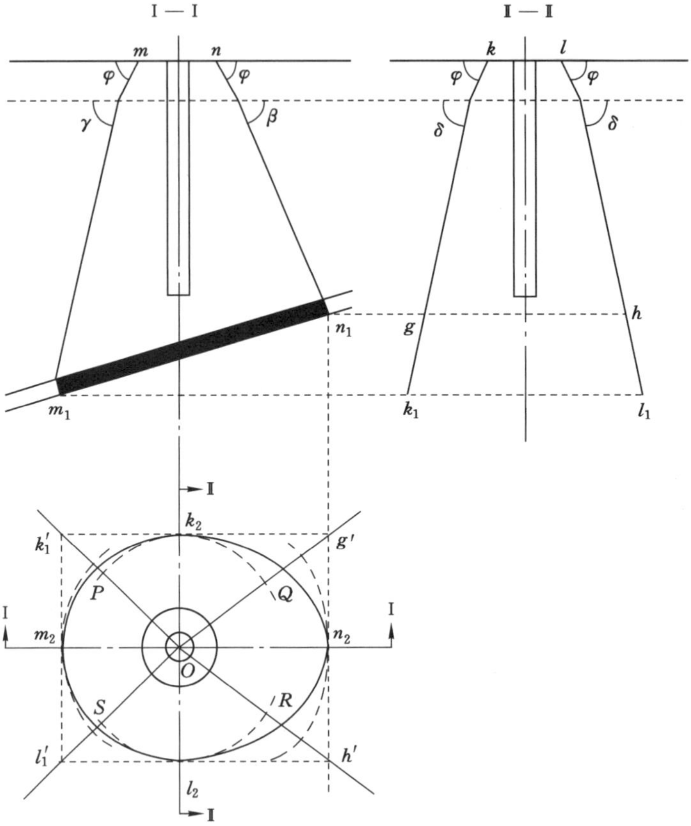

图 7-4　某矿立井井筒保护煤柱的留设

$g'h'$、$h'l'_1$、$l'_1k'_1$ 交Ⅰ—Ⅰ、Ⅱ—Ⅱ剖面线于 k_2、n_2、l_2、m_2 点。连接 Ok'_1、Og'、Oh'、Ol'_1。

(4) 以井筒中心 O 为圆点，分别以 Om_2、Ok_2、On_2、Ol_2 为半径画圆弧，并交于对角线上，取圆弧与对角线交点的中点为 P、Q、R、S 点。

(5) 用圆滑曲线连接 m_2、P、k_2、Q、n_2、R、l_2、S 各点，即为立井井筒安全煤柱的边界。

(二) 工业广场煤柱的留设

某矿工业广场需保护的建筑物如图 7-5 所示，保护级别为Ⅱ级，留围护带宽为 15 m。该矿的地质开采条件及冲积层和基岩移动角见表 7-2。

表 7-2　某矿矿井地质开采条件、冲积层和基岩移动角

建筑物中心处地下煤层深度 H/m	煤层厚度 /m	煤层倾角 /(°)	φ /(°)	γ /(°)	β /(°)	δ /(°)	冲积层厚度 h/m
320	2	26	45	72	57	72	30

根据上述条件，用竖直剖面法留设保护煤柱的方法和步骤如下：

(1) 确定受保护面积。

根据井上下对照图，按比例尺绘出工业广场轮廓，过轮廓的角点作平行于煤层走向和倾向

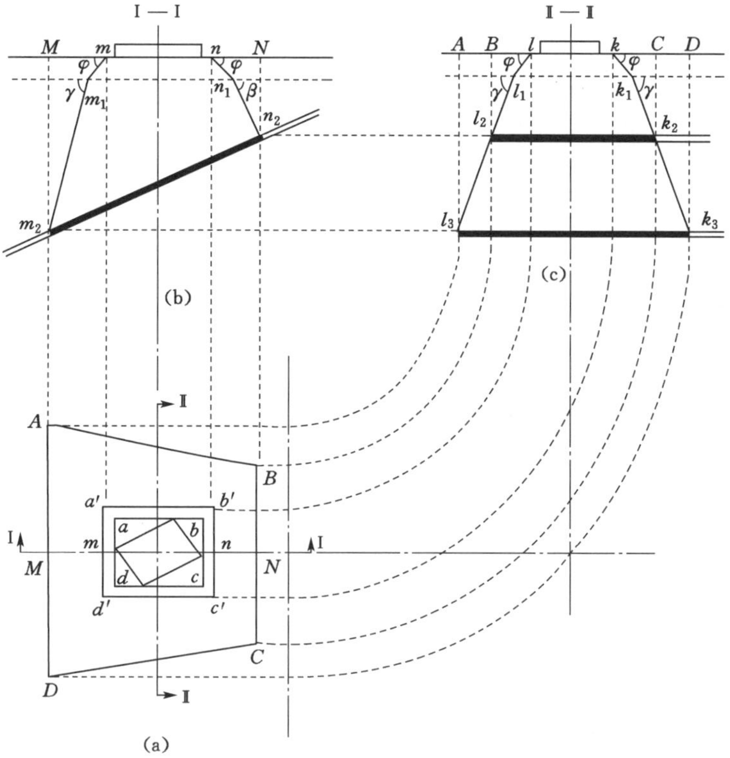

图 7-5　工业广场保护煤柱留设方法示意图

的外切矩形 $abcd$；工业广场保护级别为Ⅱ级，再向外加宽 15 m 的围护带，得矩形 $a'b'c'd'$，即为所确定的保护面积，如图 7-5(a)所示。

(2) 确定保护煤柱边界线。

过保护面积中心沿煤层倾向作剖面Ⅰ—Ⅰ，如图 7-5(b)所示。该图中保护边界点为 m、n，从这两个边界点作冲积层移动角 $\varphi=45°$，交于冲积层与基岩分界处，得交点 m_1、n_1；再由 m_1 作上山移动角 $\gamma=72°$，由 n_1 作下山移动角 $\beta=57°$，分别交煤层于 m_2、n_2 点，即为保护煤柱在倾斜方向的下部边界点和上部边界点，将两点转绘到平面图上，得 M 和 N 点。

(3) 作沿煤层走向的剖面图Ⅱ—Ⅱ。

用同样方法作沿煤层走向的剖面图Ⅱ—Ⅱ，如图 7-5(c)所示。由保护边界点 l、k 处作 $\varphi=45°$，得冲积层与基岩分界处的 l_1、k_1 点；再作基岩移动角 $\delta=72°$，与煤层交于上部保护边界得点 l_1、k_2，交下部保护边界得 l_3、k_3 点。

(4) 在平面图上，过 M、N 点作平行于煤层走向的直线，将Ⅱ—Ⅱ剖面上的 l_2、k_2 和 l_3、k_3 点转到平面图上，即得保护煤柱边界 $ABCD$。

任务实施

通过本任务的学习，应具备矿井煤柱设计基本技能，能正确识读井田地质剖面图、矿井煤层底板等高线图、井上下对照图，利用矿井生产资料，进行保护煤柱设计。

思考与练习

1. 矿井保护煤柱的作用是什么？

2. 矿井中留设的主要保护煤柱有哪些？

任务三 煤矿系统图

【知识要点】 通风系统图、运输系统图、排水系统图、井下供电系统图、通信系统示意图、避灾线路图。

【技能目标】 能够正确识读运输系统图、排水系统图、井下供电系统图、通信系统示意图、安全系统图。

【思政目标】 应用矿井系统图配合其他主要生产图，将其他图中没有表达清楚的生产系统用煤矿系统图简洁、清晰地表达出来，培养团队合作意识，树立为人民服务的思想。

任务导入

矿井生产系统指的是在煤矿生产过程中的提升、运输、通风、排水、人员安全进出、材料设备上下井、矸石出运、供电、供气、供水等巷道、线路及设施组成的系统。为了便于生产管理，生产矿井往往还需绘制各种生产系统示意图，如通风系统示意图、运输系统示意图、排水系统示意图和供电系统示意图等。

任务分析

煤矿系统图是在采掘工程平面图的基础上绘制的(有时可直接在采掘工程平面图上填绘各种符号而构成生产系统图)，绘示意图时不严格按比例尺和投影关系，而是用示意的方法表示各种生产系统。掌握矿井生产系统图的绘制和应用，能够为正确分析矿井采掘工程平面图打下基础，便于矿井生产、管理工作的开展和实施。

相关知识

一、通风系统图及网络图

(一) 概述

矿井通风借助各种动力连续不断地向井下各用风地点输送适量新鲜空气，供井下人员呼吸，稀释和排出各种有毒、有害气体和浮尘，降低热害，改善气候环境，并在发生灾变时能根据救灾的需要控制和调度风流的流动路线。因此《煤矿安全规程》规定，矿井必须有完整的独立通风系统。矿井通风系统是矿井进、回风井在井田的布置方式，主要通风机的工作方法，通风网络和风流控制设施的总称。

矿井通风系统图是表示矿井通风网络，通风设备、设施，风流方向和风量等参数的图件，反映全矿井通风系统的当前情况，亦反映风流路线及各用风地点之间的相互关系。它是煤矿设计、建设和生产必须绘制和必备的图纸，也是煤矿安全生产管理工程图中最基础的图纸之一。

矿井通风系统图的主要内容如下：

(1) 矿井进风井、回风井数目及布置方式。

(2) 矿井通风网络结构。

(3) 矿井通风设备型号、台数、主要技术参数、安装位置。

(4) 矿井通风网络新鲜风流、污浊风流的方向及路线。

(5) 各巷道、硐室、采煤工作面、掘进工作面的名称及通过的风量。

(6) 矿井通风设施及其位置。矿井通风设施包括防爆门、测风站、风桥、风门、调节风窗、风帘、密闭墙等。

(二) 矿井通风系统图的分类及用途

1. 矿井通风系统图分类

矿井通风系统图按照绘制方法的不同，一般分为矿井通风系统工程平面图、矿井通风系统平面示意图和矿井通风系统立体示意图三种。

(1) 矿井通风系统工程平面图

矿井通风系统工程平面图是在矿井采掘工程平面图上直接标注反映矿井通风系统内容专用符号和有关技术参数的图纸。它适用于反映井下巷道系统简单的中、小型矿井，单水平开采的单一中厚煤层矿井的通风系统。它是绘制通风立体示意图和通风网络图的基础图纸，要求按月填绘。图 7-6 所示为某矿井通风系统工程平面图。

(2) 矿井通风系统平面示意图

矿井通风系统平面示意图是在矿井采掘工程平面图或矿井开拓方式平面图的基础上，根据实际通风巷道的相对位置关系，不按比例绘制的反映矿井通风系统的图纸。矿井通风系统平面示意图适用于反映任何矿井的通风系统，特别适用于多水平、多煤层同时开采的矿井，或巷道系统复杂的矿井。图 7-7 所示为某矿井通风系统平面示意图。

(3) 矿井通风系统立体示意图

矿井通风系统立体示意图是根据矿井各煤层、各井巷的空间相对位置，运用轴测投影原理、不按比例的单线条或双线条绘制而成的矿井通风系统图。它从空间关系上直观地反映了矿井实际风网结构，清楚地描绘了矿井通风系统。如图 7-8 所示为某矿井通风系统立体示意图。

2. 矿井通风系统图的用途

(1) 指导矿井日常通风管理工作。如测风、测阻力、调节风量、排放瓦斯等。

(2) 随着矿井开拓的延伸以及采区和工作面位置的变化，利用矿井通风系统图能够科学、合理地调整矿井通风系统，满足矿井安全生产的需要。

(3) 分析矿井通风系统中用风地点风量分配的合理性、稳定性、安全性，从中发现问题并及时处理。

(4) 利用矿井通风系统图，分析和评价矿井防灾抗灾能力的强弱，制定相应的切实可行的安全防范措施。

(5) 根据矿井通风系统图，制定矿井井下避灾路线，绘制矿井井下避灾路线图。

(6) 根据矿井通风系统图，可绘制矿井通风网络图，分析矿井风网结构，计算矿井通风阻力。

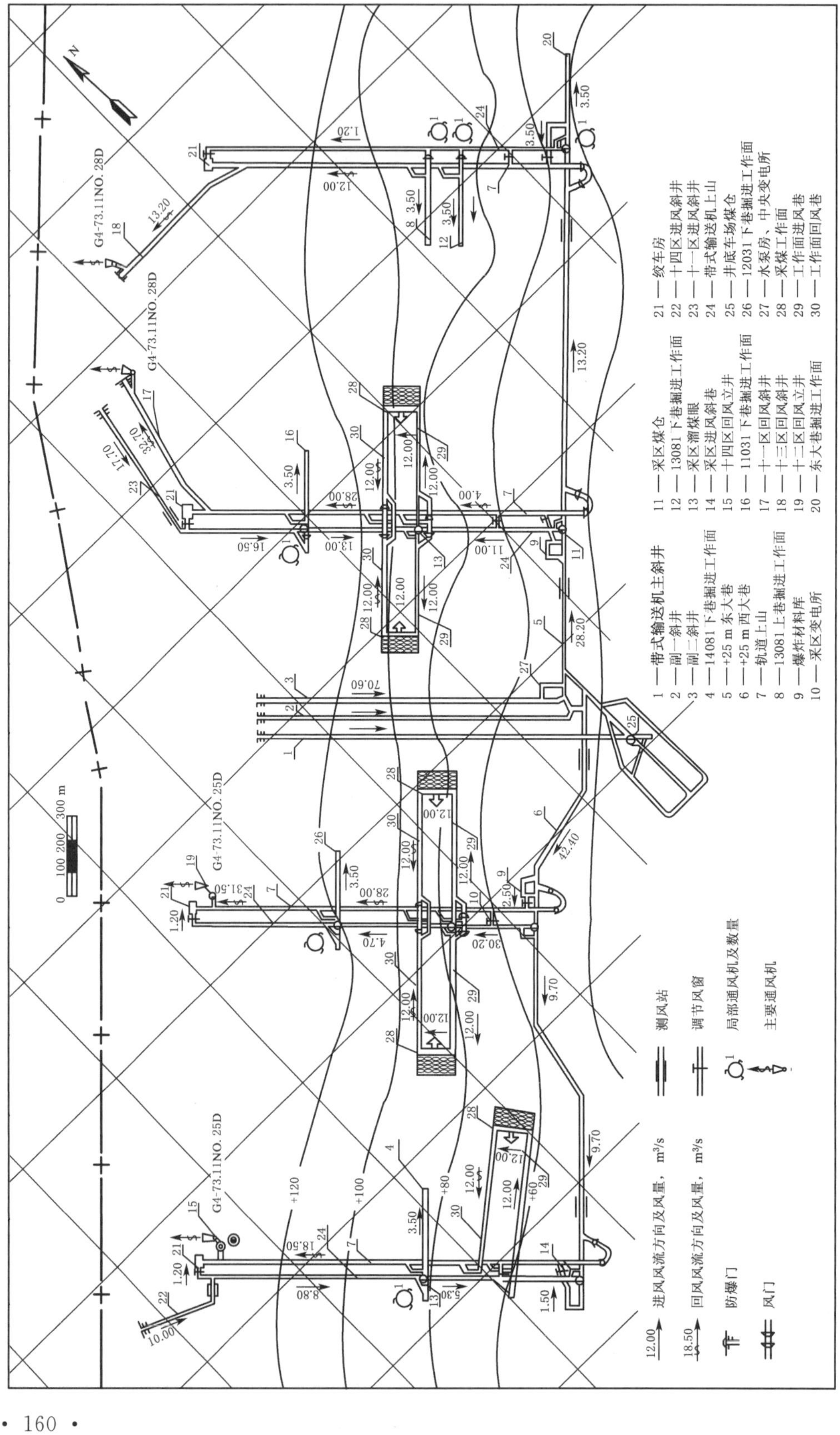

图 7-6　某矿井通风系统工程平面图

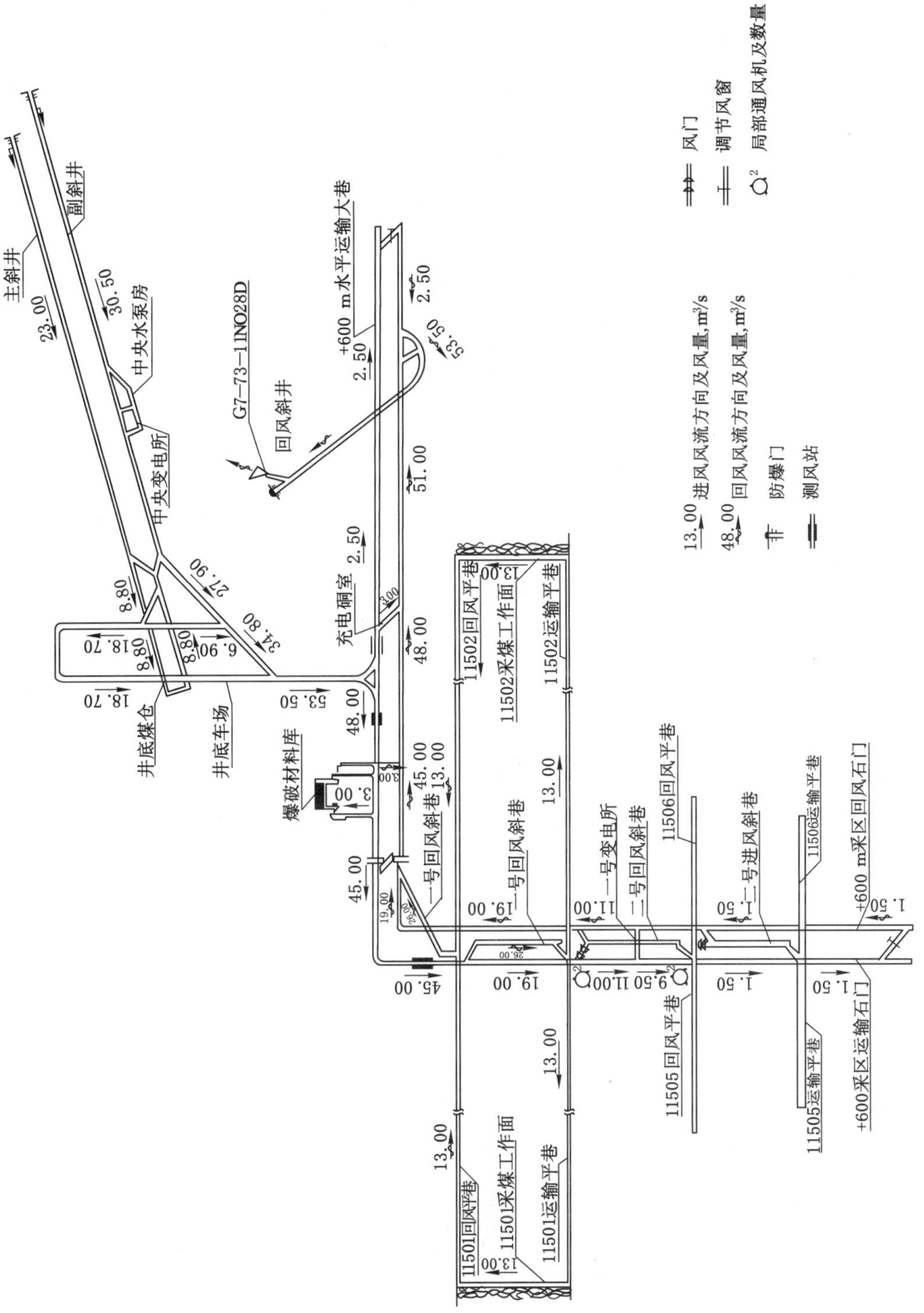

图7-7　某矿井通风系统平面示意图

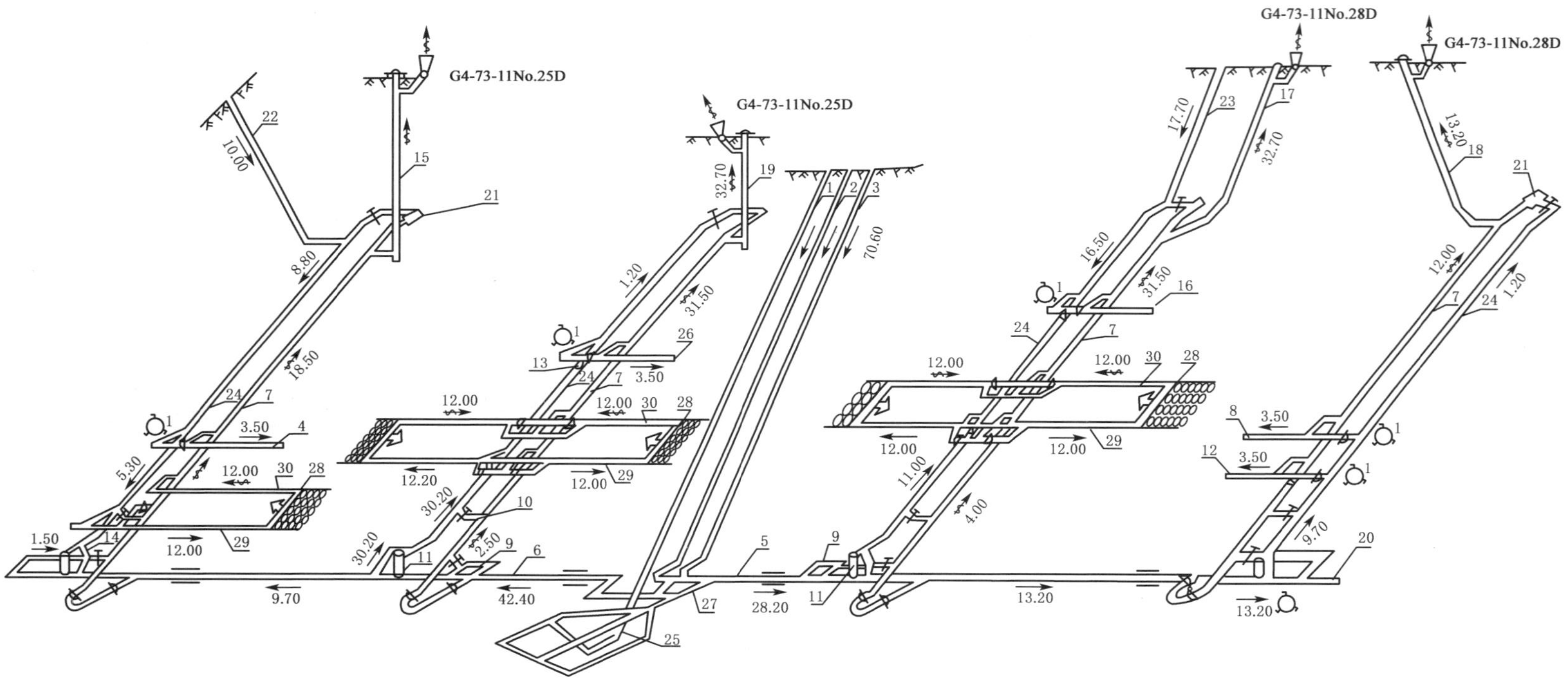

9.70 → 进风风流方向及风量，m³/s
12.00 → 回风风流方向及风量，m³/s
防爆门
风门
测风站
调节风窗
局部通风机及数量
主要通风机

1 — 带式输送机主斜井
2 — 副一斜井
3 — 副二斜井
4 — 14081 下巷掘进工作面
5 — +25 m 东大巷
6 — +25 m 西大巷
7 — 轨道上山
8 — 13081 上巷掘进工作面
9 — 爆炸材料库
10 — 采区变电所
11 — 采区煤仓
12 — 13081 下巷掘进工作面
13 — 采区溜煤眼
14 — 采区进风斜巷
15 — 十四区回风立井
16 — 11031 下巷掘进工作面
17 — 十一区回风斜井
18 — 十三区回风斜井
19 — 十二区回风立井
20 — 东大巷掘进工作面
21 — 绞车房
22 — 十四区进风斜井
23 — 十一区进风斜井
24 — 带式输送机上山
25 — 井底车场煤仓
26 — 12031 下巷掘进工作面
27 — 水泵房、中央变电所
28 — 采煤工作面
29 — 工作面进风巷
30 — 工作面回风巷

图 7-8 某矿井通风系统立体示意图

(7) 核定矿井通风能力，编制以风定产计划。

(8) 矿井一旦发生灾害，依据矿井通风系统图等资料，制定和实施抢险救灾方案。

(三) 矿井通风系统图的识读

识读矿井通风系统图，首先应认真仔细地阅读图纸的图名、图号，然后根据图样、图例、技术说明，按以下顺序进行识读：

(1) 识读矿井开拓开采巷道布置及采掘情况。如井口位置、井筒数目、井底车场、主要巷道布置、采区巷道布置、采掘工作面位置及主要硐室分布等。当矿井通风系统工程平面图的巷道系统复杂，不易看清各巷道的位置关系时，可借助有关剖面图对照识读。

(2) 识读矿井进风井、回风井数目及相互关系(矿井通风方式)，矿井通风方法，进风大巷，总回风巷数目及相互关系，采区进、回风上(下)山数量及相互关系，采煤工作面通风系统，掘进工作面通风系统，硐室通风系统。

(3) 识读矿井总风量及各用风地点的风量、主要通风机及局部通风机设置位置及有关技术参数。

(4) 识读矿井通风设施种类、数量及其位置。

(四) 矿井通风网络图

矿井通风网络图是指用不按比例、不反映巷道空间关系的以单线条表示的矿井通风网络示意图。通风网络图可以把各通风巷道之间的关系和风流流动的情况更加清晰地表示出来，是将矿井通风系统图抽象成点或线的网状线路示意图。它反映的内容包括风网结构，风流分汇点，支路性质(串联、并联、角联)，风流方向，进风、回风及用风地点。

对于一个矿井，通风系统工作的稳定性、合理性及安全性在很大程度上取决于风流线路的结构。由于矿井通风系统分流结构的复杂性，在矿井通风系统图中往往难以对风流结构及流动关系进行准确的判断与分析，而矿井通风网络图则能直观、清楚地反映矿井通风系统中的风流线路结构和流动关系，便于分析、研究矿井通风系统的合理性、稳定性和安全性，进行网络解算，改善和加强通风管理工作。

矿井通风网络图的绘制方法和步骤如下：

(1) 在通风系统图上，沿风流方向对风流的分、汇点进行有序编号。

(2) 以通风系统图为依据，用单线条代表巷道，由下而上或从左到右，按节点的编号顺序和通风巷道的连接形式绘制风网图。

(3) 按风流系统，先绘主干线，后绘支线，减少风路的交叉。

(4) 完成通风网络图的雏形后，适当美化加工，尽量绘成光滑弧状对称图形。

(5) 在各条风路上，标注风流方向、巷道风阻、风量及通风阻力等数值，以及通风设备和设施、工作面的位置等。

(6) 按上述方法绘制的通风网络图，往往较复杂，不便使用，还应根据分析问题的需要进一步简化。

简化的原则如下：

① 阻力很小的局部风网或两个节点之间的阻力很小时，可简化为一个点，如井底车场等。

② 某些并联(或串联)的分支群，可用风阻值与该并联(或串联)分支群的总风阻等效的分支来代替。

③ 正在掘进的局部通风机巷，虽然不消耗主要通风机功率，但局部通风机安装地点应满足吸入风量要求，防止循环风产生，因此要在通风网络图中绘出。

④ 简化、合并那些对整个风网不产生影响，解算风网时又不影响准确性的部分（多在风网的进风和回风区内）。但重点分析的部分要慎重处理，不可随意简化，以免遗漏实际存在的通风问题。

(7) 简化后的网络图，还应将节点编号、风阻值、风量等进行重新调整。各分支巷道也应按风流方向重新进行编号。

图 7-10 为图 7-9 所示的某矿井通风系统示意图的通风网络图。

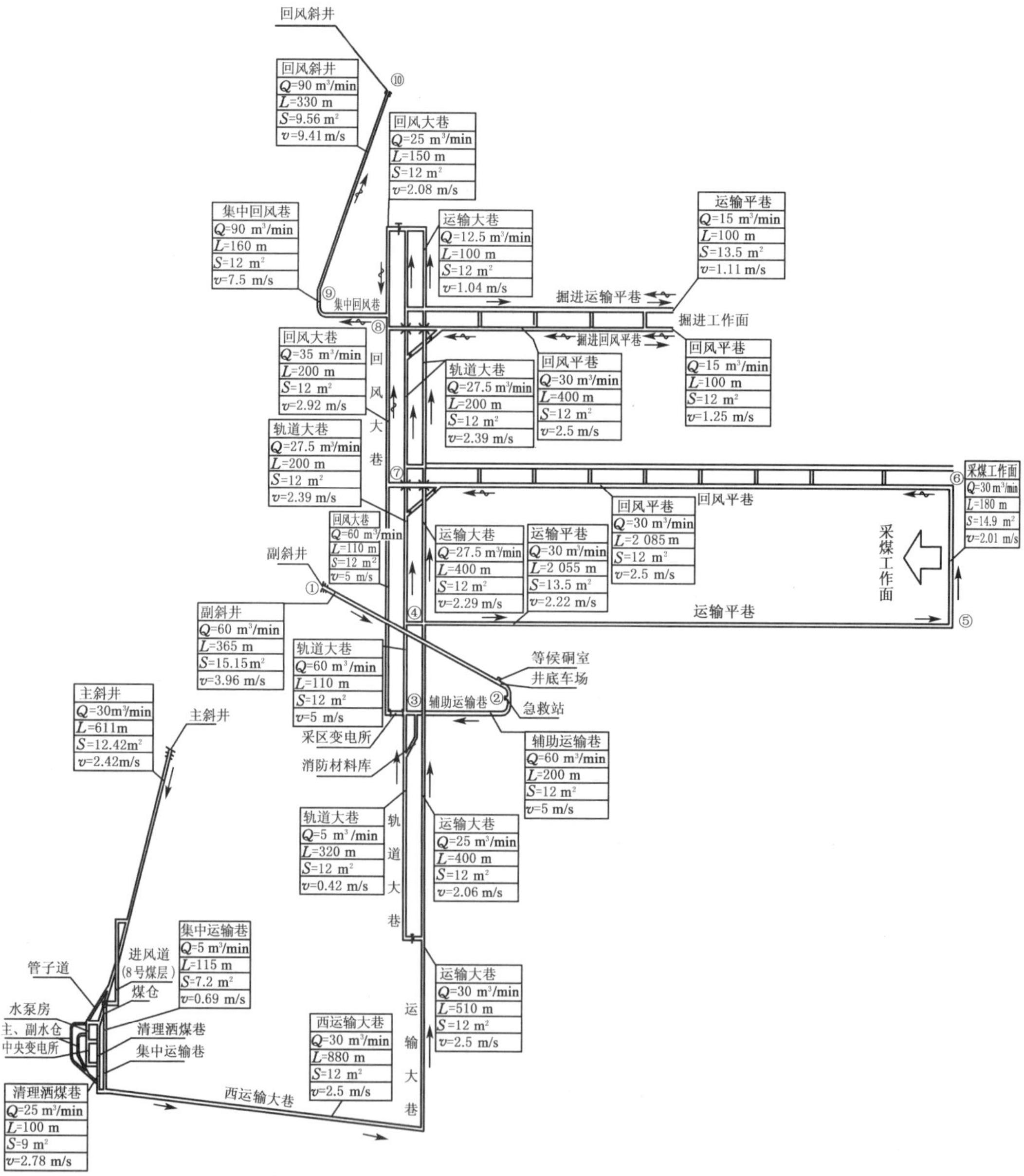

图 7-9 某矿井通风系统示意图

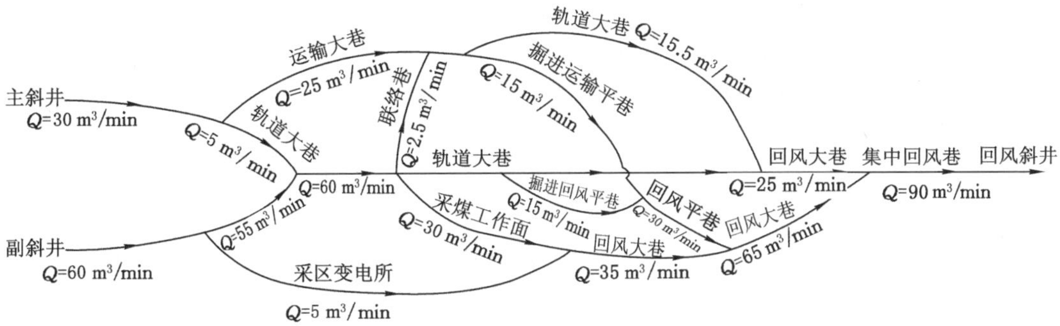

图 7-10　图 7-9 的通风网络图

二、运输系统图

1. 概述

运输系统图是表示井下运输情况的综合性图纸。该图可用专用符号直接在采掘工程平面图上填绘，也可采用示意的形式，表示出各巷道运输系统相互关系。图 7-11 所示为某矿的运输系统示意图。

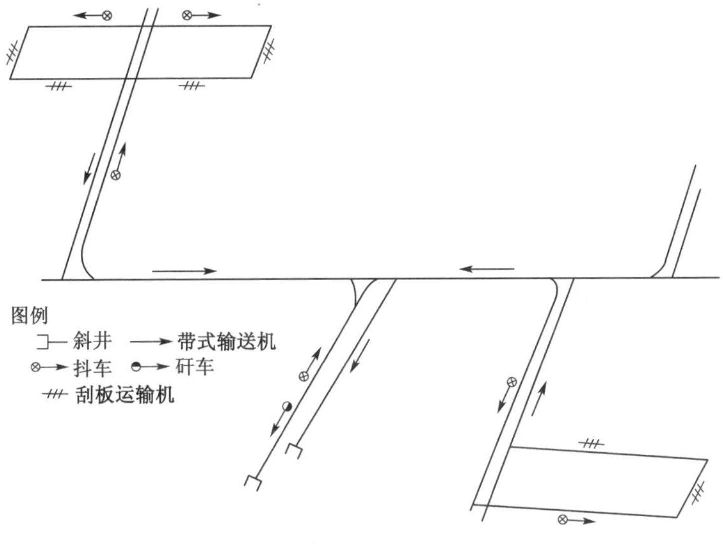

图 7-11　某矿运输系统示意图

运输系统示意图包括以下内容：

(1) 井筒的提升方式、提升设备及提升能力。

(2) 井底车场的通过能力。

(3) 各段巷道的坡度、运输距离、提升运输方式及能力。

2. 运输系统示意图的应用

(1) 根据井下运输线路、运输方式，以及设备和通过能力等情况，指挥井下运输工作。

(2) 分析井下运输系统的合理性，以便简化、优化运输系统，提高提升运输效率。

(3) 为编制年度运输计划及远景规划提供资料依据。

(4) 为运输图表管理提供参考资料。

三、排水系统示意图

排水系统示意图是表示井下各开采水平和地段的排水线路、涌水量、水仓容量、排水设备及位置、管路规格和排水量的综合性示意图，如图 7-12 所示。

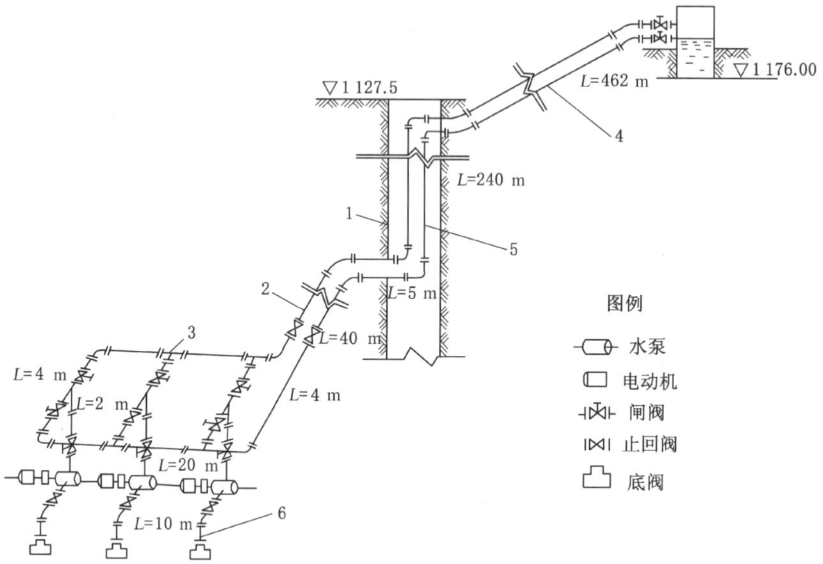

1—副井；2—管子道；3—中央泵房；4—焊接钢管；
5—无缝钢管（ϕ237×7）；6—无缝钢管（ϕ325×8）。

图 7-12　排水系统示意图

排水系统示意图的主要用途如下：

(1) 反映井下排水线路、排水设备和排水能力等情况，供主管人员了解排水情况、分析和解决井下排水问题。

(2) 便于审查排水线路和排水设备的布置是否合理，以便采取措施，改进排水工作。

(3) 作为编制矿井年度计划和长远规划的基础资料。

(4) 作为井下防水、处理井下水害的重要参考图。

四、井下供电系统图

煤矿各级变电所（地面变电所、井下中央变电所、采区变电所、移动变电站）的变压器、配电装置、供电线路及用电负荷，按照一定方式相互连接起来成为一个整体，称为矿井供电系统。

在井下供电系统示意图上，不表示井下各巷道的相对位置关系，只是表示井下供电线路、供电设备型号、电缆规格及长度，以及用电设备等情况，以便井下主管供电人员了解井下供电情况，研究和解决井下供电问题，如图 7-13 所示。

五、通信系统示意图

通信系统示意图是反映矿井通信系统网络的图件。通信系统由通信网络及通信设备组成，如图 7-14 所示。

煤矿井下通信装置的作用十分重要，在正常工作时，它可远距离联络工作人员，使机械设备互相配合运转。在输送机、转载机、斜巷串车运输设备启动前发出预警报信号，以保证启动运行的安全。井下通信系统采用矿用隔爆兼本质安全型设备，并与井下通信系

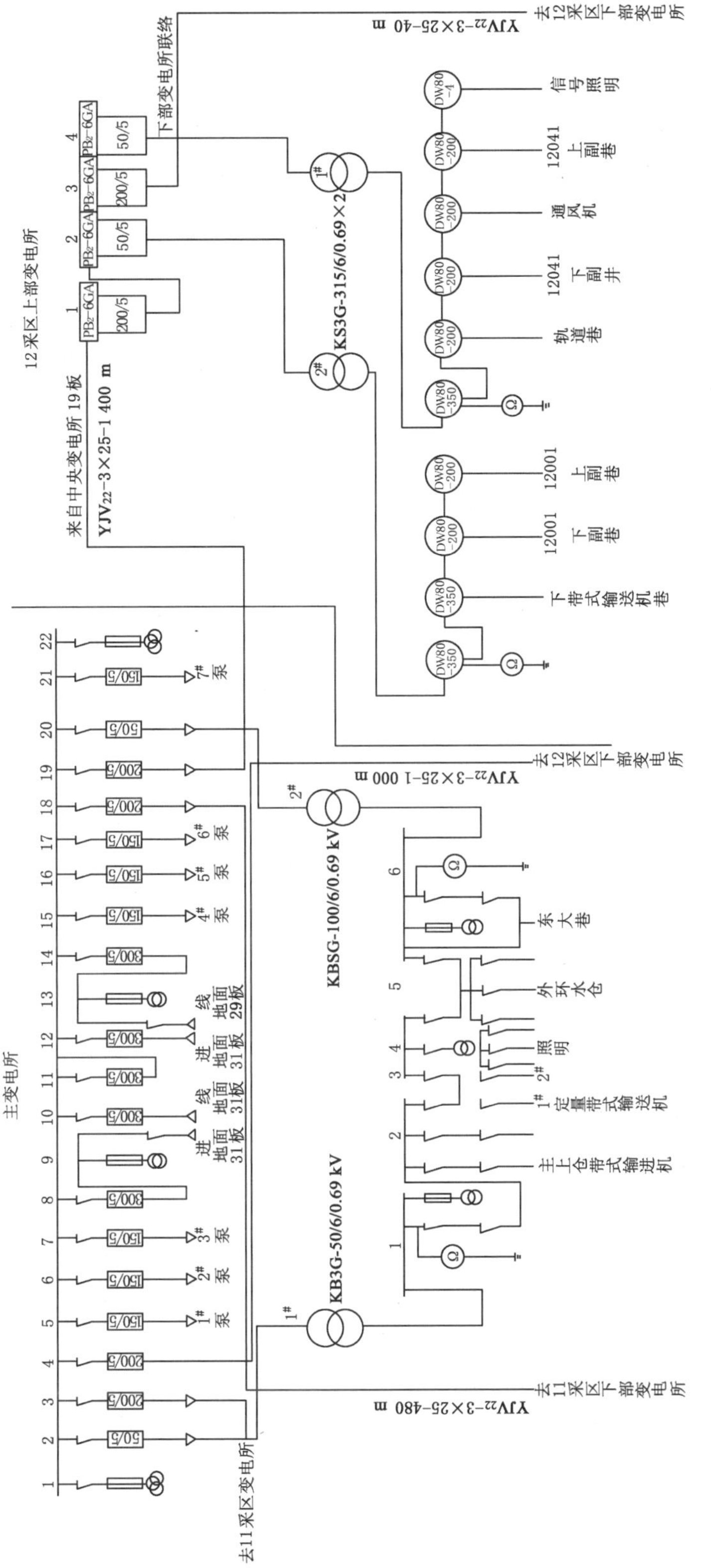

图7-13　某矿井下供电系统图

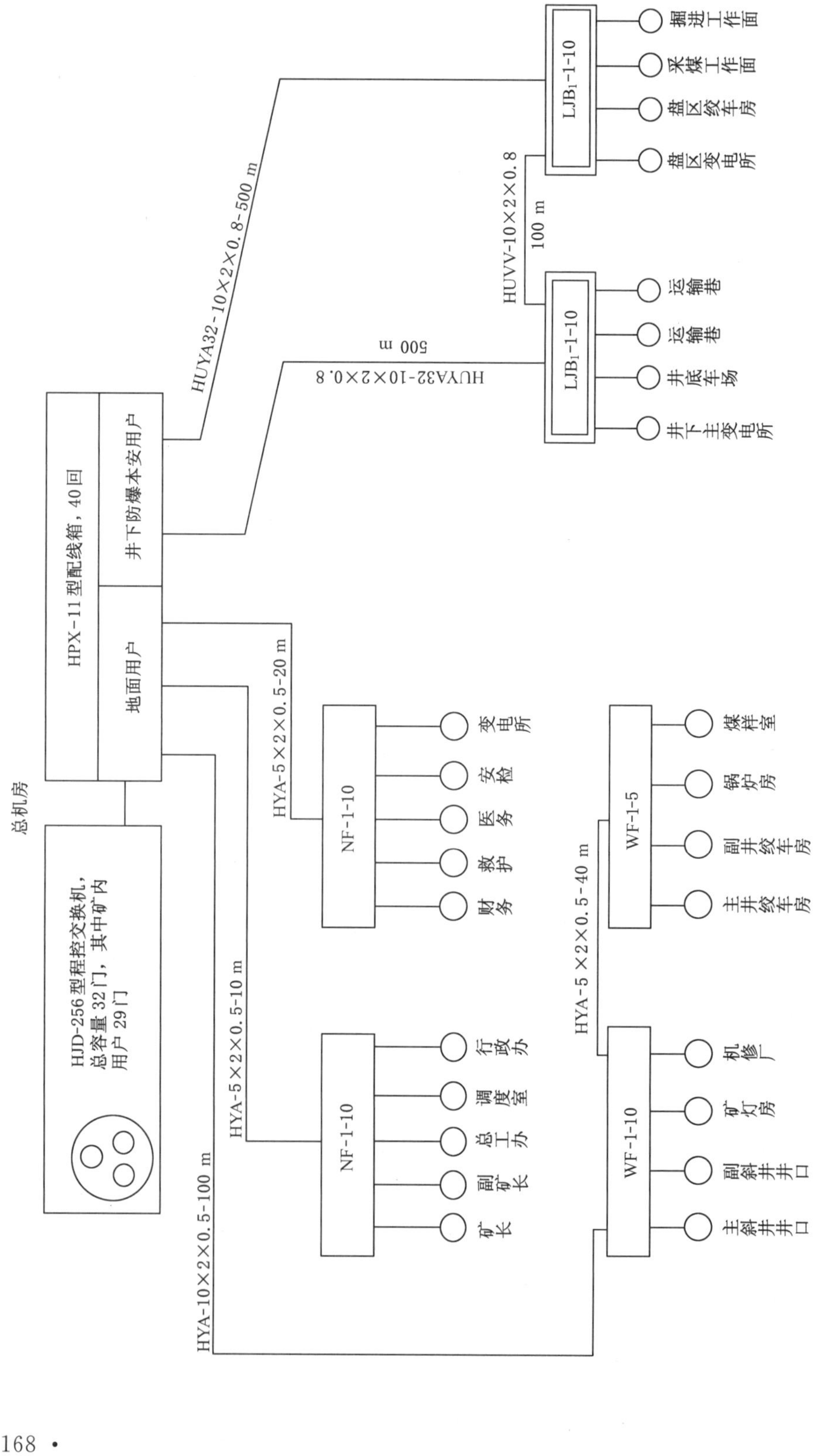

图 7-14 某矿通信系统图

统连接，能在紧急情况下及时与地面管理部门联系，以便快速采取事故应急救援措施，处理事故。

六、井下避灾路线图

井下避灾路线图是表示矿井发生灾害时，井下人员安全撤离灾区至地面路线的图纸，是矿井安全生产的必备图纸。在矿井安全生产管理中，最常用的是井下避灾路线工程平面图。图 7-15 所示为某矿井下避灾路线工程平面图。

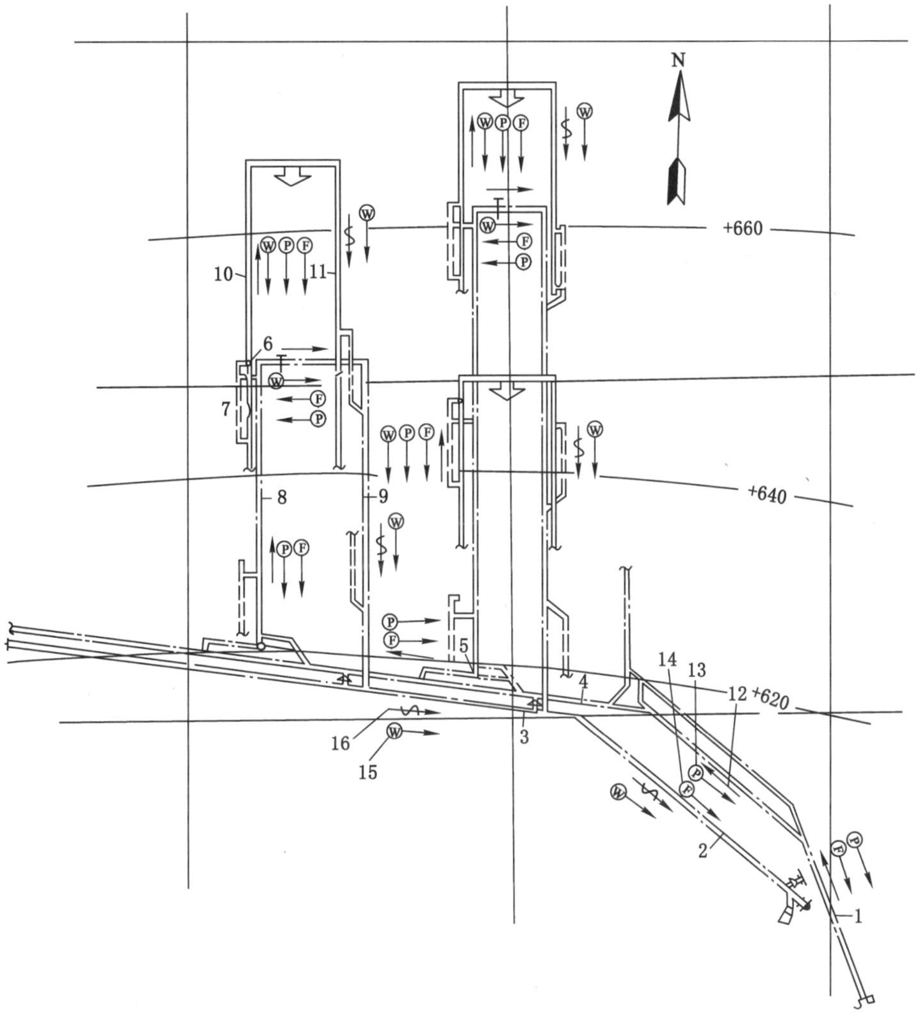

1—平硐；2—风井；3—总回风巷；4—运输大巷；5—采区车场及煤仓；6—溜煤眼；7—行人进风斜巷；8—岩石集中运输巷；9—岩石集中回风巷；10—运输巷；11—回风巷；12—新鲜风流方向；13—瓦斯、煤尘爆炸时避灾路线；14—火灾时避灾路线；15—水灾时避灾路线；16—污浊风流方向。

图 7-15　某矿井下避灾路线工程平面图

1. 井下避灾路线图的主要内容

(1) 矿井安全出口。

(2) 矿井通风网络进、回风风流的方向和路线。

（3）井下发生瓦斯、煤尘爆炸，煤（岩）与瓦斯突出，矿井火灾时的井下避灾路线。

（4）井下发生水灾时避灾路线。

（5）矿井巷道名称。

2. 避灾路线图的用途

（1）用于井下职工安全基本知识培训，使职工熟悉井下避灾路线，具有一定的防灾抗灾能力。

（2）部署、指导和实施矿井救灾演习工作。

（3）矿井一旦发生灾害，井下灾区工作人员可根据事故性质及所处位置，按照井下避灾路线图规定的路线，安全而迅速地从灾区撤离至地面，减少人员伤亡。

（4）井下发生灾害后，矿井避灾路线图是制定和实施营救井下被困人员方案的重要依据之一。

任务实施

通过任务的学习，学生在识读矿井井田开拓方式图、采区巷道布置图的基础上，能够根据图纸掌握矿井生产系统。

思考与练习

1. 矿井通风系统图中的主要内容有哪些？

2. 简述矿井运输系统图中的主要内容及作用。

3. 井下避灾路线图的用途有哪些？

附　　录

附录 A　地物、地貌符号

序号	名　称	符　　号	说　　明
1	一般房屋	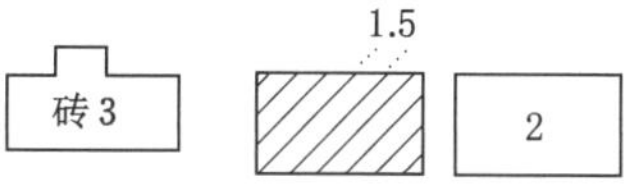 (a)　(b)	钢筋混凝土、砖(石)木结构。 (a) 为 1∶500～1∶1 000； (b) 为 1∶2 000
2	简单房屋	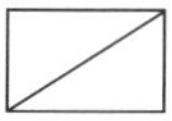	以竹、木、土坯、秫秸为材料的简易房屋
3	特种房屋	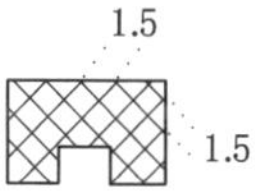	有纪念意义需永久保留，加注说明或专有名称
4	棚房	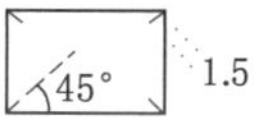	临时性不表示
5	窑洞	 (a)　(b)　(c)	(a) 为住人的； (b) 为不住人的； (c) 为砖瓦窑
6	温室	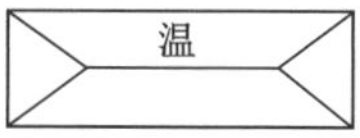	加注类别说明
7	建筑说明符号	 (a)　(b)　(c)	(a) 为学校； (b) 为医院； (c) 为工厂
8	水塔、烟囱、变电所	 (a)　(b)　(c)	(a) 为水塔； (b) 为烟囱； (c) 为变电所

续表

序号	名　称	符　　号	说　　明
9	旗杆、消火栓、抽水泵站	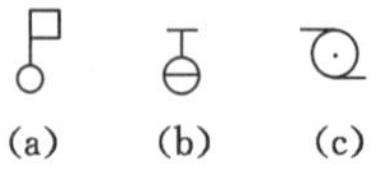	(a) 为旗杆； (b) 为消火栓； (c) 为抽水泵站
10	石油井、天然气井、盐井	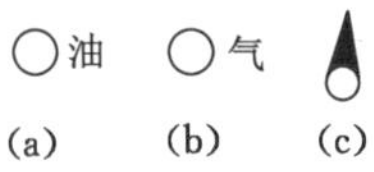	(a) 为石油井； (b) 为天然气井； (c) 为盐井
11	三角点		分子为点名，分母为高程
12	图根点、水准点	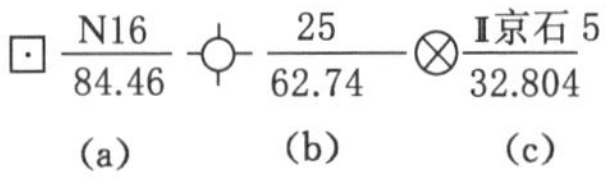	(a) 为埋石的； (b) 为不埋石的； (c) 为水准点，分子为等级、点名
13	露天采掘场	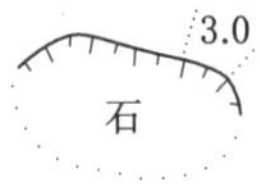	加注产品名，如“石”“沙”等
14	乱掘地		无规则的挖掘沙、石、土的场地
15	矿渣堆	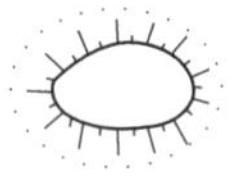	斜坡线画至坡脚，堆体较大时，范围线(点线)实测表示
16	篱笆、铁丝网	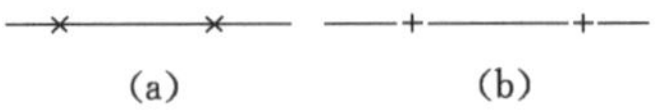	(a) 为篱笆(竹、木等材料编成)； (b) 为铁丝网
17	电线	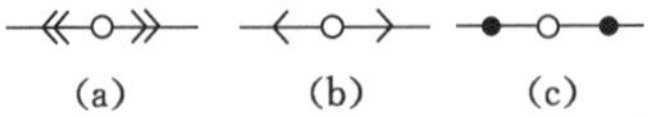	(a) 为高压线； (b) 为低压线； (c) 为通信线
18	铁塔高压线		(a) 为 1∶500～1∶1 000； (b) 为 1∶2 000

续表

序号	名　称	符　号	说　明
19	管线	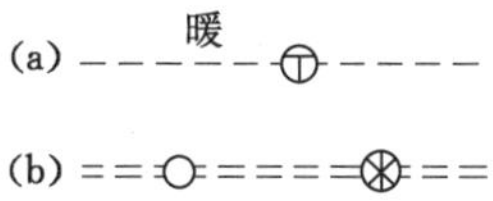	(a) 为暖气管及检修井； (b) 为地下自来水管
20	管线	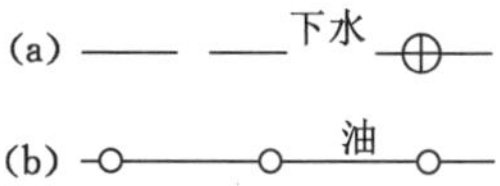	(a) 为下水管道及检修井； (b) 为地面管线，注明输送物质
21	架空管线	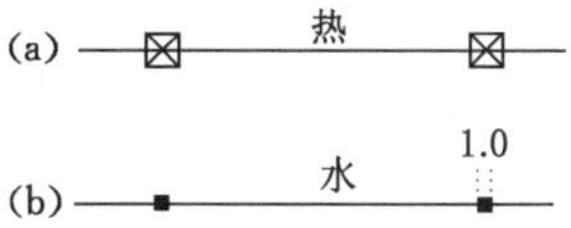	(a) 为依比例； (b) 为不依比例
22	栅栏、栏杆	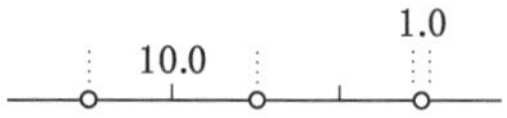	用于各种类型
23	活树篱笆	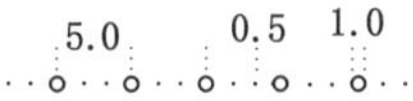	由灌木、荆棘等形成的规整篱笆
24	省、自治区、直辖市	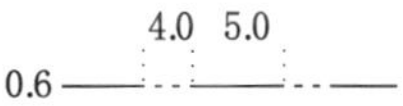	境界以线状地物为界的可沿地物两侧每隔 3～5 cm 交错绘出 3～4 节符号
25	县、自治县	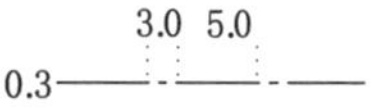	
26	铁路	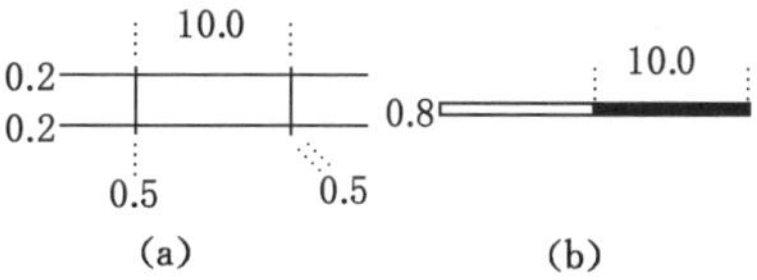	(a) 为 1∶500～1∶1 000； (b) 为 1∶2 000
27	电气化铁路	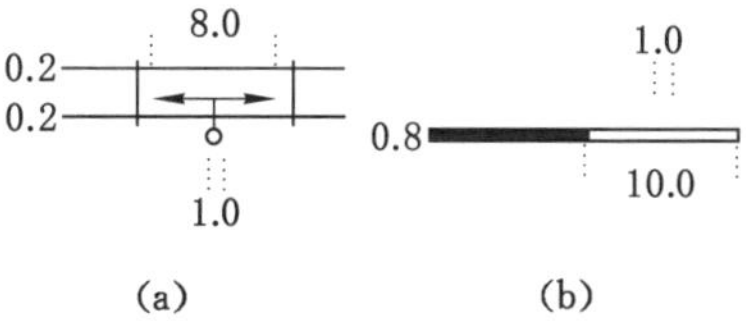	电杆位置实测： (a) 为 1∶500 为 1∶1 000； (b) 为 1∶2 000
28	公路		注明路面材料，分界线用点线
29	简易公路		路面为碎石、矿渣等

续表

序号	名　称	符　　号	说　　明
30	大车路	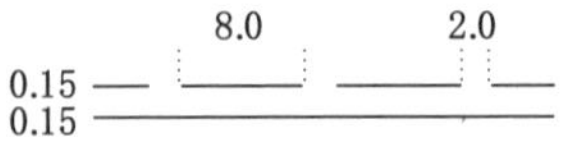	虚线在上方或左方
31	小路	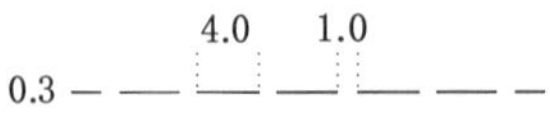	供单人行走的道路
32	内部道路	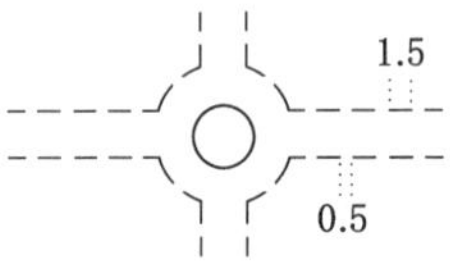	指公园、工矿、机关、学校等内部有铺装材料的主要道路
33	阶梯路	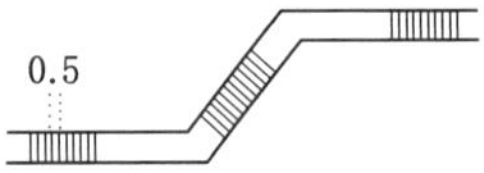	指用水泥、石块、砖砌成的阶梯式的人行路
34	路堑、路堤	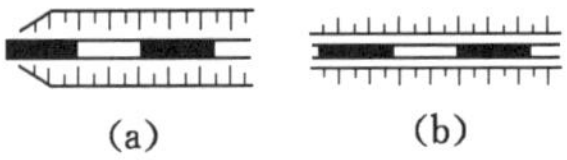	(a) 为路堑； (b) 为路堤
35	独立树	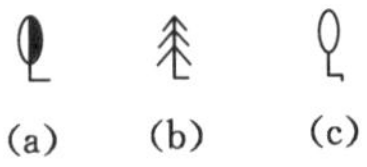	(a) 为阔叶； (b) 为针叶； (c) 为果树
36	纪念碑	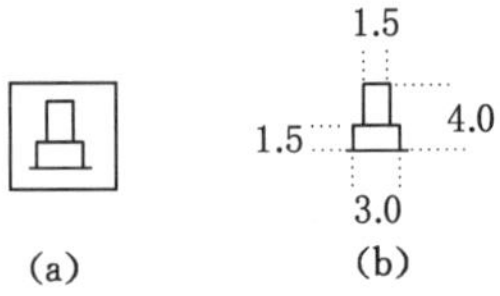	加注专有名称。 (a) 为 1∶500～1∶1 000； (b) 为 1∶2 000
37	塑像	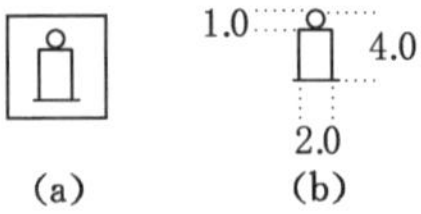	艺术塑像及古代遗留下来的石雕等。 (a) 为 1∶500～1∶1 000； (b) 为 1∶2 000
38	牌坊、牌楼	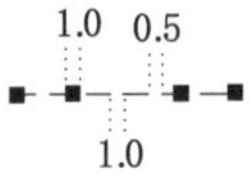	两端支柱实测，临时性不表示

续表

序号	名　称	符　　号	说　　明
39	亭	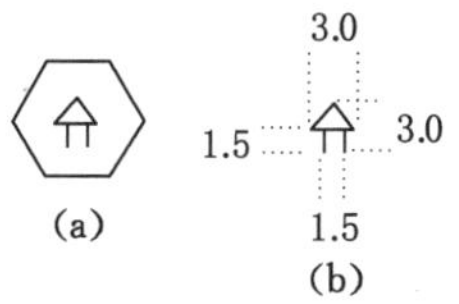	指公园、陵园、路旁等处的亭状建筑物。 (a) 为 1∶500～1∶1 000； (b) 为 1∶2 000
40	独立坟	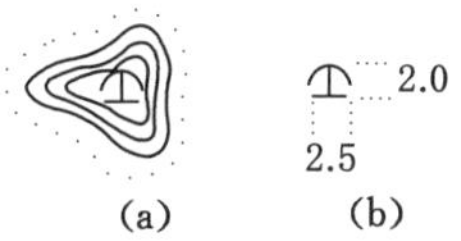	指有明显方位意义、形体比较高大的单个坟墓。 (a) 为 1∶500～1∶1 000； (b) 为 1∶2 000
41	坟地	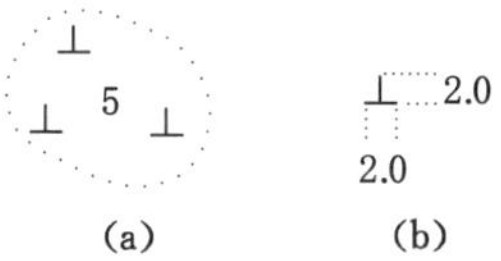	(a) 为坟群； (b) 为散坟
42	无线电杆、塔	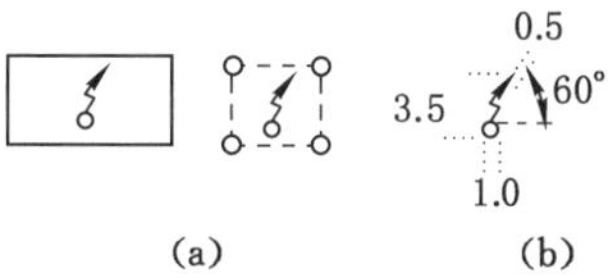	(a) 为依比例； (b) 为不依比例
43	地下建筑物的出入口	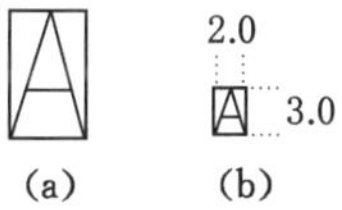	(a) 为依比例； (b) 为不依比例
44	电线杆的变压器	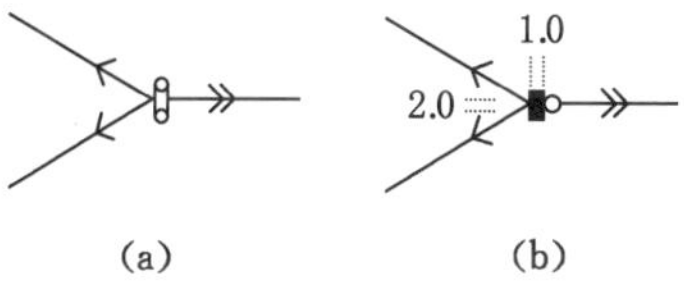	(a) 为 1∶500～1∶1 000； (b) 为 1∶2 000
45	电线杆		不区分建造材料、断面形状，位置为实测
46	围墙	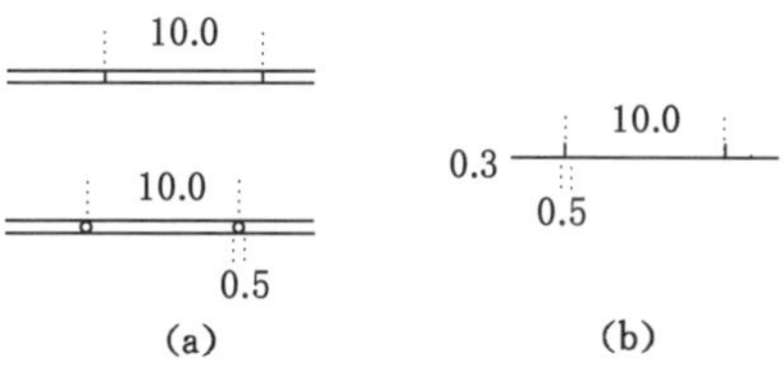	(a) 为依比例； (b) 为不依比例
47	河流	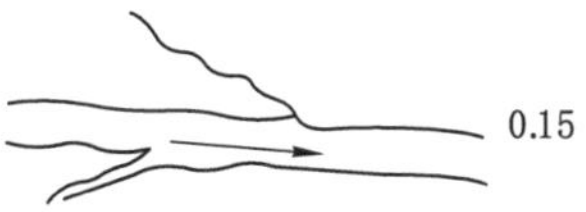	箭头表示流向，图上河面宽度小于 0.5 mm 时用单线表示

续表

序号	名　称	符　　号	说　　明
48	时令河	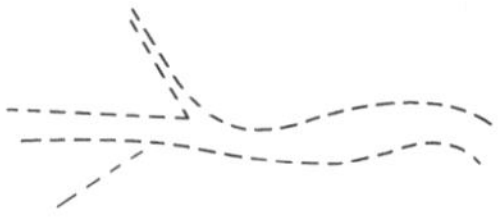	旱季一般无水或断续有水的季节性河流，积水部分为实线
49	沟渠	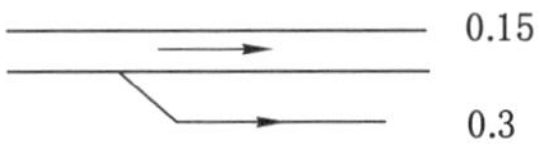	宽度在图上大于 1 mm(1∶2 000图上大于 0.5 mm)的用双线表示，小于 1 mm(1∶2 000图上小于 0.5 mm)的用单线表示
50	斜坡	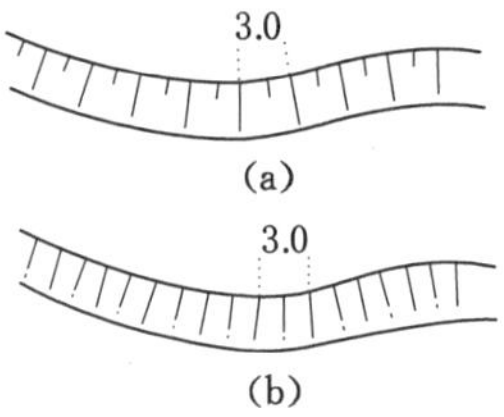	(a) 为未加固； (b) 为已加固
51	水井	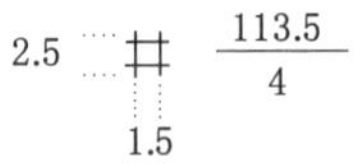	113.5 为水面高程注记； 4 为地面至水面深度注记
52	泉		79.3 为泉口水面高程注记
53	陡坎	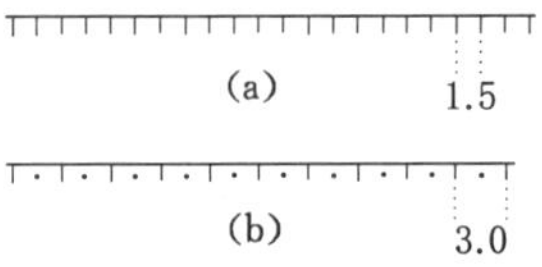	(a) 为未加固； (b) 为已加固
54	陡崖	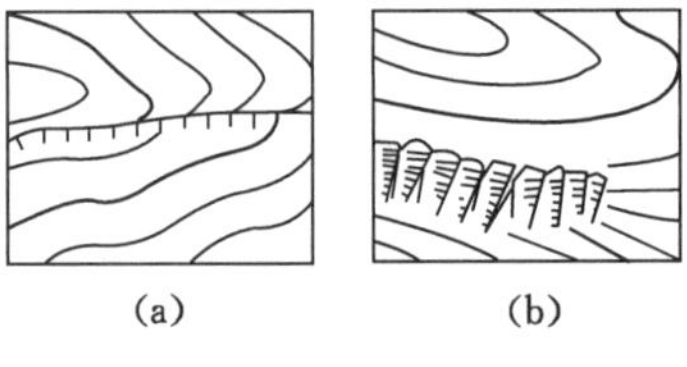	(a) 为土质； (b) 为石质
55	冲沟	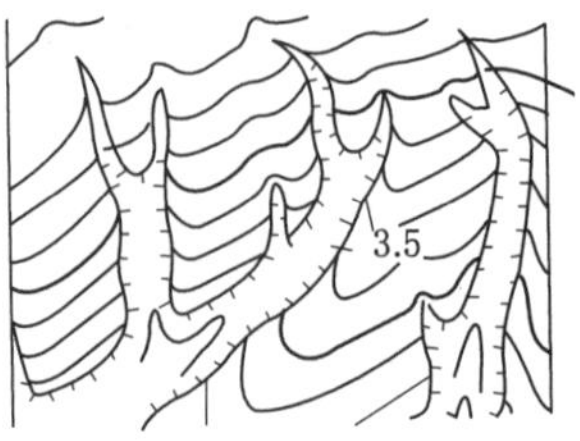	3.5 为深度注记

续表

序号	名　称	符　　号	说　　明
56	疏林	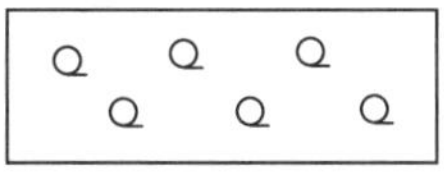	天然或人工林地
57	灌木森	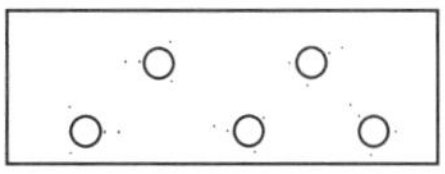	覆盖度在 0.4 以上的灌木林地
58	经济林	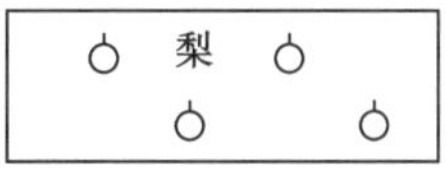	注明树种名称
59	旱地	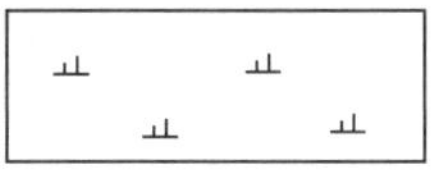	水稻田以外的农作物耕地
60	水生植物地	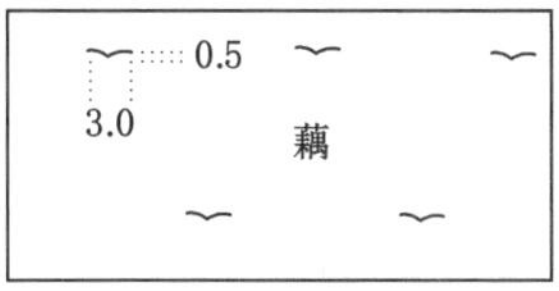	比较固定的水生经济作物，如藕、茭白、菱角
61	稻田	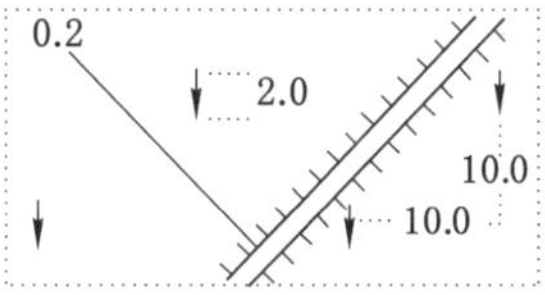	不分常年积水或季节性积水
62	等高线	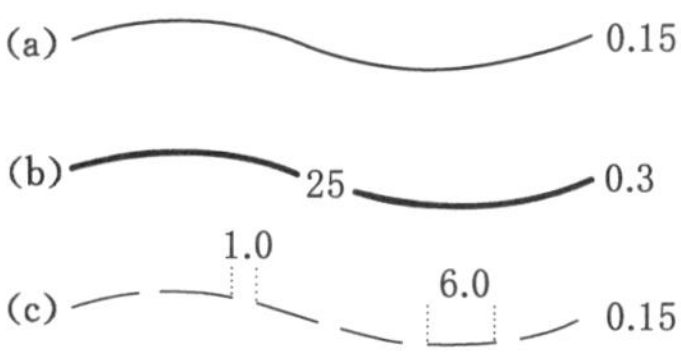	(a) 为基本等高线(首曲线)； (b) 为加粗等高线(计曲线)； (c) 为半距等高线(间曲线)

附录 B　煤矿测量、地质图图例

序号	名　称	符　　号	说　　明
1	导线点		1∶5 000 不表示； (a) 为永久点； (b) 为临时点； “⋮”点号注在巷道内，底板高程原则上注在点的右侧

续表

序号	名　称	符　　号	说　　明
2	水准点	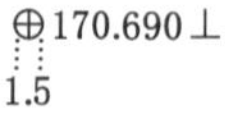	1∶5 000 不表示； “┬、┴、┤”符号分别表示在顶、底、帮的位置
3	立井	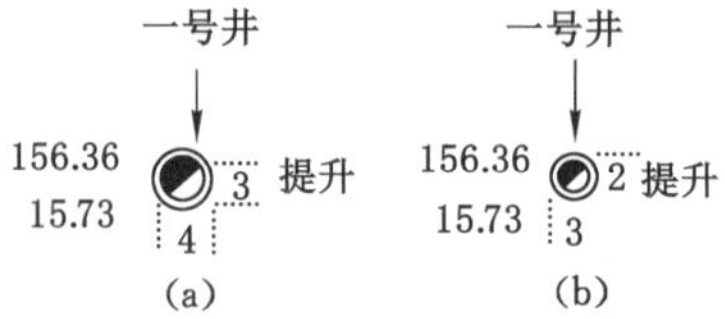	1∶500，1∶1 000 按实际比例绘制； (a) 为 1∶2 000； (b) 为 1∶5 000； 箭头为进(回)风符号
4	暗立井	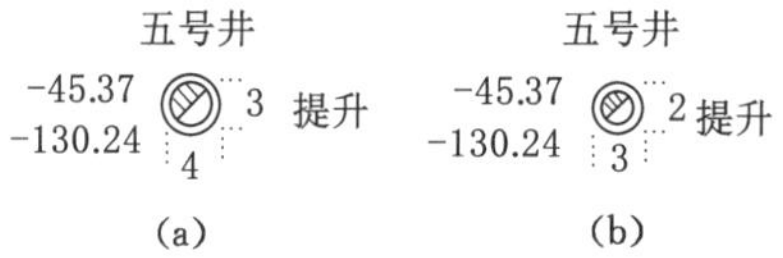	
5	暗小立井	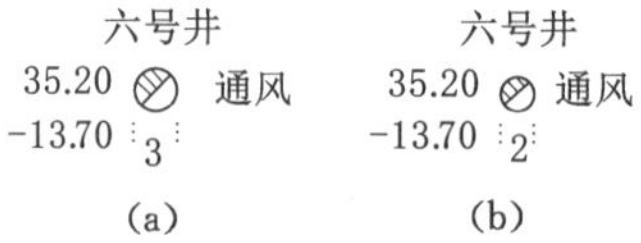	1∶500，1∶1 000 按实际比例绘制； (a) 为 1∶2 000； (b) 为 1∶5 000 右侧注明用途，左上为井口高程，左下为井底高程
6	斜井	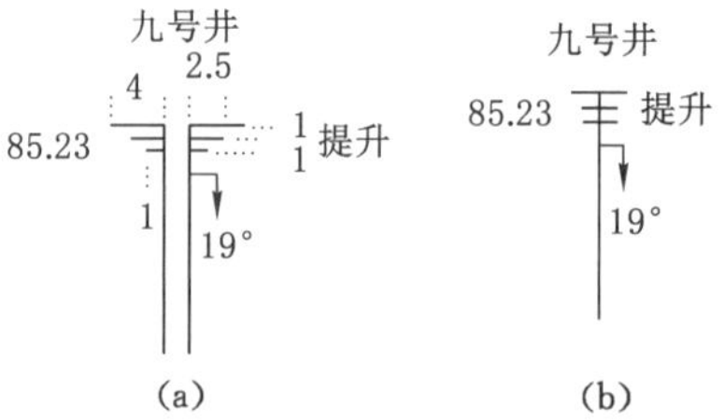	1∶500，1∶1 000 按实际比例绘制； (a) 为 1∶2 000； (b) 为 1∶5 000； 左侧为井口高程，右侧注明用途； 暗斜井绞车硐室依实测绘制
7	斜煤仓		1∶500，1∶1 000 按实际比例绘制； 1∶5 000 不表示； 左上为仓口高程，左下为仓底高程，虚线表示有人行道
8	平硐	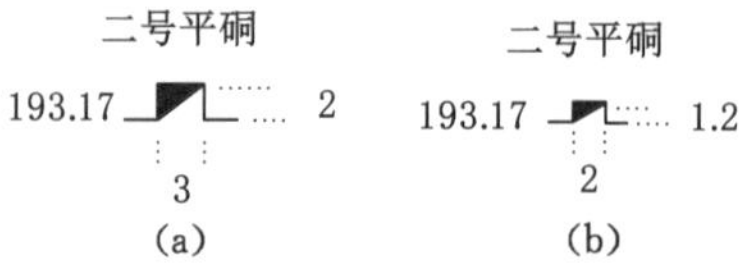	1∶500，1∶1 000 按实际比例参照 1∶2 000 绘制； (a) 为 1∶2 000； (b) 为 1∶5 000
9	报废井筒	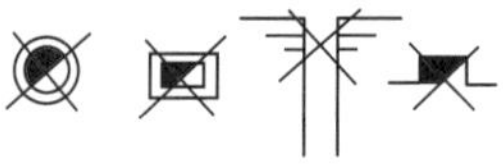	废弃的矿井，包括古井，符号大小同现有井筒

续表

序号	名　称	符　　号	说　　明
10	岩巷	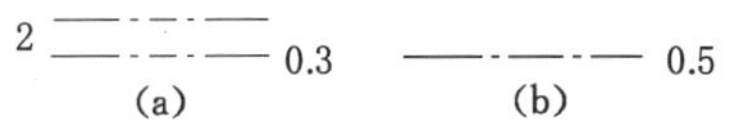	1∶500,1∶1 000 按实际比例绘制； (a) 为 1∶2 000； (b) 为 1∶5 000
11	煤巷	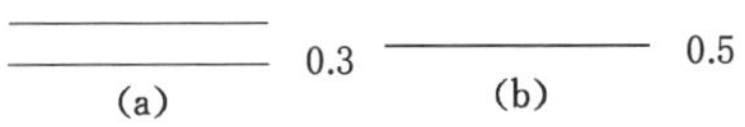	1∶500,1∶1 000 按实际比例绘制； (a) 为 1∶2 000； (b) 为 1∶5 000
12	倾斜巷道	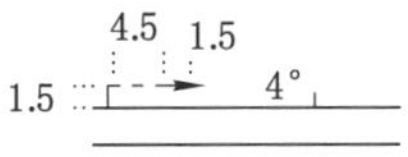	1∶500,1∶1 000 按实际比例绘制； 1∶5 000 不表示
13	水仓	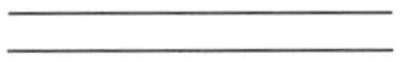	1∶500,1∶1 000 按实际比例绘制； 1∶5 000 不表示； 内涂浅绿色
14	水闸门	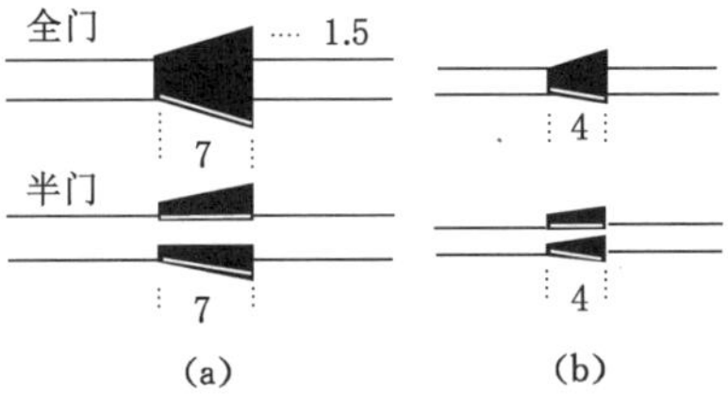	1∶5 000 不表示 (a) 为 1∶500,1∶1 000； (b) 为 1∶2 000； 符号由宽到窄为水流方向，内涂浅绿色
15	锚喷巷道	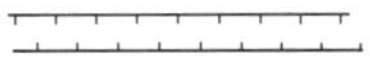	1∶5 000 不表示
16	混凝土、料石等砌碹的巷道		1∶5 000 不表示
17	井下测风站	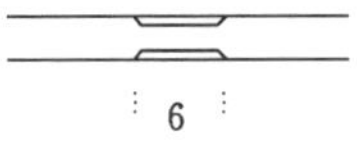	符号用红色表示
18	隔爆水棚	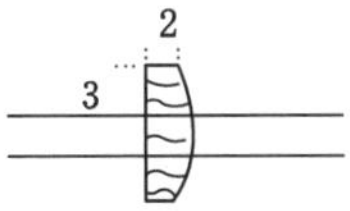	符号内用蓝线表示
19	发火区与发火点	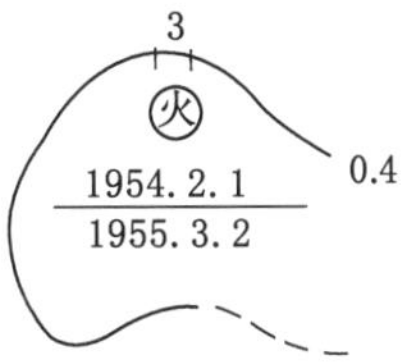	虚线为推测部分，“火”表示发火点； 分子为发火时间，分母为处理好的时间
20	防火密闭墙		符号内涂红色

续表

序号	名　称	符　　号	说　　明
21	井田边界	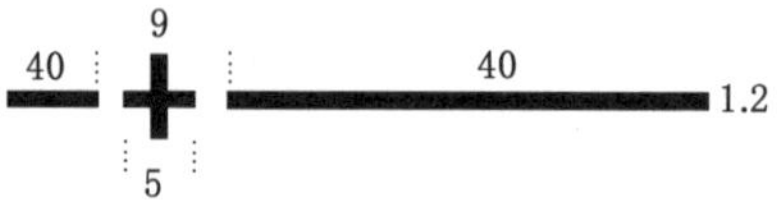	一矿多井或一矿一井和露天矿坑的人为边界
22	可采边界		一矿多井或一矿一井和露天矿坑的人为边界
23	地形产状	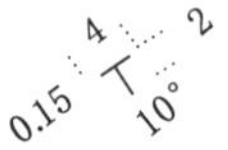	“T”形中横线表示地层走向，垂线表示地层的倾向，垂线的顶端注明倾角
24	见煤钻孔	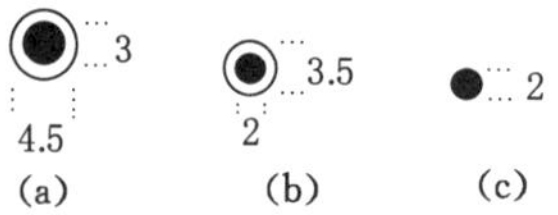	(a) 为 1∶500，1∶1 000； (b) 为 1∶2 000 地面； (c) 为 1∶2 000 井下； 在地形图上左侧只注孔口高程； 在煤层底板等高线图、储量计算图、采掘工程图上，左上为孔口高程，左下为底板高程，右侧为煤层可采厚度
25	未见煤钻孔	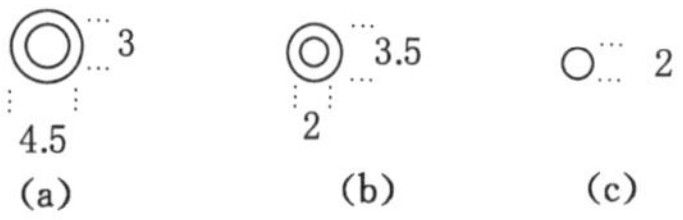	
26	见煤斜孔	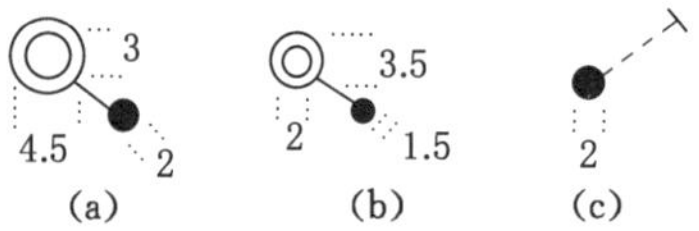	
27	报废孔	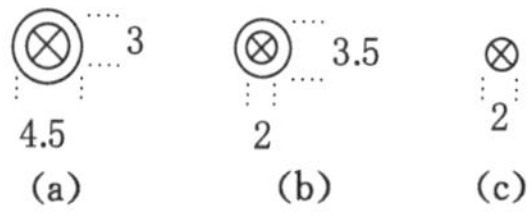	
28	专用工程孔	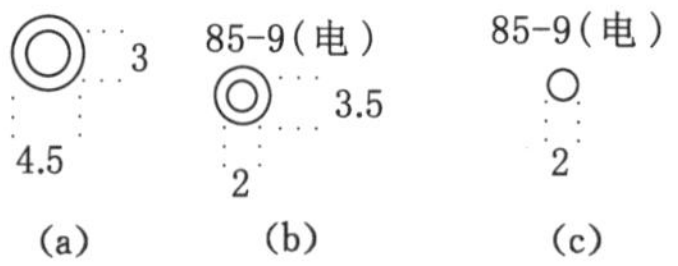	右侧加注“电”“风”“排”“灭”等字，分别表示输电、通风、排水、灭火等钻孔； (a) 为 1∶500，1∶1 000； (b) 为 1∶2 000 地面； (c) 为 1∶2 000 井下
29	水文孔	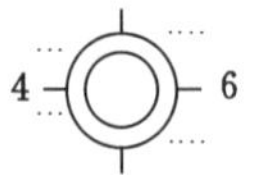	上方注记孔号； 左侧注记为$\frac{\text{孔口高程(m)}}{\text{孔深(m)}}$； 右侧注记为$\frac{\text{水位高程，水位高度}}{\text{单位涌水量，渗透系数}}$

续表

序号	名　称	符　号	说　明
30	漏水孔	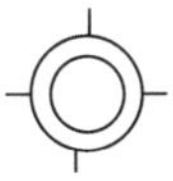	上方注记孔号； 左侧注记为$\frac{\text{孔口高程(m)}}{\text{孔深(m)}}$
31	疏水孔	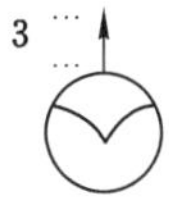	右侧注记主要含水层水位(m)
32	长期观测孔		
33	涌水孔	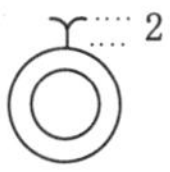	
34	注水孔	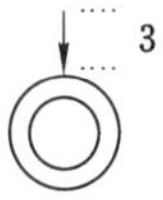	
35	井下涌水钻孔		注明涌水量和观测时间
36	井下注浆孔		左侧注记为$\frac{\text{孔口高程(m)}}{\text{孔深(m)}}$； 右侧注记为$\frac{\text{含水层、深度、厚度}}{\text{单位涌水量,注浆量}}$
37	地面注浆孔	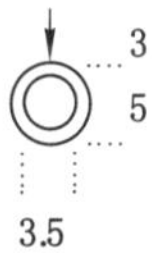	
38	井下探放水孔	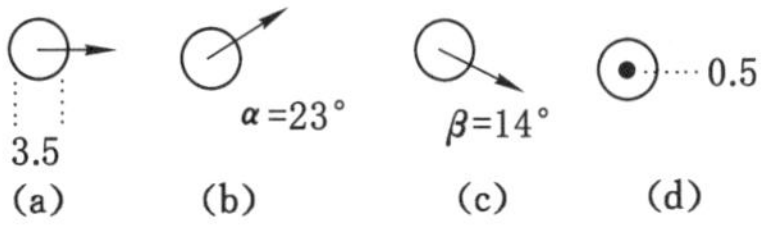	(a) 为水平孔； (b) 为上斜孔； (c) 为下斜孔； (d) 为直孔； α 为上斜角，β 为下斜角
39	煤层底板等高线	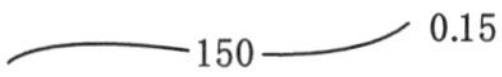	按地质勘探资料或井下实测资料绘制

续表

序号	名　称	符　号	说　明
40	实测向斜轴	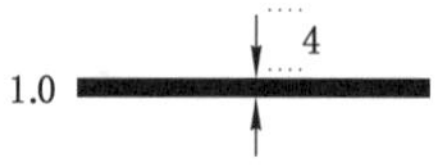	箭头表示岩层的倾斜方向。实测褶皱每100 mm为一组,组与组间距 10 mm;推测褶皱每隔 5 节(20 mm)绘一组,组与组间距 10 mm
41	推测向斜轴	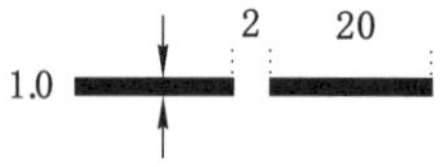	
42	实测背斜轴	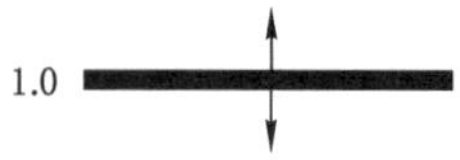	
43	推测背斜轴	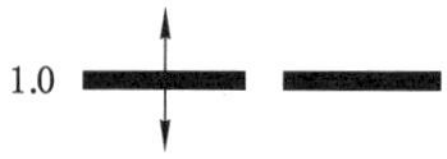	
44	断层上、下盘	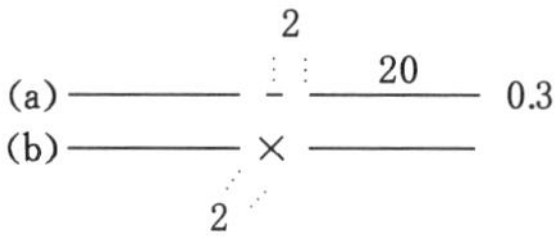	(a) 为上盘; (b) 为下盘
45	井巷实测断层	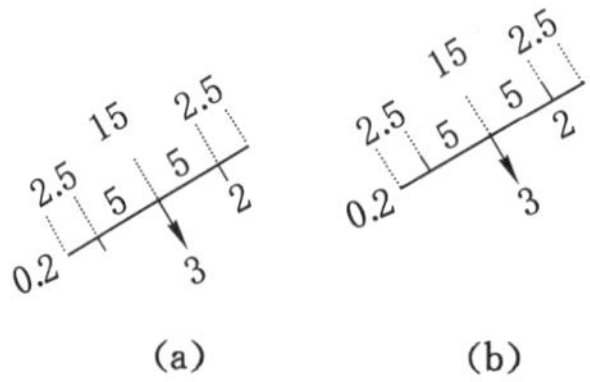	(a) 为正断层; (b) 为逆断层。 用于采掘工程图。在水平地质切面图上,走向线粗 0.5 mm
46	实测陷落柱	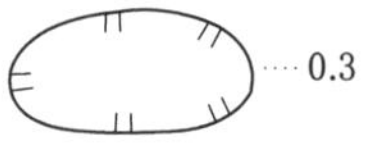	范围按实测填绘,彩色图纸为红色
47	推断陷落柱	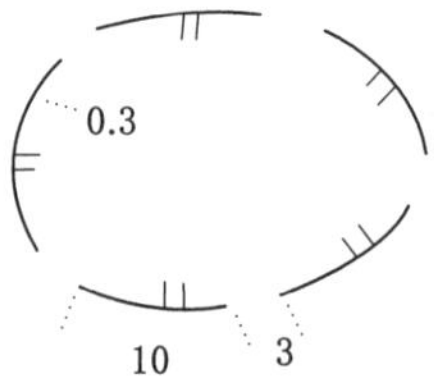	彩色图纸为红色
48	岩浆岩侵入体	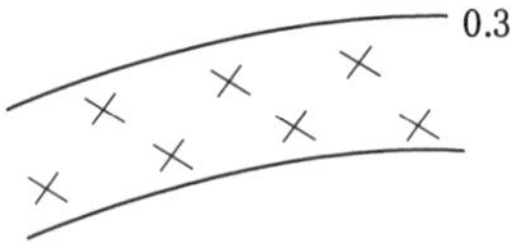	侵入范围用红实线圈画
49	煤层露头及风氧化带	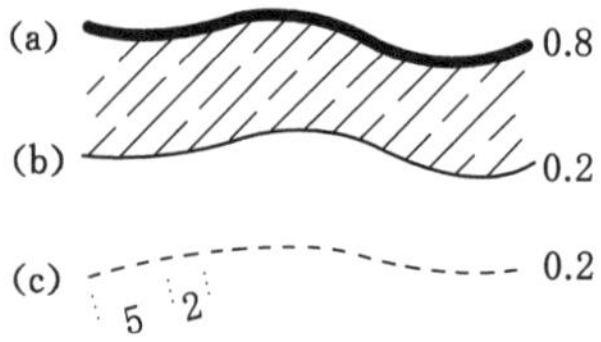	(a) 为煤层露头; (b) 为风化带; (c) 为氧化带

续表

序号	名　称	符　　号	说　　明
50	淋水区		两端符号为起止点
51	积水区		内注记$\frac{积水量(m^3)}{积水面积(m^2)}$
52	断层的防水煤柱	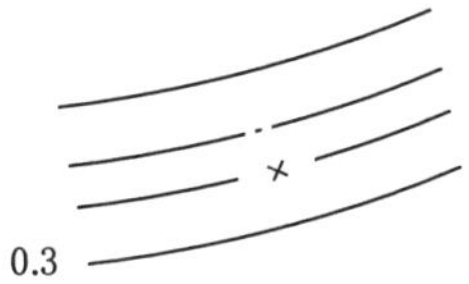	彩色图纸为红色线条
53	指北针		根据图纸大小自行确定，但箭头宽与长之比为 1∶3

参考文献

[1] 邓波,姬婧.煤矿测量[M].北京:煤炭工业出版社,2011.
[2] 冯耀挺,闫光准.矿图[M].北京:煤炭工业出版社,2005.
[3] 刘俊荷.矿图[M].北京:煤炭工业出版社,2011.
[4] 毛加宁,金光.矿图[M].徐州:中国矿业大学出版社,2011.
[5] 陶昆,姬静.矿图[M].徐州:中国矿业大学出版社,2007.
[6] 张国良.矿山测量学[M].徐州:中国矿业大学出版社,2001.
[7] 张荣立.采矿工程设计手册[M].北京:煤炭工业出版社,2003.